Schwarze · Grundlagen der Statistik I

NWB-Studienbücher · Wirtschaftswissenschaften

Grundlagen der Statistik I

Beschreibende Verfahren

Von Professor Dr. Jochen Schwarze

7. Auflage

nwb
Verlag Neue Wirtschafts-Briefe
Herne/Berlin

Die Deutsche Bibliothek — CIP-Einheitsaufnahme

Schwarze, Jochen:
Grundlagen der Statistik/von Jochen Schwarze. — Herne;
Berlin: Verl. Neue Wirtschafts-Briefe.
(NWB-Studienbücher Wirtschaftswissenschaften)
1. Beschreibende Verfahren. — 7. Aufl. — 1994
ISBN 3-482-56437-X

ISBN 3-482-56437-X — 7. Auflage 1994

Druck: Druckerei Plump KG, Rheinbreitbach.

Vorwort zur 7. Auflage

In Lehrveranstaltungen über Statistik an Universitäten, Fachhochschulen oder anderen Bildungseinrichtungen wird die deskriptive oder beschreibende Statistik im Vergleich zu Wahrscheinlichkeitsrechnung und Stichprobenverfahren häufig nur verhältnismäßig knapp behandelt, obwohl der beschreibenden Statistik in der Anwendung durchaus eine große Bedeutung zukommt. Diese Diskrepanz spiegelt sich auch in der Lehrbuchliteratur wider. In diesem Buch werden deshalb ausschließlich Verfahren der beschreibenden Statistik, für die im Gegensatz zu Stichprobenverfahren keine Wahrscheinlichkeitsrechnung benötigt wird, und die Möglichkeiten und Probleme der Anwendung dieser Verfahren behandelt. Dabei wird von der Tatsache ausgegangen, daß zahlreiche Verfahren der Statistik, die sonst nur innerhalb der Stichprobenverfahren erörtert werden, auch rein deskriptiv behandelt und vor allem auch angewendet werden können.

Das Buch richtet sich an Studierende und Praktiker. Es ist so abgefaßt, daß es auch zum Selbststudium geeignet ist. Dazu sind jedem Kapitel Übungsaufgaben mit im Anhang enthaltenen Lösungen beigefügt. Ergänzend sei auf die ebenfalls im NWB-Verlag erschienene *Aufgabensammlung zur Statistik* verwiesen. Das ausführliche Stichwortverzeichnis und das Layout erlauben aber auch eine Verwendung als Nachschlagewerk.

Für die 7. Auflage wurde der gesamte Text, ohne das Gesamtkonzept zu ändern, gründlich überarbeitet und mit einem Textverarbeitungssystem vollständig neu erfaßt. Letzteres hat Herr cand.-ök. Stefan Jäger mit großer Sorgfalt und viel Engagement übernommen, wofür ich ihm zu großem Dank verpflichtet bin. Zu danken habe ich auch Herrn Dipl.-Math. Bernhard Knuth, der beim Korrekturlesen noch einige Unstimmigkeiten ausmerzen konnte. Für meinen Dackel Butzi, der mir bei allen früheren Auflagen immer freche, aber auch erheiternde Unterbrechungen verschafft hat, kann ich leider nur noch ein stilles Gedenken einlegen.

Hannover, im August 1994 *Jochen Schwarze*

Hinweis

Innerhalb der Abschnitte wurde eine fortlaufende Numerierung für Anmerkungen, Beispiele, Definitionen, Figuren und Regeln verwendet. So gehört z. B. in Abschnitt 3.1 Nummer 3.1.1 zu einer Definition, Nummer 3.1.2 zu einem Beispiel und Nummer 3.1.3 zu einer Figur. Die Numerierungen wurden am linken Rand ergänzt durch

A für Anmerkung,

B für Beispiel,

D für Definition,

F für Figur und

R für Regel.

Die Übungsaufgaben am Ende jedes Kapitels wurden mit zweigliedrigen Nummern, denen ein **Ü** vorangestellt ist, versehen, als **Ü** 3.1, **Ü** 3.2 usw.

Inhaltsverzeichnis

1 Einführung

1.1 Zum Begriff Statistik

In unserer Sprache hat das Wort "Statistik" zwei, allerdings miteinander verwandte Bedeutungen. Unter Statistik versteht man einmal eine **Zusammenstellung von Zahlen oder Daten**, die bestimmte Zustände, Entwicklungen oder Phänomene beschreiben. Eine derartige Statistik hat meistens die Form einer Tabelle und kann, je nach Verwendungszweck, unterschiedlich aufgebaut sein. Der Aufstellung einer Statistik geht in der Regel eine entsprechende Erhebung und Aufbereitung der Daten voraus. In diesem Sinne ist der Begriff "Statistik" allgemein geläufig, wie die folgenden Beispiele zeigen.

B 1.1.1 *a) In der Bevölkerungsstatistik der Bundesrepublik sind lebende Personen nach Alter, Geschlecht und anderen Kriterien zusammengestellt.*

b) Die Umsatzstatistik einer Unternehmung enthält die Umsätze der einzelnen Artikel aufgegliedert nach Monaten.

c) Die Zulassungsstatistik von Kraftfahrzeugen enthält die Anzahl der zugelassenen Kraftfahrzeuge aufgeschlüsselt nach Typen und Zeit.

d) Eine der Personalstatistiken, die in einer Personalabteilung eines Betriebes geführt werden, enthält eine Übersicht über die Beschäftigten, aufgegliedert nach Schulbildung und ausgeübtem Beruf.

Die andere Bedeutung des Begriffs "Statistik" umfaßt die Gesamtheit aller **Methoden zur Untersuchung von Massenerscheinungen**.

B 1.1.2 *a) Durch Volkszählungen, bei denen alle in der Bundesrepublik Deutschland lebenden Personen erfaßt werden sollen, versucht man, nicht nur die Anzahl der Bundesbürger festzustellen, sondern man erfaßt auch Angaben über Einkommen, Alter, Geschlecht, Religionszugehörigkeit, Familienstand, Beruf usw. Aus diesen Angaben können mittels statistischer Verfahren zum Teil sehr komprimierte Aussagen über die Struktur der Bevölkerung der Bundesrepublik gewonnen werden.*

b) Durch Verkehrszählungen werden nicht nur Anzahl und Typ von Fahrzeugen an bestimmten Beobachtungspunkten gezählt, sondern es werden auch Informationen über Verkehrsströme, Veränderungen in der Verkehrsdichte usw. gewonnen. Dazu werden die erhobenen Verkehrsdaten mit statistischen Verfahren aufbereitet und ausgewertet.

Statistische Untersuchungen gliedern sich in die folgenden fünf Phasen, für die es jeweils entsprechende statistische Methoden gibt:

- Datenerhebung
- Datenaufbereitung
- Datendarstellung
- Datenauswertung
- Datenanalyse

Datenerhebung: Erste Phase jeder statistischen Untersuchung ist (nach sorgfältiger Vorbereitung) die Erhebung der Daten. Dies geschieht bei einer **Primärerhebung** unmittelbar durch Experiment, Beobachtung oder Befragung, die schriftlich oder mündlich erfolgen kann. Bei einer **Sekundärerhebung** greift man auf schon vorhandene Daten zurück.
Die Datenerhebung bringt meist viele problemspezifische Schwierigkeiten mit sich, z. B. Fragen so zu formulieren, daß durch die Art der Fragestellung die Antwort nicht beeinflußt wird. Auf die Grundzüge der Datenerhebung wird in Kapitel 2 eingegangen.

Datenaufbereitung und -darstellung: Die zunächst in ungeordneter Form vorhandenen Daten müssen geordnet werden und für die weitere Verarbeitung aufbereitet werden. Dazu gehört beispielsweise die Aufstellung einer Häufigkeitsverteilung, in der zu jeder Ausprägung eines interessierenden Merkmals festgestellt wird, wie oft es aufgetreten ist.

B 1.1.3 15 *Schüler werden nach ihrer Mathematiknote befragt. Aus den "Urdaten"* 2, 1, 5, 4, 2, 3, 2, 3, 5, 4, 4, 4, 1, 2, 5 *erhält man die geordneten Daten* 1, 1, 2, 2, 2, 2, 3, 3, 4, 4, 4, 4, 5, 5, 5 *und die Häufigkeitsverteilung:*

Note	1	2	3	4	5
Häufigkeit	2	4	2	4	3

Die Darstellung der Daten kann tabellarisch oder grafisch erfolgen. Die Datenaufbereitung und -darstellung wird in einigen Abschnitten von Kapitel 2 behandelt. In den übrigen Kapiteln wird darauf ebenfalls kurz im Hinblick auf spezielle Fragestellungen eingegangen.

Datenauswertung und -analyse: Der Hauptbereich statistischer Methoden betrifft die Datenauswertung. Dazu gehört z. B. die Berechnung von Mittel- oder Durchschnittswerten. Die Verfahren der Datenauswertung und -analyse sind in erster Linie mathematische Verfahren bzw. Verfahren, die auf mathematischen Regeln und Beziehungen aufbauen. Den vielfältigen statistischen Methoden zur Datenauswertung und -analyse sind die wesentlichen Teile der Kapitel 3 bis 6 gewidmet.

Mit dieser Einteilung ist die statistische Methodenlehre allerdings nur unvollständig umrissen. Aus Kosten-, Zeit- oder anderen Gründen beschränkt man sich häufig auf die Untersuchung eines Teils der Daten über ein interessierendes Phänomen. Man versucht dann – unter Benutzung entsprechender Verfahren – aus den Ergebnissen einer solchen Teiluntersuchung Rückschlüsse auf die übergeordnete Gesamtheit zu ziehen. Die folgenden Beispiele verdeutlichen das.

B 1.1.4 *a) Ein Fotogeschäft möchte* 50.000 *Blitzbirnen kaufen und vorher wissen, wie hoch der Anteil der fehlerhaften Stücke (Ausschuß) etwa ist. Dazu kann der Fotohändler nicht sämtliche Blitzbirnen ausprobieren, da sie dadurch unbrauchbar werden. Er ist aber bereit, einige Blitzbirnen für die Lösung seines Problems zu opfern. Auf der Grundlage statistischer Verfahren ist es möglich, durch Prüfung einer verhältnismäßig geringen Anzahl von Birnen zu zuverlässigen Aussagen über den Ausschußanteil zu gelangen. Dabei wird nicht nur der (vermutliche) Ausschußanteil geschätzt, sondern auch der mögliche Fehler bei dieser Schätzung bestimmt, denn eine exakte Bestimmung des Ausschußanteils ist durch Prüfung nur eines Teils der Birnen natürlich nicht möglich.*

b) In einer Zementfabrik werden durch einen Verpackungsautomaten Zementsäcke zu je 50 *kg abgepackt. Um die Zuverlässigkeit des Abpackautomaten zu überprüfen, könnte man jeden Sack nachwiegen. Da dieses Verfahren jedoch mit außerordentlich hohen Kosten verbunden ist, wiegt man nur jeden* 20. *oder* 50. *Sack und bestimmt für mehrere nachgewogene Säcke das Durchschnittsgewicht. Erst wenn das so ermittelte Durchschnittsgewicht um einen gewissen Betrag von der Sollvorgabe abweicht, kann auf Ungenauigkeiten des Verpackungsautomaten geschlossen werden. Bei dieser typischen Aufgabenstellung aus der statistischen Qualitätskontrolle ist zu beachten, daß geringfügige, um den Sollwert schwankende Gewichtsabweichungen "normal" sind, selbst wenn der Durchschnitt aller Gewichte exakt dem Sollwert entspricht.*

c) In der Öffentlichkeit wird in den letzten Jahren teilweise heftig die Frage der generellen Geschwindigkeitsbegrenzung auf Autobahnen diskutiert. Ein Argument für die Geschwindigkeitsbegrenzung ist die Behauptung, daß dadurch die Anzahl der schweren Verkehrsunfälle wesentlich zurückgehen würde. Da es für Verkehrsunfälle außer überhöhter Geschwindigkeit eine Vielzahl anderer Einflüsse gibt und oft mehrere Ursachen gleichzeitig für einen Unfall verantwortlich sind, ist die Bestätigung einer derartigen Behauptung nur durch sorgfältige Anwendung statistischer Verfahren bei der Unfallauswertung möglich.

d) Es wird behauptet, Frauen seien intelligenter als Männer. Um diese Behauptung zu überprüfen, soll ein Intelligenztest durchgeführt werden. Die Frage ist nun, wieviele Versuchspersonen dem Test unterzogen werden sollen und wie diese Personen auszuwählen sind. Weiterhin erhebt sich die

Frage, durch welches Testergebnis die Behauptung tatsächlich bestätigt oder evtl. widerlegt wird. Es leuchtet unmittelbar ein, daß bei einem Testergebnis, aus dem sich für die getesteten Frauen nur ein ganz geringfügig besserer Wert ergibt als für die getesteten Männer, nicht mit Sicherheit auf eine höhere Intelligenz der Frauen geschlossen werden kann. Die zu bestätigende Hypothese ist schließlich eine globale Durchschnittsaussage, von der man bei der Untersuchung einer begrenzten Anzahl von Versuchspersonen durchaus ein abweichendes Ergebnis erhalten kann. Es ist auch selbstverständlich, daß man für einen solchen Test nicht eine Gruppe von Studentinnen mit einer Gruppe von Hilfsarbeitern vergleichen kann. Die Statistik liefert das erforderliche Instrumentarium für den richtigen Aufbau eines solchen Tests und die Interpretation der Ergebnisse.

Charakteristisch für diese Beispiele ist, daß man Aussagen über eine Gesamtheit (von Blitzbirnen, abgefüllten Zementsäcken, Verkehrsunfällen, Männern und Frauen) durch Untersuchung nur eines Teils dieser Gesamtheit zu gewinnen versucht. Den untersuchten Teil der Gesamtheit nennt man **Stichprobe**. Die statistischen Verfahren, die die Vorschriften zur Untersuchung von Stichproben betreffen und angeben, wie und unter welchen Voraussetzungen von einer Stichprobe auf die Gesamtheit, aus der die Stichprobe stammt, geschlossen werden kann, nennt man **Stichprobenverfahren.** Manchmal spricht man auch von **schließender** oder **induktiver Statistik**. Grundlage der induktiven Statistik ist die **Wahrscheinlichkeitsrechnung**. Beide Gebiete werden in Band 2 behandelt. Gegenstand dieses Buches ist die **beschreibende** oder **deskriptive Statistik**. Sie umfaßt die statistischen Verfahren, die sich auf die Erhebung, Aufbereitung und Auswertung von Daten beziehen. Die Aussagen bzw. Ergebnisse aus der deskriptiven Statistik beziehen sich immer nur auf die untersuchte Datenmenge. Verallgemeinerungen bzw. Schlüsse auf die übergeordnete Gesamtheit sind nicht ohne weiteres möglich. Von den drei methodischen Bereichen

- beschreibende oder deskriptive Statistik,
- Wahrscheinlichkeitsrechnung und
- schließende oder induktive Statistik (Stichprobenverfahren)

wird also im folgenden nur der erste behandelt.

1.2 Entwicklung und Bedeutung der Statistik

Praktische oder materielle Statistik im Sinne einer Erhebung über staatskundliche Phänomene wie Bevölkerung, Ackerfläche, Goldbestand und dgl. läßt sich bereits im Altertum nachweisen. In Ägypten wurden um etwa 2500 v. Chr. regelmäßig Zählungen des Goldes und der Felder durchgeführt. Auch in China und dem Persischen Großreich lassen sich statistische Zählungen nachweisen. Allgemein bekannt ist die Volkszählung unter Kaiser Augustus im Römischen Reich. Andere Beispiele staatlicher Erhebungsstatistiken lassen sich überall in der Geschichte finden. In unserer Zeit haben sie, wie beispielsweise die zahlreichen Veröffentlichungen des Statistischen Bundesamtes zeigen, einen erheblichen Umfang angenommen.

Die elementaren Methoden der beschreibenden Statistik reichen ebensoweit zurück, wie sich die Existenz von "Erhebungsstatistiken" nachweisen läßt. Viele spezielle Verfahren, z. B. Regressionsrechnung und Korrelationsrechnung, sind jedoch erst in neuerer Zeit entwickelt worden. Die Geschichte der Wahrscheinlichkeitsrechnung beginnt mit den beiden Franzosen Blaise PASCAL (1623-1662) und Pierre de FERMAT (1601-1665), die zwischen 1651 und 1654 über einige Probleme im Zusammenhang mit Glücksspielen einen Briefwechsel führten. Großen Anteil an der Entwicklung der Wahrscheinlichkeitstheorie haben neben den Franzosen (z. B. de MOIVRE, LAPLACE), Schweizern (z. B. BERNOULLI, EULER) und Deutschen (z. B. GAUSS) vor allem die Russen (z. B. KOLMOGOROFF, TSCHEBYSCHEFF, MARKOFF). Auf der Grundlage der Wahrscheinlichkeitsrechnung sind dann vor allem im 19. und 20. Jahrhundert die Methoden der induktiven Statistik entwickelt worden.

Obwohl die Statistik unter dem Gesichtspunkt der Anwendung eine methodische Hilfswissenschaft ist, kommt ihr für die verschiedenartigsten Disziplinen eine zunehmende Bedeutung zu. Für viele Bereiche der Physik (z. B. Auswertung von Versuchen), Biologie (z. B. Untersuchung von Vererbungsprozessen), Soziologie (z. B. Verhalten von Gruppen), der Psychologie (z. B. Messung von Lernerfolgen), der Medizin (z. B. Wirksamkeit von neuen Medikamenten; Einfluß von Rauchgewohnheiten auf Lungenkrebserkrankungen), der Wirtschaft (z. B. Vorhersage von Absatzzahlen; Qualitätsprüfungen in der Produktion) und der technischen Wissenschaften ist die Statistik zu einem unentbehrlichen Instrumentarium der Analyse geworden. Selbst Historiker, Sprachwissenschaftler und Archäologen bedienen sich bei ihren wissenschaftlichen Untersuchungen der Statistik. Ebenso ist die Statistik heute für die praktische Arbeit in fast allen Bereichen von Wirtschaft, Verwaltung und Technik ein unverzichtbares Hilfsmittel.

1.3 Zum Mißbrauch der Statistik

Wenn von Statistik die Rede ist, werden häufig die drei Formen der Lüge zitiert, nämlich

die Notlüge, die gemeine Lüge und die Statistik.

Damit soll zum Ausdruck gebracht werden, wie fragwürdig und unglaubwürdig die Statistik bzw. die Anwendungen der Statistik sein können. Manchmal drückt man das auch wie folgt aus:

Jede Statistik ist nur so gut, wie man sie selbst gefälscht hat.

Wie immer man auch zur Statistik und ihren Methoden stehen mag, die statistische Methodenlehre treffen diese Vorwürfe sicher zu Unrecht. Die Methoden sind zum größten Teil Verfahren der angewandten Mathematik und in sich fehlerlos und logisch einwandfrei aufgebaut. Bei einer sicheren Beherrschung der statistischen Methoden bieten sich allerdings vielfältige Möglichkeiten der Manipulation und Täuschung. Dabei werden meistens die richtigen Methoden der Statistik fahrlässig oder vorsätzlich falsch angewendet. Es handelt sich nicht um ein Versagen der statistischen Methoden. Die im folgenden angeführten Beispiele mögen das verdeutlichen.

B 1.3.1 *a) An einer Fakultät mit* 2500 *Studenten nehmen* 50 *Studenten an einer Klausur in Statistik teil. Von den* 50 *Studenten besteht keiner die Klausur. Der Dozent behauptet, die Durchfallquote bei dieser Klausur sei* 2% *gewesen. Bezogen auf die Gesamtheit der Studenten der Fakultät hat er zwar recht, aber die angegebene Durchfallquote ist natürlich wertlos und entspricht nicht dem, was man sich üblicherweise darunter vorstellt.*

b) In vielen Statistikbüchern findet sich der Hinweis auf den statistisch nachweisbaren Zusammenhang zwischen Storchenbrütungen und Geburten, ohne daß dazu Daten oder Quellen angegeben werden.

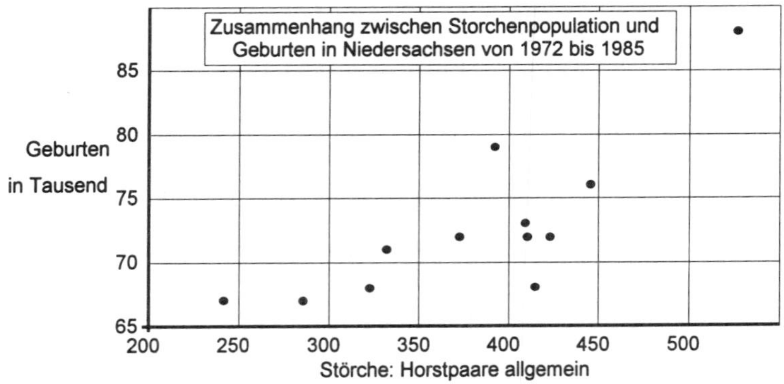

F 1.3.2 *Zusammenhang zwischen Storchenbrütungen und Geburtenrate*

In F 1.3.2 *sind für* 12 *Jahre aus dem Zeitraum von* 1972 *bis* 1985 *für das Gebiet von Niedersachsen die jährlichen Geburten (in Tausend) und die Anzahl der Storchenpaare (Horstpaare) dargestellt. Man erkennt optisch einen Zusammenhang zwischen beiden Merkmalen. Mit zunehmender bzw.*

abnehmender Anzahl der Störche steigt bzw. fällt auch die Geburtenrate. Der damit statistisch "bewiesene" Zusammenhang zwischen Störchen und Geburtenhäufigkeit ist sicher Unsinn. Der rein rechnerisch vorhandene Zusammenhang ist sachlich sicher nicht in dem Sinne interpretierbar, daß eine direkte (ursächliche) Beziehung zwischen Storchenpopulation und Geburtenrate besteht.

c) Ähnliche Fehlinterpretationen können aus den beiden folgenden Grafiken herausgelesen werden. In der linken Grafik sind für mehrere Jahre der "Bestand an Flugzeugen" und die "Anzahl der Verkehrsunfälle mit nur Sachschaden" (in 1000*) für die Bundesrepublik Deutschland dargestellt. Es ist ein ausgeprägter Zusammenhang zwischen beiden Merkmalen zu erkennen, der jedoch sachlich sicher ungerechtfertigt ist. Die Konstruktion eines Zusammenhanges zwischen Anzahl der Straßenverkehrsunfälle und Anzahl der Luftfahrzeuge im Sinne einer Kausalität ist unrealistisch.*

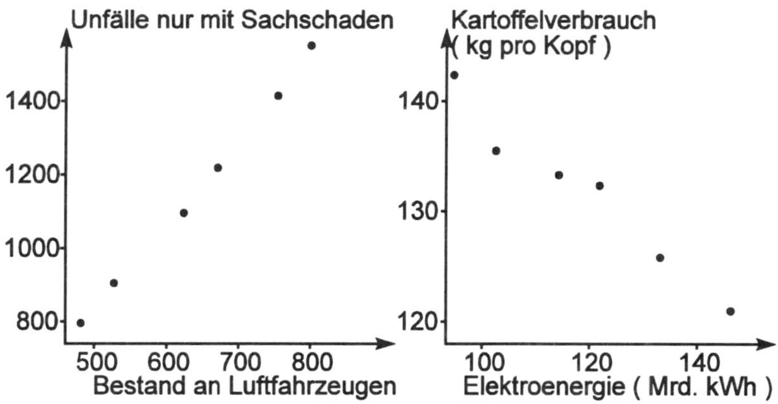

F 1.3.3 *Fehlinterpretationen von Merkmalszusammenhängen*

Ähnlich ist es in der rechten Zeichnung: Die Darstellung läßt auf einen Zusammenhang zwischen den Merkmalen "Kartoffelverbrauch je Kopf der Bevölkerung" (in kg) und "Produktion von Elektroenergie" (in Milliarden kWh) schließen. Es gibt jedoch auch hier keinen sachlichen Grund dafür, daß mit zunehmender Produktion von Elektroenergie der Kartoffelverbrauch pro Kopf der Bevölkerung sinkt. Es ist eher anzunehmen, daß eine gemeinsame Ursache, etwa "steigender Wohlstand", zur Begründung herangezogen werden muß.

d) In einer Maschinenfabrik verdient ein Facharbeiter 24 *DM/Std. Bei einer monatlichen Arbeitszeit von* 165 *Stunden und* 60 *konjunkturbedingten Überstunden mit* 35% *Zuschlag verdient er im Monat* 5904 *DM. Eine Erhöhung des Stundenlohnsatzes um* 8% *findet zu einer Zeit statt, bei der die*

Konjunktur rückläufig ist und die Überstunden wegfallen. Der Monatslohn eines Facharbeiters beträgt dann 25,92 × 165 = 4276,80 *DM. Obwohl sich der Stundenlohnsatz um* 8% *erhöht hat, ergibt sich wegen des Wegfalls der Überstunden eine Einkommensverminderung um* 27,56%. *Je nachdem, welche Zahlen man hier heranzieht, kann man also sowohl eine Lohnerhöhung als auch eine Einkommensverschlechterung mit Zahlen belegen. Insbesondere im politischen Bereich tun sich hier vielfältige Möglichkeiten der Meinungsmanipulation auf. In diesem Beispiel kann man sogar nur mit den Stundenlöhnen zu gegensätzlichen Ergebnissen kommen. Da in den Überstunden Zuschläge enthalten sind, ergibt sich vor der Stundenlohnerhöhung ein durchschnittlicher Stundenlohnsatz von* 26,24 *DM/Std. Nach der Lohnerhöhung sinkt dieser Stundenlohnsatz wegen des Wegfalls der Überstundenzuschläge auf* 25,92 *DM/Std. Es ergibt sich eine Verringerung des durchschnittlichen Stundenlohnsatzes um* 1,2%.

e) Eine ähnliche Manipulationsmöglichkeit ergibt sich, wenn man die Werte einer Größe zu unterschiedlichen Zeitpunkten ermittelt. Hat man z. B. in einer Woche einen Heizölpreis von 0,62 *DM/l und in der Vorwoche* 0,65 *DM/l, in der entsprechenden Woche des Vorjahres dagegen* 0,55 *DM/l, so kann man je nach Bezugsgröße eine Steigerung (um* 12,7%*) oder eine Senkung (um* 4,6%*) des Heizölpreises behaupten.*

f) Besonders augenfällige Fehlanwendungen der Statistik und Meinungsmanipulation finden sich im Bereich der grafischen Darstellung von Daten. F 1.3.4 *zeigt, wie man durch "geschickte" Auswahl von im Zeitablauf gemessenen Werten bei der grafischen Darstellung ein falsches Bild erzeugen kann. Die vollständigen Werte schwanken periodisch mit abnehmender Tendenz. "Wählt" man nur die hervorgehobenen Werte aus, so erhält man Werte mit steigender Tendenz.*

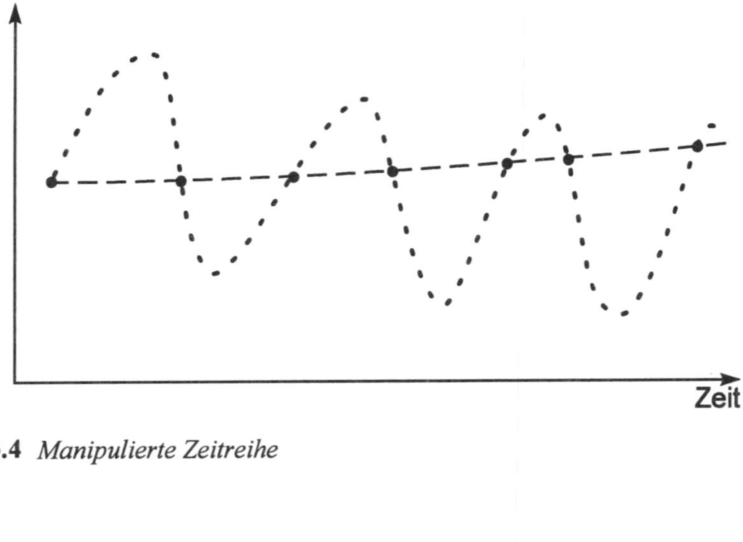

F 1.3.4 *Manipulierte Zeitreihe*

Diese wenigen Beispiele zeigen, daß von einer "statistischen Lüge" im strengen Sinn des Wortes nicht die Rede sein kann. Die Statistik bietet jedoch weitgehende Möglichkeiten der Manipulation und Täuschung. Durch bewußte Fehlinterpretationen und -darstellungen lassen sich Ergebnisse ausweisen, die nicht den tatsächlichen Sachverhalt wiedergeben. Häufig sind "statistische Lügen" auf eine unzulässige Anwendung formal richtiger Methoden zurückzuführen. Das Hauptproblem liegt darin, daß die formalen, mathematisch-rechnerischen Methoden der Statistik auf reale sachliche Probleme angewendet werden. Eine Beurteilung der sachlich-inhaltlichen Seiten eines Problems ist aber immer Aufgabe des jeweiligen Fachwissenschaftlers und kann nicht Aufgabe des Statistikers sein, der die Methoden zur Aufbereitung und Analyse der quantitativen Daten zur Verfügung stellt und gegebenenfalls auch auswählt.

Bei jeder Anwendung der Statistik auf ein praktisches Problem ist deshalb mit großer Sorgfalt zu prüfen, welche statistische Methode dem Problem angemessen ist. Bei der Interpretation der Ergebnisse ist immer von der sachlich-inhaltlichen Seite des Problems auszugehen. Eine rein formale Betrachtung würde zu Ergebnissen bzw. Interpretationen wie bei dem Zusammenhang zwischen Anzahl der Storchbrütungen und Geburtenrate führen.

2 Grundbegriffe der deskriptiven Statistik

2.1 Statistische Einheiten, Massen und Merkmale

a) Statistische Einheiten und statistische Massen

In diesem und den folgenden Abschnitten werden zunächst einige Grundbegriffe eingeführt, an denen zugleich ausgewählte Probleme statistischer Untersuchungen betrachtet werden können.

D 2.1.1

> Die **statistische Einheit** ist das **Einzelobjekt einer statistischen Untersuchung.** Sie ist Träger der Information(en), für die man sich bei der Untersuchung interessiert.

B 2.1.2 *a) Bei einer statistischen Überprüfung der Abfüllmengen eines Automaten zum Füllen von Bierflaschen sind die statistischen Einheiten die abgefüllten Bierflaschen.*

b) Bei einer Untersuchung über die Lebensdauer von Autoreifen ist die statistische Einheit der einzelne Autoreifen.

c) Soll festgestellt werden, ob der Intelligenzquotient bei Erwachsenen vom Alter abhängt und ob geschlechtsbedingte Unterschiede bestehen, dann sind die untersuchten Personen die statistischen Einheiten.

Nicht immer ist die Festlegung der statistischen Einheit so problemlos wie in diesen Beispielen.

B 2.1.3 *Bei einer Untersuchung der Verkehrsdichte einer Straße durch Zählung der pro Zeiteinheit an festgelegten Beobachtungspunkten passierenden Kraftfahrzeuge sind die statistischen Einheiten die Beobachtungspunkte, denn an diesen Einzelobjekten der Untersuchung werden die Informationen "Anzahl der pro Zeiteinheit passierenden Kraftfahrzeuge" erfaßt.*

Für die statistischen Einheiten einer Volkszählung (s. u.) gibt es drei **Identifikations- oder Abgrenzungskriterien**:

- Es handelt sich um lebende Personen: sachliche Abgrenzung.

- Die Volkszählung erfaßt das Gebiet der Bundesrepublik Deutschland. Damit liegt eine eindeutige räumliche Abgrenzung vor.
- Durch die Volkszählung werden alle Personen erfaßt, die an einem bestimmten Stichtag (für die letzte Volkszählung der 25.05.1987) ihren Wohnsitz in der Bundesrepublik Deutschland haben. Dadurch sind die Einheiten zeitlich festgelegt.

Allgemein gilt:

R 2.1.4

> Jede statistische Einheit wird im Hinblick auf das Untersuchungsziel durch (1) **sachliche**, (2) **räumliche** und (3) **zeitliche Kriterien identifiziert** bzw. abgegrenzt.

B 2.1.5 *a) Wenn für eine Kommunalwahl in einer Stadt eine Prognose des Wahlergebnisses gemacht werden soll, dann sind Identifikationskriterien:*

sachlich:	*wahlberechtigter Bürger*
räumlich:	*Gebiet der Großstadt*
zeitlich:	*Tag der Umfrage.*

b) Soll in der gleichen Großstadt eine Untersuchung über das Freizeitverhalten Berufstätiger durchgeführt werden, sind die Identifikationskriterien:

sachlich:	*berufstätige Personen*
räumlich:	*Gebiet der Großstadt*
zeitlich:	*Zeitraum, für den untersucht wird (z. B. ein bestimmter Monat oder ein bestimmtes Jahr).*

Die speziellen Kriterien für die Abgrenzung von statistischen Einheiten ergeben sich meistens unmittelbar aus der jeweils zu behandelnden Fragestellung. Dabei ist in jedem Fall mit äußerster Sorgfalt vorzugehen, denn eine für das Untersuchungsziel ungeeignete Abgrenzung der Einheiten macht die gesamte Untersuchung wertlos. Das gilt besonders bei Vergleichen. Die Problematik einer richtigen und eindeutigen Abgrenzung zeigt das folgende Beispiel.

B 2.1.6 *a) Wenn für eine Einschätzung des Wählerverhaltens für eine Wahl zum Deutschen Bundestag "am 31.12.94 in der Bundesrepublik wohnhafte Personen" befragt werden, dann ist die Befragung wertlos, da die sachliche und räumliche Identifikation im Hinblick auf den Untersuchungszweck ungeeignet ist. Es dürfen nur für die Bundestagswahl wahlberechtigte Deutsche erfaßt werden, deren Wohnsitz aber durchaus außerhalb der Bundesrepublik liegen kann.*

b) Einer Betriebsstättenzählung im Druck- und Verlagsgewerbe können rechtliche (Verlagsgruppe), örtliche (Betriebsteile in Köln, Kiel usw.) oder technische (Druckerei, Redaktion) Einheiten zugrundegelegt werden.

Es ist ausdrücklich darauf hinzuweisen, daß über die richtige bzw. zweckmäßige Abgrenzung der statistischen Einheiten **keine allgemeingültigen Aussagen** gemacht werden können. **Die Identifikationskriterien müssen aus der jeweiligen Aufgabenstellung abgeleitet werden.**

Die Gesamtheit aller statistischen Einheiten der Volkszählung vom 25.05.1987 ergibt die durch die Volkszählung erfaßte statistische Masse.

D 2.1.7

Eine **statistische Masse** ist eine **Gesamtheit** (Menge) von **statistischen Einheiten mit übereinstimmenden Identifikationskriterien**. Die sachlichen, räumlichen und zeitlichen Identifikationskriterien ergeben sich aus der Zielsetzung bzw. Aufgabenstellung der statistischen Untersuchung.

Die statistische Einheit ist das Einzelobjekt einer statistischen Analyse. Die Ergebnisse der Untersuchung sollen im allgemeinen Aussagen über die statistische Masse oder Teile davon liefern.

Sofern die Ergebnisse einer statistischen Untersuchung in irgendeiner Form für Vergleichszwecke herangezogen werden, ist vor allem auf die Gleichartigkeit von Massen zu achten. Eine Analyse der Mietpreisentwicklung beispielsweise ist nur für gleichartige Wohnungen sinnvoll, oder man betrachtet Durchschnittsmieten.

Aus Zeit-, Kosten- und anderen Gründen ist es häufig nicht möglich, im Rahmen einer statistischen Untersuchung eine statistische Masse vollständig zu erfassen.

D 2.1.8

Wird bei einer statistischen Untersuchung nur ein Teil der interessierenden Masse erfaßt, dann heißt dieser Teil **Stichprobe**.

Für Stichprobenuntersuchungen erhebt sich die Frage, wie und mit welchen möglichen Fehlern die aus der Stichprobe gewonnenen Ergebnisse bzw. Aussagen auf die Gesamtheit übertragen werden können. Dieses ist nicht Gegenstand der in diesem Band behandelten beschreibenden Statistik sondern von Stichprobenverfahren, für die Kenntnisse aus der Wahrscheinlichkeitsrechnung notwendig sind. Beide Gebiete werden in Band 2 behandelt.

Die Ergebnisse und Aussagen, die in der beschreibenden Statistik gewonnen werden, beziehen sich immer nur auf die untersuchte Masse bzw. Teilmasse (Stichprobe). Eine **Verallgemeinerung** oder **Übertragung** auf eine übergeordnete Masse ist **unzulässig**.

Statistische Massen können nach unterschiedlichen Gesichtspunkten klassifiziert werden. Nach der **Anzahl** der zur Masse gehörigen Einheiten unterscheidet man **unendliche** und **endliche Massen**.

B 2.1.9 *a) Für eine Käuferbefragung ergeben alle Kunden, die ein Warenhaus an einem bestimmten Tag besuchen, eine endliche Masse.*

b) Bei einem Würfel soll untersucht werden, mit welchem Anteil an allen Würfen die Augenzahl "6" auftritt. Die Menge der unendlich vielen (theoretisch) möglichen Würfe ergibt eine unendliche Masse.

Wichtig ist die Unterscheidung in **Bestands-** und **Ereignismassen**.

D 2.1.10

> Eine statistische Masse, deren Einheiten für ein gewisses Zeitintervall zur Masse gehören, d. h. zu einem bestimmten Zeitpunkt in die Masse **eintreten** (Zugang) und zu einem späteren Zeitpunkt aus der Masse **ausscheiden** (Abgang), heißt **Bestandsmasse**.

B 2.1.11 *Bestandsmassen sind*

a) Einwohner der Stadt Braunschweig (Zugang: Geburt/Zuzug; Abgang: Tod/Wegzug),

b) Zugelassene Kraftfahrzeuge in der Bundesrepublik (Zugang: Zulassung; Abgang: Abmeldung),

c) Flaschenbiervorrat von Paula (Zugang: Kauf; Abgang: Verbrauch).

Für die Erfassung von Bestandsmassen wird zu einem bestimmten **Zeitpunkt** gezählt oder gemessen, wie groß (hoch) der Bestand ist. Man kann also normalerweise nicht sagen "Im Jahr 1994 waren in der Bundesrepublik y Kraftfahrzeuge zugelassen.", da sich der Bestand in einem Zeitraum ändern kann. Richtig ist daher: "Am 01.01.1994 um 0 Uhr waren y Kraftfahrzeuge in der Bundesrepublik zugelassen."

D 2.1.12

> Eine statistische Masse, deren Einheiten Ereignisse sind, die zu bestimmten Zeitpunkten auftreten, heißt **Ereignismasse**.

B 2.1.13 *Ereignismassen sind*

a) Geburten in Braunschweig im Jahre 1994*;*

b) Neuzulassungen von Kraftfahrzeugen in Deutschland im Dezember 1994.

Für die Erfassung von Ereignismassen wird während eines **Zeitintervalls** die Anzahl der eingetretenen Ereignisse gezählt. Die Zeitungsnotiz "Am Neujahrstag 1994 erblickten bei Redaktionschluß 8 neue Erdenbürger das

Licht der Welt" ist daher unsinnig. Richtig müßte es heißen "**bis** Redaktionsschluß".

Wie aus den Beispielen 2.1.11 und 2.1.13 zu ersehen ist, gibt es Bestands- und Ereignismassen, die dadurch zusammengehören, daß die Ereignismassen Zu- oder Abgänge einer Bestandsmasse beschreiben. Derart zusammengehörige Massen heißen **korrespondierende Massen**.

B 2.1.14 *Bestandsmasse: Bevölkerung der Stadt Braunschweig (zu einem bestimmten Zeitpunkt).*
Korrespondierende Ereignismassen: Geburten, Todesfälle, Zuzüge und Wegzüge (in einem bestimmten Zeitintervall).

Die fortlaufende Erhöhung oder Verringerung einer Bestandsmasse durch die korrespondierenden Ereignismassen heißt **Fortschreibung**.

B 2.1.15

Bestandsmasse (Anfangsbestand)	*Zugelassene Kfz in BS am* 1.1.94
Korrespondierende Ereignismassen	+ *Neuzulassungen von Kfz vom* 1.1.94 - 31.12.94
	– *Abmeldungen von Kfz vom* 1.1.94 - 31.12.94
Bestandsmasse (Endbestand)	*Zugelassene Kfz in BS am* 31.12.94

Die statistische Analyse von Bestands- und Ereignismassen und die dabei auftretenden Probleme werden in Kapitel 5 ausführlich behandelt.

b) Merkmale

Einzelobjekte einer statistischen Untersuchung sind, wie oben gesagt wurde, die statistischen Einheiten. Man interessiert sich jedoch meistens nicht für die Einheiten schlechthin (Ausnahme: Ermittlung der Anzahl der zu einer Masse gehörigen Einheiten), sondern für bestimmte Eigenschaften der Einheiten. Bei einer Volkszählung interessieren z. B. die Eigenschaften Alter, Geschlecht, Religionszugehörigkeit, Beruf, Einkommen usw. der befragten Personen. Letztere sind in diesem Fall die statistischen Einheiten.

D 2.1.16 Eine bei einer statistischen Untersuchung interessierende Eigenschaft einer statistischen Einheit heißt **Merkmal**. Die statistischen Einheiten heißen auch **Merkmalsträger**.

Allgemein werden Merkmale mit großen lateinischen Buchstaben bezeichnet: $X, Y, A, B, \ldots$.

B 2.1.17 *a) Statistische Einheit: Student*
Merkmale: Alter, Schulabschluß, Studienfach, Statistiknote usw.

b) Statistische Einheit: Landwirtschaftlicher Betrieb
Merkmale: Ackernutzfläche, Rinderbestand usw.

Welche Merkmale bei einer statistischen Untersuchung erfaßt werden, hängt von der zu behandelnden Fragestellung ab. Es gibt aber Fälle, in denen erst nach der statistischen Erhebung beurteilt werden kann, ob ein Merkmal für ein bestimmtes Problem von Bedeutung ist oder nicht.

B 2.1.18 *Soll das Sparverhalten der Bundesbürger untersucht werden, so ist von vornherein nicht mit Sicherheit zu sagen, ob z. B. das Zinsniveau das Sparverhalten wesentlich beeinflußt. Man wird also das Merkmal "Zinsniveau" zunächst mit erfassen und erst im Verlauf der statistischen Untersuchung entscheiden, ob es für die weitere Analyse berücksichtigt werden muß oder nicht.*

D 2.1.19

> Die möglichen Werte (Kategorien), die ein Merkmal annehmen kann, heißen **Merkmalsausprägungen**.

Merkmalsausprägungen werden allgemein mit den dem Symbol des Merkmals entsprechenden kleinen lateinischen Buchstaben bezeichnet. Das Merkmal X hat dann die m Merkmalsausprägungen $x_1, x_2, ..., x_j, ..., x_m$.

B 2.1.20 *a) Merkmal: Geschlecht; Merkmalsausprägungen: männlich, weiblich.*
b) Merkmal: Zensur; Merkmalsausprägungen: 1, 2, 3, 4, 5, 6.

Bei einer statistischen Untersuchung werden die Werte, die die interessierenden Merkmale bei den einzelnen Einheiten annehmen, registriert.

D 2.1.21

> Eine bei einer statistischen Untersuchung an einer bestimmten statistischen Einheit festgestellte Merkmalsausprägung heißt **Merkmalswert** oder **Beobachtungswert**.

Die Merkmalswerte sind die Daten, die bei einer statistischen Analyse verarbeitet werden.

B 2.1.22 *Bei einer Volkszählung gibt ein Bundesbürger an, er sei männlichen Geschlechts und von Beruf Kraftfahrzeugschlosser. Dann sind:*

Statistische Einheit:	*Die befragte Person.*
Merkmale:	*Geschlecht und ausgeübter Beruf.*
Merkmalswerte:	*männlich und Kraftfahrzeugschlosser.*

2.2 Datenerhebung und Datenquellen

a) Formen der Datenerhebung

Zu der Vorbereitung und Planung einer statistischen Untersuchung gehört vor allem die genaue Festlegung der zeitlichen, sachlichen und räumlichen Identifikationskriterien für die statistischen Einheiten und die Bestimmung der für das Untersuchungsziel wichtigen Merkmale. Der erste Schritt der eigentlichen Untersuchung ist die Ermittlung der Beobachtungswerte sofern nicht über eine sogenannte **Sekundärerhebung** auf schon vorhandene Daten zurückgegriffen wird.

D 2.2.1

Die Ermittlung der konkreten Ausprägungen der interessierenden Merkmale bei den statistischen Einheiten (die Erfassung der Beobachtungswerte) geschieht durch eine **statistische Primärerhebung**. Dafür gibt es folgende Möglichkeiten:

(1) **Befragung**, und zwar a) persönlich durch Interview oder
b) schriftlich durch Fragebogen;

(2) **Beobachtung;**

(3) **Experiment.**

Die **persönliche Befragung** durch Interviewer wird vor allem in der Markt- und Meinungsforschung angewendet. Zur Gewährleistung einer einheitlichen Befragung bekommt der Interviewer einen Interviewleitfaden mit den Fragen und zusätzlichen Hinweisen. Die Befragung durch Interview hat den Vorteil, daß mißverständliche und falsche Antworten dadurch ausgeschlossen werden können, daß der Interviewer nachfragen bzw. zusätzliche Erläuterungen geben kann. Das Problem der bewußten Fehlbeantwortung kann dabei natürlich nicht ausgeschlossen werden. Problematisch ist auch die Möglichkeit der Antwortenbeeinflussung durch den Interviewer. Die Befragung durch Interview ist verhältnismäßig aufwendig.

Die **schriftliche Befragung** durch Verwendung von Fragebogen ist dem Leser sicher bekannt, da das Ausfüllen von Fragebogen aus unterschiedlichen Anlässen sehr häufig vorkommt. F 2.2.2 zeigt einen Ausschnitt des Erhebungsbogens der 1987 in der Bundesrepublik Deutschland durchgeführten Volkszählung.

Bei der Formulierung der Fragen ist darauf zu achten, daß die Fragestellung die Antwort nicht beeinflußt. Die Auswertung eines Fragebogens wird wesentlich erleichtert, wenn die in Frage kommenden Merkmalsausprägungen vorgegeben werden und die Beantwortung der Fragen dann durch Markieren, Ankreuzen oder Anstreichen erfolgen kann (siehe F 2.2.2).

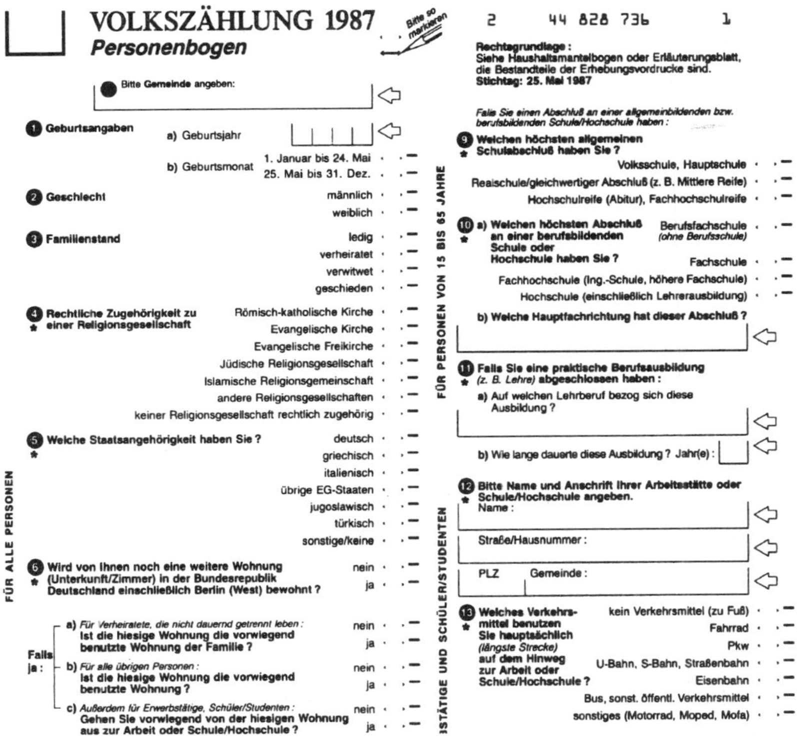

VOLKSZÄHLUNG 1987
Personenbogen
Bitte so markieren

2 44 828 736 1

Rechtsgrundlage: Siehe Haushaltsmantelbogen oder Erläuterungsblatt, die Bestandteile der Erhebungsvordrucke sind.
Stichtag: 25. Mai 1987

Bitte Gemeinde angeben:

FÜR ALLE PERSONEN

1 Geburtsangaben
a) Geburtsjahr
b) Geburtsmonat: 1. Januar bis 24. Mai · 25. Mai bis 31. Dez.

2 Geschlecht: männlich · weiblich

3 Familienstand: ledig · verheiratet · verwitwet · geschieden

4 Rechtliche Zugehörigkeit zu einer Religionsgesellschaft *
Römisch-katholische Kirche · Evangelische Kirche · Evangelische Freikirche · Jüdische Religionsgesellschaft · Islamische Religionsgemeinschaft · andere Religionsgesellschaften · keiner Religionsgesellschaft rechtlich zugehörig

5 Welche Staatsangehörigkeit haben Sie? *
deutsch · griechisch · italienisch · übrige EG-Staaten · jugoslawisch · türkisch · sonstige/keine

6 Wird von Ihnen noch eine weitere Wohnung (Unterkunft/Zimmer) in der Bundesrepublik Deutschland einschließlich Berlin (West) bewohnt? * nein · ja

Falls ja:
a) Für Verheiratete, die nicht dauernd getrennt leben: Ist die hiesige Wohnung die vorwiegend benutzte Wohnung der Familie? nein · ja
b) Für alle übrigen Personen: Ist die hiesige Wohnung die vorwiegend benutzte Wohnung? nein · ja
c) Außerdem für Erwerbstätige, Schüler/Studenten: Gehen Sie vorwiegend von der hiesigen Wohnung aus zur Arbeit oder Schule/Hochschule? nein · ja

FÜR PERSONEN VON 15 BIS 65 JAHRE

Falls Sie einen Abschluß an einer allgemeinbildenden bzw. berufsbildenden Schule/Hochschule haben:

9 Welchen höchsten allgemeinen Schulabschluß haben Sie? *
Volksschule, Hauptschule · Realschule/gleichwertiger Abschluß (z. B. Mittlere Reife) · Hochschulreife (Abitur), Fachhochschulreife

10 a) Welchen höchsten Abschluß an einer berufsbildenden Schule oder Hochschule haben Sie? *
Berufsfachschule (ohne Berufsschule) · Fachschule · Fachhochschule (Ing.-Schule, höhere Fachschule) · Hochschule (einschließlich Lehrerausbildung)
b) Welche Hauptfachrichtung hat dieser Abschluß?

11 Falls Sie eine praktische Berufsausbildung (z. B. Lehre) abgeschlossen haben: *
a) Auf welchen Lehrberuf bezog sich diese Ausbildung?
b) Wie lange dauerte diese Ausbildung? Jahr(e):

ERWERBSTÄTIGE UND SCHÜLER/STUDENTEN

12 Bitte Name und Anschrift Ihrer Arbeitsstätte oder Schule/Hochschule angeben. *
Name:
Straße/Hausnummer:
PLZ Gemeinde:

13 Welches Verkehrsmittel benutzen Sie hauptsächlich (längste Strecke) auf dem Hinweg zur Arbeit oder Schule/Hochschule? *
kein Verkehrsmittel (zu Fuß) · Fahrrad · Pkw · U-Bahn, S-Bahn, Straßenbahn · Eisenbahn · Bus, sonst. öffentl. Verkehrsmittel · sonstiges (Motorrad, Moped, Mofa)

F 2.2.2 *Ausschnitt aus dem Erhebungsbogen der Volkszählung* 1987

Bei schriftlichen oder mündlichen Befragungen hat man immer mit dem bereits erwähnten Problem fehlerhafter Antworten zu tun. In manchen Fällen kann man jedoch durch Kontrollfragen falsche Antworten herausfinden.

B 2.2.3 *Um zu erfahren, ob in einem Fragebogen die Altersangabe richtig ist, kann man zusätzlich fragen, welcher Schulabschluß in welchem Jahr erworben wurde. Gibt z. B. jemand bei einer Befragung am* 6.12.1994 *ein Alter von* 30 *Jahren an und dazu, daß er sein Abitur* 1975 *gemacht hat, dann sind die Angaben mit hoher Wahrscheinlichkeit fehlerhaft, denn ein Abitur im Alter von* 11 *Jahren ist kaum möglich.*

Ein besonderes Problem bei der schriftlichen Befragung entsteht dadurch, daß man in den meisten Fällen nicht alle Fragebogen zurückerhält bzw. nicht alle Fragen beantwortet werden. Durch die Erhebung wird dann nur ein Teil der statistischen Masse direkt erfaßt. Diese Nichtbeantwortung ist deshalb problematisch, weil dadurch die Gefahr systematisch verzerrter Ergebnisse besteht, da häufig bestimmte Gruppen die Antwort verweigern.

B 2.2.4 *Bei einer Befragung über die Einkommensverhältnisse kann es sein, daß gerade die besonders hoch und/oder die besonders niedrig Verdienenden ihren Fragebogen nicht zurücksenden.*

Bei Datenerhebung durch **Beobachtung** werden die Werte der im Rahmen einer statistischen Untersuchung zu erfassenden Merkmale durch Augenschein (z. B. Verkehrszählung), durch Meßgeräte (z. B. Messung der Körpergröße) oder auf andere Art unmittelbar erfaßt. Durch Ungenauigkeiten der Meßinstrumente, durch Irrtümer beim Ablesen oder beim Zählen können allerdings auch bei Beobachtung fehlerhafte Daten erhoben werden.

Eine weitere Form der statistischen Erhebung ist schließlich das **Experiment**. Technische Nutzungseigenschaften von Gebrauchsgütern können z. B. experimentell ermittelt werden, wie das die Stiftung Warentest in Berlin für Konsumgüter tut.

Auf Detailprobleme der Datenerhebung kann in dem vorliegenden Rahmen nicht eingegangen werden. Es ist jedoch darauf hinzuweisen, daß vor allem das Problem der Zuverlässigkeit bzw. Fehlerhaftigkeit der erhobenen Daten nicht unterschätzt werden darf.

b) Erhebungsumfang und Herkunft der Daten

Werden im Rahmen einer statistischen Untersuchung **alle** Einheiten einer statistischen Masse erfaßt, dann spricht man von einer **Vollerhebung**.

Beschränkt sich eine Erhebung auf einen Teil einer statistischen Masse (eine Stichprobe, siehe D 2.1.8), dann handelt es sich um eine **Teilerhebung** oder Stichprobenerhebung. Bei einer Teilerhebung kann nach der statistischen Untersuchung eine völlig sichere Aussage nur über den wirklich erfaßten Teil der statistischen Masse gemacht werden (s. o.). **Gründe für eine Teilerhebung** können sein:

zeitliche:	eine Vollerhebung würde zu lange dauern, z. B. bei der Vorausschätzung von Wahlergebnissen,
sachliche:	durch die statistische Untersuchung werden die Einheiten zerstört oder unbrauchbar, wie z. B. bei den meisten Materialprüfungen, oder
kostenmäßige:	eine Vollerhebung wird zu teuer.

Wird das Datenmaterial für eine statistische Untersuchung durch eine besondere Erhebung nach speziellen, sachlichen, räumlichen und zeitlichen Identifikationskriterien gewonnen, so spricht man von einer **Primärerhebung**. Verwendet man dagegen schon vorhandenes Datenmaterial, so handelt es sich um eine **Sekundärerhebung**. Im folgenden Unterabschnitt wird auf einige wichtige Quellen für Sekundärerhebungen eingegangen.

c) Datenquellen

In nahezu allen Betrieben und öffentlichen Verwaltungen werden Daten erhoben bzw. erfaßt und statistisch aufbereitet.

B 2.2.5 *a) Erfassung von Umsatzzahlen in einer Umsatzstatistik;*

b) Zusammenstellung von Informationen über das Personal eines Betriebes in einer Personalstatistik;

c) Erfassung von Waren- und Geldgeschäften der Bundesrepublik Deutschland mit dem Ausland in der Außenhandelsstatistik;

d) Zusammenstellung über die Maschinenausrüstung von Baubetrieben.

Als Datenlieferanten einer Sekundärerhebung für eine statistische Untersuchung kommen alle Betriebe, Verwaltungen und sonstigen Institutionen (z. B. Verbände) in Betracht, in denen "Statistiken" geführt werden. An erster Stelle sind hier die Träger der sogenannten **amtlichen Statistik** zu nennen. Dazu gehört das **Statistische Bundesamt** in Wiesbaden sowie die Statistischen Ämter der Länder und Gemeinden. Diese Institutionen erfassen und verarbeiten eine Fülle von Daten, die zu einem Teil in verschiedenen Publikationen veröffentlicht werden. Die bekannteste ist das **Statistische Jahrbuch für die Bundesrepublik Deutschland**. Es erscheint jährlich und enthält umfangreiches Datenmaterial aus allen wirtschaftlichen und gesellschaftlichen Bereichen. F 2.2.6 zeigt die Inhaltsübersicht des Statistischen Jahrbuches von 1992.

Inhalt

1	Geographische und meteorologische Angaben, Naturschutz	13	Verkehr
2	Zusammenfassende Übersichten	14	Geld und Kredit, Versicherungen
2.1	Deutschland	15	Rechtspflege
2.2	Deutschland nach Ländern	16	Bildung und Wissenschaft
2.3	Zeitreihen für das frühere Bundesgebiet	17	Kultur, Freizeit, Sport
3	Bevölkerung	18	Gesundheitswesen
4	Wahlen	19	Sozialleistungen
5	Kirchliche Verhältnisse	20	Finanzen und Steuern
6	Erwerbstätigkeit	21	Wirtschaftsrechnungen und Versorgung
7	Unternehmen und Arbeitsstätten	22	Löhne und Gehälter
8	Land- und Forstwirtschaft, Fischerei	23	Preise
9	Produzierendes Gewerbe	24	Volkswirtschaftliche Gesamtrechnungen
10	Bautätigkeit und Wohnungen	25	Zahlungsbilanz
11	Handel, Gastgewerbe, Reiseverkehr	26	Umwelt
12	Außenhandel	27	Wirtschaftsorganisationen und Berufsverbände

F 2.2.6 *Inhaltsübersicht des Statistischen Jahrbuches* 1992 *für die Bundesrepublik Deutschland*

Erhebungen der sogenannten amtlichen Statistiken erfolgen häufig auf gesetzlicher Grundlage, wie z. B. Volkszählungen oder die Erfassung von Außenhandelsumsätzen.

Als mögliche Datenquellen bieten sich auch zahlreiche Statistiken zu Spezialfragen an, wie sie von Verbänden, Gewerkschaften und anderen Institutionen herausgegeben werden.

Schließlich ist auf die zahlreichen Online-Datenbanken hinzuweisen, aus denen Daten bei Verfügbarkeit entsprechender Hardware direkt elektronisch beschafft werden können.

2.3 Meßbarkeitseigenschaften von Merkmalen und Skalen

Für die bei einer statistischen Analyse im einzelnen anzuwendenden Methoden und Untersuchungsverfahren spielt eine entscheidende Rolle, wie bzw. nach welchen Kriterien die Merkmalsausprägungen und -werte gemessen und geordnet werden können. Das folgende Beispiel soll die Problematik aufzeigen.

B 2.3.1 *Es werden die folgenden Merkmale mit den angegebenen Ausprägungen betrachtet:*

Merkmal	*Merkmalsausprägungen*
Geschlecht	*männlich, weiblich*
Familienstand	*ledig, verh., verw., gesch.*
Leistungsbeurteilung	*sehr gut, gut, befriedigend, ausreichend, mangelhaft*
Körpergröße	*x cm*
Kinderzahl	0, 1, 2, 3, 4, ...

Die Ausprägungen der beiden ersten Merkmale sind qualitative Eigenschaften der Merkmalsträger (Personen), die nicht durch Auszählen oder Messen im üblichen Sinne ermittelt werden können. Es kann nur festgestellt werden, ob ein Merkmalsträger eine bestimmte Eigenschaft besitzt oder nicht bzw. welche von mehreren möglichen Eigenschaften der Merkmalsträger aufweist. Es gibt weder eine natürliche Ordnung der Ausprägungen noch ist es sinnvoll, Abstände oder Verhältnisse der Ausprägungen zu betrachten.
Beim dritten Merkmal entsprechen die Ausprägungen einer Bewertung zum Zwecke der Aufstellung einer ***Rangordnung****. Über die absolute Höhe der Leistung wird durch die Ausprägungen nichts ausgesagt. "Gut" ist zwar besser als "ausreichend", aber "gut" ist nicht doppelt so gut wie "ausreichend", wie man bei Verwendung der Zahlen "zwei" und "vier" für die Noten meinen könnte.*

Für das vierte und fünfte Merkmal sind die Ausprägungen mit Dimensionen versehene Zahlen, die durch Messen oder Zählen ermittelt werden. Die Ausprägungen besitzen nicht nur eine natürliche Ordnung, sondern man kann auch Abstände oder Verhältnisse betrachten. Beispielsweise ist der Abstand zwischen 162 *cm und* 172 *cm der gleiche wie zwischen* 184 *cm und* 194 *cm.*
Bei der Aufbereitung und Auswertung der im Rahmen einer statistischen Untersuchung erfaßten Merkmalswerte können die aufgeführten Merkmale nicht alle gleich behandelt werden. Es kann z. B. für mehrere Personen wohl eine durchschnittliche Körpergröße oder eine durchschnittliche Kinderzahl ermittelt werden, ein "durchschnittliches Geschlecht" oder einen "durchschnittlichen Familienstand" anzugeben, ist dagegen nicht möglich.

Das Beispiel zeigt, daß es Merkmale mit unterschiedlichen Meßbarkeitseigenschaften gibt.

Grundsätzlich erfolgt die **Messung der Merkmalswerte mit Hilfe einer Skala (Meßvorschrift).** Eine Skala ist eine Anordnung von Werten (häufig reelle Zahlen), denen die Merkmalsausprägungen eindeutig zugeordnet werden. Die Werte, die auf einer Skala Berücksichtigung finden, nennt man **Skalenwerte**. Man spricht in diesem Zusammenhang manchmal auch von **Skalierung** oder Merkmalsskalierung. Die verschiedenen Skalen unterscheiden sich nach Ordnungskriterien bzw. ihren Ordnungseigenschaften.

a) Meßskalen und ihre Eigenschaften

Die einfachste Form einer Skala ist die Nominalskala.

D 2.3.2

Eine Skala, deren Skalenwerte nur nach dem Kriterium **gleich oder verschieden** geordnet werden können, heißt **Nominalskala**. Ein Merkmal, dessen Werte nur auf einer Nominalskala gemessen werden können, heißt **nominal meßbar**.

Typisch für die Nominalskala ist, daß es **keine natürliche Reihenfolge** der Skalenwerte gibt.

B 2.3.3 *Die folgenden Merkmale sind nur nominal meßbar, da für die Ausprägungen keine natürliche Reihenfolge existiert: Geschlecht; Familienstand; Religionszugehörigkeit; Beruf; Studienfach; Nationalität.*

Da die Ausprägungen nominal meßbarer Merkmale qualitative Eigenschaften sind, heißen diese Merkmale auch **qualitative Merkmale**.

Vielfach können die Ausprägungen eines Merkmals in eine natürliche Reihenfolge gebracht werden, d. h. in eine auf- oder absteigende Ordnung.

D 2.3.4

> Eine Skala, deren Skalenwerte nicht nur nach dem Kriterium gleich oder verschieden sondern außerdem in einer **natürlichen Reihenfolge** geordnet werden können, heißt **Ordinalskala** oder **Rangskala**. Ein Merkmal, dessen Werte auf einer Rang- oder Ordinalskala gemessen werden können, heißt **ordinal meßbar**.

B 2.3.5 *Die Ausprägungen der folgenden Merkmale können in eine natürliche Reihenfolge gebracht werden. Die Merkmale sind deshalb ordinal meßbar:*
a) Zensuren: sehr gut, gut, befriedigend, ausreichend, mangelhaft.
b) Güteklassen von Hotels: A, B, C usw.

Bei einer Ordinalskala wird durch die Reihenfolge keine Aussage über den absoluten Wert einer Merkmalsausprägung gemacht. Das gilt auch dann, wenn die Ausprägungen eines ordinal meßbaren Merkmals durch Zahlen (im allgemeinen durch natürliche Zahlen: 1, 2, 3, ...) ausgedrückt werden, wie z. B. bei Zensuren.

B 2.3.6 *a) Ein Hotel der Güteklasse A ist besser als eins der Güteklasse B. Jede weitergehende Aussage wie z. B. "doppelt so gut" oder "20% besser" ist wenig sinnvoll.*
b) Der Leistungsunterschied zwischen den Noten "sehr gut" und "gut" kann nicht mit dem Leistungsunterschied zwischen "gut" und "befriedigend" verglichen werden (siehe hierzu auch B 2.3.1*).*

Merkmale, die auf einer Ordinalskala gemessen werden können, heißen auch **intensitätsmäßige Merkmale**.

In vielen Fällen werden die Werte von Merkmalen unmittelbar als reelle Zahlen gemessen, wie z. B. bei der Erfassung von Gewichten, Geschwindigkeiten, Längen usw.

D 2.3.7

> Eine Skala, deren Skalenwerte reelle Zahlen sind und die alle Ordnungseigenschaften der reellen Zahlen besitzt, heißt **Kardinalskala** oder **metrische Skala**. Ein Merkmal, dessen Werte auf einer Kardinalskala oder metrischen Skala gemessen werden können, heißt **kardinal meßbar** oder **metrisch meßbar**.

Bei kardinal meßbaren Merkmalen liegt Meßbarkeit im engeren Sinne vor. Die Merkmalswerte werden auf einer Skala reeller Zahlen gemessen, wobei die Werte im allgemeinen eine Dimension haben (kg, cm, kWh usw.).

Kardinal meßbare Merkmale heißen auch **quantitative Merkmale**.

Bei der Kardinalskala bzw. metrischen Skala werden mehrere Spezialfälle unterschieden, bei denen es vor allem um die Frage geht, ob ein natürlicher Nullpunkt und eine natürliche Einheit existieren oder nicht.

D 2.3.8

Eine metrische Skala, die **keinen natürlichen Nullpunkt** und **keine natürliche Einheit** besitzt, heißt **Intervallskala.**

Bei einer Intervallskala können Abstände zwischen Skalenwerten miteinander verglichen werden. Bei einer Ordinalskala ist das nicht möglich (siehe auch B 2.3.6).

B 2.3.9 *Längengrade auf der Erde werden auf einer Intervallskala gemessen. Einen natürlichen Nullpunkt und eine natürliche Einheit gibt es nicht, aber Abstände können miteinander verglichen werden.*

D 2.3.10

Eine metrische Skala, die einen **natürlichen Nullpunkt**, aber **keine natürliche Einheit** besitzt, heißt **Verhältnisskala.**

Entfernungen, Flächen, Volumina, Gewichte usw. werden auf einer Verhältnisskala gemessen. Bei einer Verhältnisskala können zusätzlich Quotienten (Verhältnisse) von Skalenwerten miteinander verglichen werden.

B 2.3.11 *Das Verhältnis der Entfernungen* 6 *km und* 3 *km ist beispielsweise das gleiche wie das von* 28 *km und* 14 *km, aber größer als das von* 35 *km und* 20 *km. Mißt man die Entfernungen nicht in km sondern in Meilen, dann bleiben die Verhältnisse gleich.*

Die Quotientenbildung, die für die Skalenwerte einer Verhältnisskala möglich ist, setzt einen natürlichen Nullpunkt voraus. Ist dieser nicht gegeben (Intervallskala), dann kann man durch Verschiebung des Nullpunktes Quotienten verändern, so daß ein Vergleich von Quotienten von Skalenwerten nicht mehr sinnvoll ist.

B 2.3.12 *Temperaturen können bekanntlich auf Intervallskalen mit unterschiedlichem Maßstab und verschiedenen Nullpunkten gemessen werden. Am bekanntesten sind die von Celsius, Fahrenheit und Kelvin. Für Temperaturen ist es zwar sinnvoll, Abstände zu unterscheiden (zwischen* 5°C *und* 10°C *ist derselbe Abstand wie zwischen* 32°C *und* 37°C*), aber es ist nicht sinnvoll, Verhältnisse von Temperaturen zu bestimmen. Wenn man z. B. sagt, bei* 20°C *sei es doppelt so warm wie bei* 10°C*, dann verändert sich diese Aussage, wenn die Temperaturen auf einer Fahrenheit-Skala gemessen werden. Man bekommt dann ein Verhältnis von etwa* 4:3.

D 2.3.13

Eine metrische Skala mit einem **natürlichen Nullpunkt** und einer **natürlichen Einheit** heißt **Absolutskala**.

B 2.3.14 *Stückzahlen werden auf einer Absolutskala gemessen.*

Aus den Erläuterungen zu den verschiedenen Skalen ergibt sich unmittelbar eine natürliche Rangordnung für die fünf genannten Skalen (es werden nur die Spezialfälle der Kardinalskala betrachtet). Die Reihenfolge von Nominalskala, Ordinalskala, Intervallskala, Verhältnisskala und Absolutskala ergibt sich dadurch, daß jede Skala gegenüber der vorhergehenden wenigstens eine zusätzliche Ordnungsbedingung aufweist. Für die praktische statistische Analyse bedeutet das, daß man jede Skala durch eine solche mit schwächeren Ordnungskriterien ersetzen kann.

B 2.3.15 *a) Wird bei einer Befragung von Familien die Kinderzahl ermittelt und ist allein die* ***Unterscheidung*** *(und nicht die Reihenfolge) der Familien nach der Kinderzahl von Interesse, so reichen die Ordnungskriterien der Nominalskala für die Analyse aus.*

b) Für die Messung von Temperaturen reicht oft eine Ordinalskala aus. Man begnügt sich dann mit Angaben wie "wärmer als" oder "kälter als".

Eine Übersicht über die Skalen und ihre Eigenschaften gibt die Tabelle auf Seite 37, die auch Angaben zu den Skalentransformationen enthält, auf die im folgenden Unterabschnitt eingegangen wird.

b) Skalentransformation

Bei der Erfassung und Aufbereitung statistischer Daten werden die Werte einer Skala manchmal in Werte einer anderen Skala transformiert.

D 2.3.16

Unter einer **Skalentransformation** versteht man die Übertragung der Skalenwerte in Werte einer anderen Skala, wobei die Ordnungseigenschaften der Skala erhalten bleiben müssen.

B 2.3.17 *a) Die Werte "männlich" und "weiblich" einer Nominalskala können in die Werte "0" und "1" transformiert werden, z. B. für die computerunterstützten Auswertung von Daten. Eine solche "Verschlüsselung" entspricht einer Skalentransformation.*

b) Rechnet man Temperaturen von Celsius in Fahrenheit um, dann führt man eine Skalentransformation durch.

c) Die Umrechnung einer Währung in eine andere oder von Längenmaßen (z. B. Meter in Yards) bedeutet ebenfalls eine Skalentransformation.

<table>
<tr><th colspan="4">Übersicht über die Skaleneigenschaften</th></tr>
<tr><td colspan="2"></td><td>Unterscheidungsmöglichkeiten für die Skalenwerte a, b und c</td><td>Transformierbarkeit</td></tr>
<tr><td colspan="2">Nominalskala (qualitative Merkmale)</td><td>$a = b$ oder $a \neq b$</td><td>eineindeutig</td></tr>
<tr><td colspan="2">Ordinalskala oder Rangskala (intensitätsmäßige Merkmale)</td><td>$a = b$ oder $a < b$ oder $a > b$</td><td>streng monoton</td></tr>
<tr><td rowspan="3">Kardinalskala oder metrische Skala (quantitative Merkmale)</td><td>Intervallskala</td><td>$a = b$ oder $a < b$ oder $a > b$
und $b - a = c - b$ oder $b - a < c - b$ oder $b - a > c - b$</td><td>linear
$y_i = dx_i + e$</td></tr>
<tr><td>Verhältnisskala</td><td>$a = b$ oder $a < b$ oder $a > b$
und $b - a = c - b$ oder $b - a < c - b$ oder $b - a > c - b$
und $\frac{b}{a} = \frac{c}{b}$ oder $\frac{b}{a} < \frac{c}{b}$ oder $\frac{b}{a} > \frac{c}{b}$</td><td>linear
$y_i = dx_i$</td></tr>
<tr><td>Absolutskala</td><td>$a = b$ oder $a < b$ oder $a > b$
und $b - a = c - b$ oder $b - a < c - b$ oder $b - a > c - b$
und $\frac{b}{a} = \frac{c}{b}$ oder $\frac{b}{a} < \frac{c}{b}$ oder $\frac{b}{a} > \frac{c}{b}$
und $a = a \cdot E$, wobei E eine natürliche Einheit ist</td><td>identisch
$y_i = x_i$</td></tr>
</table>

Für Skalentransformationen gilt im einzelnen folgendes:

Jede **Transformation einer Nominalskala** muß **eineindeutig** bzw. **umkehrbar eindeutig** sein.

B 2.3.18 *Werden die Werte "ledig", "verheiratet", "geschieden" und "verwitwet" in die Werte "A", "B", "C" und "D" transformiert, dann ist diese Transformation eineindeutig bzw. umkehrbar eindeutig. Nicht zulässig wäre die Transformation von zwei verschiedenen Werten bzw. Ausprägungen in denselben Buchstaben.*

Jede **Transformation einer Ordinal- bzw. Rangskala** muß **eineindeutig** und **streng monoton** sein. Die Eineindeutigkeit wird bereits bei der Nominalskala verlangt. Durch die Forderung der strengen Monotonie wird erreicht, daß die Ordnung bzw. Reihenfolge der Skalenwerte durch die Transformation nicht verändert wird.

B 2.3.19 *Werden die Schulnoten "sehr gut", "gut" usw. in die Zahlenwerte "1", "2" usw. transformiert, dann liegt eine eineindeutige und monotone Transformation vor, denn die einander zugeordneten Werte haben in beiden Skalen die gleiche Reihenfolge.*

Für eine **Kardinalskala** bzw. **metrische Skala** sind **nur lineare Transformationen** zulässig. Sind x_i die Werte einer Kardinalskala, dann können diese nur mit Hilfe einer Gleichung der Form $y_i = dx_i + e$ in die Werte y_i einer anderen Skala transformiert werden. Dabei gelten für die Spezialfälle der Kardinalskala folgende Bedingungen:
Transformation einer Intervallskala: $y_i = dx_i + e$; $d > 0$, e beliebig.
Transformation einer Verhältnisskala: $y_i = dx_i + e$; $d > 0$, $e = 0$.
Transformation einer Absolutskala: $y_i = dx_i + e$; $d = 1$, $e = 0$.

B 2.3.20 *a) Die Umrechung von Grad Celsius in Grad Fahrenheit gemäß* $y(°F) = \frac{9}{5}x(°C) + 32$ *ist ein Beispiel für die lineare Transformation einer Intervallskala.*
b) Die Umrechnung einer Währung in eine andere oder die Umrechnung von Meter in Yards entspricht der Transformation einer Verhältnisskala.

Führt eine Skalentransformation dazu, daß qualitative Merkmale in eine "Zahlenskala" transformiert werden, dann ist darauf zu achten, daß die erhaltenen Daten nicht falsch interpretiert bzw. fehlerhaft weiterverarbeitet werden. Das ist z. B. der Fall, wenn man für die Auswertung einer Befragung die Ausprägungen des Merkmals "Geschlecht" über Zahlen erfaßt (siehe B 2.3.17a). Es besteht dann sehr leicht die Gefahr, daß die Daten als "rechenbare" Größen aufgefaßt und so verarbeitet werden, als wenn es sich um quantitative Daten handelt. Man spricht in diesem Zusammenhang auch von **Pseudo**kardinalskalen.

Für die Meßbarkeit von Merkmalen sind noch zwei weitere Begriffe wichtig, die im folgenden kurz erläutert werden.

c) Häufbarkeit

D 2.3.21

> Ein Merkmal heißt **häufbar**, wenn an derselben statistischen Einheit mehrere Ausprägungen des betreffenden Merkmals vorkommen können.

B 2.3.22 *a) Erlernter Beruf: Koch* ***und*** *Industriekaufmann.*
b) Unfallursache: überhöhte Geschwindigkeit ***und*** *Trunkenheit am Steuer.*
c) Krankheit: Lungenentzündung ***und*** *Kreislaufschwäche.*

Bei einem häufbaren Merkmal muß man bei der Datenerhebung "Mehrfachnennungen" zulassen.

d) Diskrete und stetige Merkmale

D 2.3.23

> Ein metrisch meßbares Merkmal, das abzählbar viele Ausprägungen besitzt, heißt **diskret**.

Ein diskretes Merkmal kann nur einzelne Zahlenwerte annehmen, Zwischenwerte sind unmöglich. Insbesondere sind alle Merkmale diskret, deren Werte man durch Zählen ermittelt.

D 2.3.24

> Ein metrisch meßbares Merkmal, das überabzählbar viele Ausprägungen besitzt, heißt **stetig**.

Ein stetiges Merkmal kann wenigstens in einem Intervall der reellen Zahlen jeden beliebigen Wert annehmen. Sofern ausreichend genaue Meßinstrumente vorhanden sind, sind z. B. alle Merkmale stetig, die als Gewicht, Länge oder Volumen gemessen werden.

B 2.3.25 *Diskrete Merkmale sind z. B.: Kinderzahl, Augenzahl beim Würfeln, Anzahl Verkehrsunfälle, Anzahl Einwohner einer Stadt, Gehalt. Letzteres, weil es bei allen Geldgrößen eine kleinste Einheit (Währungseinheit) gibt.*
Stetige Merkmale sind z. B.: Körpergröße, Alter, Gewicht, Temperatur.

e) Klassierung von Merkmalsausprägungen

Für viele statistische Untersuchungen ist die Erfassung und Auszählung aller einzelnen Merkmalsausprägungen nicht sinnvoll oder nicht möglich, weil

- die Anzahl der Merkmalsausprägungen zu groß ist;

- das Merkmal stetig ist;
- die Übersichtlichkeit bei der Darstellung und Datenaufbereitung verlorengeht.

B 2.3.26 *a) Bei einer Untersuchung der Einkommensverteilung in der Bundesrepublik wird man die Einkommensbeträge der einzelnen Einkommensbezieher nicht bis auf den Pfennig genau erfassen, sondern wird auf ganze DM oder sogar* 10,- *DM oder* 100,- *DM auf- bzw. abrunden.*

b) Bei einer Erhebung von Altersangaben von Personen wird das Alter üblicherweise nicht auf Sekunden genau erfaßt, sondern nur bis auf Tage, Monate oder Jahre.

R 2.3.27

> Sollen bei einer Erhebung oder bei der Aufbereitung von Daten nicht alle möglichen Merkmalsausprägungen einzeln erfaßt werden, dann werden **benachbarte Merkmalsausprägungen** zu einer **Klasse** zusammengefaßt.

Eine Klasse wird in der Regel durch zwei Grenzen bestimmt, die **untere Klassengrenze** (x^*_{j-1}) und die **obere Klassengrenze** (x^*_j). Um alle Beobachtungswerte eindeutig einer Klasse zuordnen zu können, ist es üblich, jeweils eine Klassengrenze (die untere oder die obere) der betreffenden Klasse mit zuzurechnen, während die jeweils andere Klassengrenze zur entsprechenden Nachbarklasse gehört.

Also **nicht:**	sondern:	oder:
10 bis 11	über 10 bis 11	10 bis unter 11
11 bis 12	über 11 bis 12	11 bis unter 12
12 bis 13	über 12 bis 13	12 bis unter 13

In dem ersten Fall ist es nicht möglich, die Werte 11 und 12 eindeutig einer Klasse zuzuordnen, da diese Werte jeweils zu zwei benachbarten Klassen gehören.

Die Differenz zweier aufeinanderfolgender Klassengrenzen ($x^*_j - x^*_{j-1}$) heißt **Klassenbreite**. Nach Möglichkeit sollen alle Klassen gleich breit sein. In manchen Fällen ist die Verwendung gleichbreiter Klassen jedoch nicht sinnvoll, wie das folgende Beispiel zeigt.

B 2.3.28 *Die folgende Tabelle enthält Einkommensklassen, wie sie von der amtlichen Statistik verwendet werden. Da im Bereich höherer Einkommen immer weniger Einkommensbezieher zu finden sind, werden immer breitere Klassen verwendet.*

von ... bis unter ...	
1 - 2.400	
2.400 - 4.800	
4.800 - 7.200	
7.200 - 9.600	
9.600 - 12.000	
12.000 - 16.000	
16.000 - 20.000	
20.000 - 25.000	
25.000 - 36.000	
36.000 - 50.000	
50.000 - 75.000	
75.000 - 100.000	
100.000 - und mehr	

F 2.3.29 *Einkommensklassen*

Grundsätzlich wird man dann ungleich breite Klassen verwenden, wenn sehr viele Beobachtungswerte in einem kleinen Bereich der Merkmalsausprägungen liegen und ein geringer Rest in einem sehr weiten Bereich. In dem kleinen Bereich vieler Werte wird man sehr fein klassieren, während man in dem übrigen Bereich breite Klassen wählen kann (siehe B 2.3.28 bzw. F 2.3.29).

Für die Auswertung von statistischem Datenmaterial (z. B. Berechnung von Mittelwerten) ist es häufig notwendig, einen für eine Klasse repräsentativen Wert zu haben. Dafür verwendet man üblicherweise die **Klassenmitte** $\frac{x_{j-1}^* + x_j^*}{2}$. Eine Ausnahme davon gibt es, wenn das Alter in ganzen Jahren angegeben wird. Man verwendet dann üblicherweise die untere Klassengrenze als repräsentativen Wert, denn die "Klasse" der 39-jährigen umfaßt alle Personen von "39 bis unter 40" Jahren.

Bei Klassenbildung erfolgt eine Zusammenfassung von Merkmalsausprägungen. Damit ist zwangsläufig ein Verlust an Information verbunden, da sich die genauen Ausprägungen der in eine Klasse fallenden Merkmalswerte nachträglich nicht feststellen lassen. **Im allgemeinen geht man davon aus, daß sich alle Beobachtungswerte einer Klasse gleichmäßig über diese Klasse verteilen** (sogenannte "Gleichverteilungsannahme"). Für diesen Fall ist die Klassenmitte wirklich ein repräsentativer Wert für die jeweilige Klasse. Verzerrungen ergeben sich durch die Klassenbildung, wenn in allen Klassen die Beobachtungswerte jeweils überwiegend in den unteren oder überwiegend in den oberen Teil der Klasse fallen.

Eine Verwendung von Klassen liegt auch vor, wenn **gerundete Merkmalswerte** verwendet werden.

B 2.3.30 *Werden Einkommensbeträge auf DM* 10,- *genau angegeben, dann werden z. B. alle Einkommen von DM* 1.135,- *bis DM* 1.144,99 *zu einer Klasse zusammengefaßt, da alle Einkommen aus diesem Bereich auf DM* 1.140,- *gerundet werden.*

Die Anzahl der zu bildenden Klassen und die Breite der Klassen ergibt sich aus der jeweiligen Aufgabenstellung. Allgemeingültige Regeln lassen sich hierfür nicht angeben. Im Normblatt DIN 55302 finden sich zwar Hinweise für die Mindestanzahl von Klassen in Abhängigkeit von der Anzahl der Beobachtungswerte, aber die Anwendung dieser Richtlinien würde bei vielen Fragestellungen zu unzweckmäßigen Klassenbildungen führen.

Sofern das zu behandelnde Problem es zuläßt, sollten alle Klassen die gleiche Breite haben.

Ein besonderes Problem im Zusammenhang mit der Klassierung von Merkmalsausprägungen sind **offene Randklassen**. Offene Randklassen entstehen, wenn zu der ersten bzw. letzten der geordneten Klassen keine untere bzw. obere Klassengrenze angegeben wird. Offene Randklassen wird man immer dann verwenden, wenn im unteren und im oberen Bereich der Merkmalsausprägungen sehr große Intervalle nur sehr schwach besetzt sind. Die Tabelle in F 2.3.29 enthält als letzte Klasse eine offene Randklasse. Schwierigkeiten bei der Behandlung von offenen Randklassen ergeben sich vor allem bei der Angabe eines repräsentativen Wertes (eine "Klassenmitte" gibt es für diese Klassen nicht). Als "Klassenmitte" verwendet man dann

- den Wert, der sich bei gleichen Abständen aller Klassenmitten ergibt,
- einen geschätzten bzw. vermuteten Wert oder, falls möglich,
- den aus den ursprünglichen Merkmalswerten berechneten tatsächlichen Mittelwert der Klasse.

B 2.3.31 *In der folgenden Tabelle lassen sich für die abgeschlossenen Klassen die Mitten leicht angeben.*

Klassen	200 *bis unter* 300	300 *bis unter* 400	400 *bis unter* 500	500 *bis unter* 600	600 *und mehr*
Klassen-mitten	250	350	450	550	

Für die obere offene Randklasse kann man als Klassenmitte 650 *verwenden, oder "vermuten", daß* 680 *ein "richtiger" Wert ist, oder, falls die exakten Werte bekannt sind, aus diesen einen Mittelwert berechnen.*

Die Anwendung der üblichen Rundungsregeln führt in vielen Fällen dazu, daß die angegebenen Klassengrenzen und die angegebenen Klassenmitten nicht mit den tatsächlichen Klassengrenzen und den tatsächlichen Klassenmitten übereinstimmen, wie das folgende Beispiel zeigt.

B 2.3.32 *Bei der Messung der Körpergröße von Personen werden an einer Meßlatte millimetergenaue Werte abgelesen. Für die Eintragung in den Erhebungsbogen werden die Werte auf ganze cm gerundet. Bei der weiteren Verarbeitung werden für die Körpergrößen Klassen gebildet. In eine Klasse "von* 170 *cm bis unter* 180 *cm" fallen dann alle Körpergrößenwerte von* 169,5 *cm bis unter* 179,5 *cm. Bei der Ablesung und der nachfolgenden Rundung werden nämlich Werte von* 169,5 *cm auf* 170 *cm gerundet. Sie gehören damit zu der angegebenen Klasse. Werte von* 179,5 *cm werden auf* 180 *cm gerundet und fallen somit in die nächste Klasse. Die tatsächlichen Klassengrenzen sind somit* 169,5 *cm und* 179,5 *cm. Die tatsächliche Klassenmitte ist* 174,5 *cm und nicht, wie man aus der Klasse "von* 170 *cm bis unter* 180 *cm" bestimmt, der Wert* 175 *cm.*

Die Beobachtungswerte metrisch meßbarer Merkmale werden in sehr vielen Fällen gerundet. Deshalb muß in Zweifelsfällen angegeben werden, wieviel **geltende** Ziffern eine Zahl hat.

B 2.3.33 *Die Angabe* 4.750.000 *läßt nicht erkennen, ob genau* 4.750.000 *gemessen wurde oder ob auf* 10.000 *gerundet wurde. In letzterem Fall kann sich hinter der Angabe jeder Wert von* 4.745.000 *bis* 4.754.999 *verbergen. Schreibt man dagegen* 4,75 *Millionen, dann wird deutlich, daß der Wert auf* 10.000 *gerundet wurde, da nur* 2 *Nachkommastellen verwendet wurden. Liegt ein auf* 10.000 *gerundeter Wert vor, dann hat die Zahl* 4.750.000 *nur drei geltende Ziffern. Ist die Angabe* 4.750.000 *dagegen genau, dann hat die Zahl sieben geltende Ziffern.*

Das Beispiel zeigt deutlich, daß in vielen Fällen erst durch die Angabe der geltenden Ziffern die Genauigkeit einer Angabe ersichtlich wird.

R 2.3.34

Beim Multiplizieren, Dividieren und Wurzelziehen kann das Ergebnis nie mehr geltende Ziffern haben als die Zahl mit der geringsten Anzahl geltender Ziffern.

Diese Regel ist immer dann zu beachten, wenn man es mit gerundeten Zahlen zu tun hat, wie das folgende Beispiel zeigt.

B 2.3.35 *Es ist* $6{,}45 \cdot 3{,}4 = 21{,}93$. *Sind beide Faktoren gerundet worden, dann kann zu* 6,45 *der tatsächliche Wert im Intervall von* 6,445 *bis unter* 6,455 *und zu* 3,4 *im Intervall von* 3,35 *bis unter* 3,45 *liegen. Es gilt nun* $6{,}445 \cdot 3{,}35 = 21{,}59075$ *und* $6{,}455 \cdot 3{,}45 = 22{,}26975$. *Das "wahre" Ergebnis des Produktes liegt also im Intervall mit den Grenzen* 21,59075 *und* 22,26975. *Es reicht deshalb aus, wenn man das Ergebnis des Produktes* $6{,}45 \cdot 3{,}4$ *auf zwei geltende Ziffern genau, also* 22, *angibt.*

2.4 Reihen, Häufigkeiten und Verteilungen

a) Statistische Reihen

Werden die für eine statistische Untersuchung erhobenen Beobachtungswerte nacheinander aufgeschrieben, so erhält man eine **statistische Reihe**. Es werden geordnete und ungeordnete statistische Reihen unterschieden.

B 2.4.1 *Die Befragung von* 10 *Personen nach ihrem Alter hat die ungeordnete Reihe* 52, 26, 17, 48, 38, 36, 25, 21, 64, 31 *und die geordnete Reihe* 17, 21, 25, 26, 31, 36, 38, 48, 52, 64 *ergeben.*

Die Ordnung der Reihenwerte richtet sich nach den Meßbarkeitseigenschaften der Skala, mit der das Merkmal gemessen wurde. Bei einer metrischen Skala ordnet man meist der Größe nach, bei einer Ordinalskala entsprechend der zu Grunde liegenden Rangordnung. Bei einer Nominalskala werden Beobachtungswerte mit gleicher Merkmalsausprägung zusammengefaßt, im übrigen ist die Reihenfolge willkürlich. Oft wird sie nach den Häufigkeiten festgelegt.

Eine besondere Form der statistischen Reihe ergibt sich, wenn zu einem bestimmten Phänomen Beobachtungswerte zu verschiedenen Zeitpunkten bzw. für verschiedene Zeitintervalle erhoben werden. Das ist beispielsweise der Fall, wenn im Zeitablauf die Anzahl der Einheiten, die zu einer Bestandsmasse oder zu einer Ereignismasse gehören, erfaßt werden.

D 2.4.2 Eine statistische Reihe von Beobachtungswerten zu einem bestimmten Phänomen, die für aufeinanderfolgende Zeitpunkte oder Zeitintervalle erhoben werden, heißt **Zeitreihe**.

Der Untersuchung von Zeitreihen, die insbesondere im Zusammenhang mit Prognosen eine große Rolle spielen, ist in dieser Einführung in die beschreibende Statistik ein eigenes Kapitel gewidmet (siehe Kapitel 5), so daß an dieser Stelle auf Einzelheiten nicht weiter eingegangen wird.

Interessiert man sich für 2, 3 oder allgemein n Merkmale der untersuchten statistischen Einheiten, dann erhält man eine Reihe von Merkmalspaaren, Merkmalstripeln oder n-Tupeln von Merkmalen.

B 2.4.3 *Fünf Personen werden nach ihrem Alter (in Jahren), ihrem Körpergewicht (in kg), ihrem Geschlecht (m, w) und ihrem monatlichen Netto-Einkommen (in DM) befragt. Als Ergebnis bekommt man:* (28;67;*m*;1657), (44;83;*w*;1137), (38;56;*m*;4897), (76;112;*m*;1352), (32;49;*w*;1863).

b) Häufigkeiten

In statistischen Reihen kommen meistens einige oder alle Merkmalsausprägungen mehrmals vor. Das gilt insbesondere dann, wenn sehr viele Beobachtungswerte vorliegen oder wenn man es mit nur wenigen Merkmalsausprägungen zu tun hat.

D 2.4.4

> Die Anzahl der Beobachtungswerte mit der Merkmalsausprägung x_j heißt **absolute Häufigkeit** der Merkmalsausprägung und wird mit $h(x_j)$ bezeichnet.

Die absolute Häufigkeit jeder Merkmalsausprägung kann in Beziehung zu der Gesamtzahl n der Beobachtungswerte gesetzt werden.

D 2.4.5

> Der relative (prozentuale) Anteil der absoluten Häufigkeit einer Merkmalsausprägung x_j an der Gesamtzahl der Beobachtungswerte heißt **relative Häufigkeit** $f(x_j)$.

Die relativen Häufigkeiten können als Dezimalbrüche oder als Prozentzahlen angegeben werden, wobei dafür hier und im folgenden dasselbe Symbol (f) verwendet wird.

Es gilt: $f(x_j) = \frac{h(x_j)}{n}$ bzw. $f(x_j) = \frac{h(x_j)}{n} \cdot 100\ \%$.

B 2.4.6 *Von 80 Personen, die nach ihrem Wahlverhalten befragt wurden, haben 20 die Partei A gewählt.*

Merkmalsausprägung x_j:	*"Partei A"*
Absolute Häufigkeit:	$h(x_j) = 20$
Relative Häufigkeit:	$f(x_j) = \frac{20}{80} = 0{,}25$ *oder* 25 %.

Werden für die Merkmalsausprägungen Klassen gebildet, dann beziehen sich absolute und relative Häufigkeiten immer auf die jeweilige Klasse.

Für die relativen Häufigkeiten gelten im allgemeinen die folgenden Eigenschaften:

(1) $f(x_j) \geq 0$; (2) $\sum_{j=1}^{m} f(x_j) = 1$ *bzw.* $\sum_{j=1}^{m} f(x_j) = 100\ \%$.

Es ist zu beachten, daß als Bezugsgröße für relative Häufigkeiten manchmal nicht die Gesamtzahl der Beobachtungswerte, sondern die Gesamtzahl der erfaßten statistischen Einheiten verwendet wird. Bei einem häufbaren Merkmal ist es dann möglich, daß die Bedingung (2) nicht mehr erfüllt ist, da an einer einzelnen statistischen Einheit mehrere Beobachtungswerte ("Mehrfachnennungen") auftreten können.

B 2.4.7 *Es werden* 200 *Personen nach dem erlernten Beruf gefragt.* 150 *Personen geben "Industriekaufmann" an und* 60 *Personen geben "Bäcker" an. Bezieht man die beiden Häufigkeiten auf die Anzahl der befragten Personen, dann erhält man* 75% *und* 30% *und als Summe* 105%. *Der Grund liegt darin, daß* 10 *Personen offensichtlich beide Berufe erlernt haben.*

Viele Zeitreihen sind Reihen von absoluten Häufigkeiten. Es wird dabei nicht ein Merkmal, sondern eine bestimmte Merkmalsausprägung erfaßt, und untersucht, wie sich die Häufigkeit für das Auftreten dieser Merkmalsausprägung in der Zeit entwickelt.

c) Verteilungen

In einer (geordneten oder ungeordneten) statistischen Reihe sind alle Beobachtungswerte einzeln aufgeführt. Bei umfangreichen statistischen Erhebungen führt das zu langen unübersichtlichen Reihen. Die erhobenen Daten lassen sich im allgemeinen übersichtlicher darstellen, wenn man die aufgetretenen Merkmalsausprägungen nur einmal hinschreibt und dazu die Häufigkeit für das Auftreten der jeweiligen Merkmalsausprägung angibt.

D 2.4.8

Die geordneten Merkmalsausprägungen und die Angabe der zugehörigen (absoluten oder relativen) Häufigkeiten ergeben die **Verteilung** oder **Häufigkeitsverteilung** des betreffenden Merkmals.

B 2.4.9 20 *Personen wurden nach dem Schulabschluß befragt. Man erhielt als Ergebnis (H = Hauptschule; FO = Fachoberschule; A = Abitur; FH = Fachhochschule; U = Universität):*
A; A; FO; H; H; FH; U; U; FH; H; FH; U; FO; A; U; FH; H; U; FO; H.
Als Verteilung ergibt sich:

Schulabschluß x_j	*H*	*FO*	*A*	*FH*	*U*
absolute Häufigkeit $h(x_j)$	5	3	3	4	5
relative Häufigkeit $f(x_j)$	25%	15%	15%	20%	25%

Bei der praktischen Ermittlung von Häufigkeiten aus einem gegebenen Datenmaterial geht man bei manueller Auswertung meistens so vor, daß man die Häufigkeiten über eine sogenannte Strichliste auszählt. Für jedes Auftreten einer Merkmalsausprägung macht man einen Strich, und je 5 Beobachtungswerte faßt man wie folgt zusammen: ~~////~~.

B 2.4.10 *Bei einer Betriebszählung wurde von* 30 *Betrieben u. a. die Anzahl der Beschäftigten ermittelt:* 12, 438, 623, 187, 216, 25, 98, 100, 617, 367, 560, 116, 270, 304, 36, 87, 54, 124, 517, 410, 160, 125, 44, 76, 62, 260, 342, 570, 520, 234. *Für die Beschäftigtenzahl der Betriebe sollen Klassen gebildet werden und zwar* 1 *bis* 100, 101 *bis* 200 *usw. Für die Strichliste und die Häufigkeiten ergibt sich:*

Klassen-Nr.	*Klasse*	*Strichliste*	*absolute Häufigkeit* $h(x_j)$	*relative Häufigkeit* $f(x_j)$
1	1 *bis* 100	~~////~~ ~~////~~	10	33,33%
2	101 *bis* 200	~~////~~	5	16,67%
3	201 *bis* 300	////	4	13,33%
4	301 *bis* 400	///	3	10,00%
5	401 *bis* 500	//	2	6,67%
6	501 *bis* 600	////	4	13,33%
7	601 *bis* 700	//	2	6,67%

Wird nur ein einzelnes Merkmal betrachtet, dann erhält man eine **eindimensionale Häufigkeitsverteilung**. Mit eindimensionalen Verteilungen beschäftigt sich das nachfolgende Kapitel 3.

Eine **mehrdimensionale Häufigkeitsverteilung** ergibt sich, wenn die gemeinsame Verteilung mehrerer Merkmale betrachtet wird.

B 2.4.11 *Bei einer Befragung von* 12 *Haushalten wird u. a. die Religionszugehörigkeit des Haushaltsvorstands sowie die Anzahl der Kinder ermittelt. Für die gemeinsam auftretenden Merkmale (Religionszugehörigkeit, Anzahl der Kinder) haben sich die folgenden Beobachtungswerte ergeben (E = evangelisch; K = katholisch): (E;*1*), (E;*3*), (K;*3*), (K;*2*), (E;*2*), (E;*2*), (K;*2*), (E;*2*), (K;*3*), (K;*3*), (K;*1*), (K;*3*).*

		Religionszugehörigkeit	
		E	*K*
Kinderzahl	1	1	1
	2	3	2
	3	1	4

Mit mehrdimensionalen, insbesondere zweidimensionalen Verteilungen, bei denen es vor allem um die Frage des Zusammenhangs zwischen Merkmalen geht, beschäftigt sich Kapitel 4.

2.5 Tabellarische und grafische Darstellung von Daten

a) Aufbau einer Tabelle

Eine **Tabelle** dient der **systematischen und übersichtlichen Zusammenstellung von Daten**. Beispiele für Tabellen finden sich bereits in den vorhergehenden Abschnitten. Nach den Vorschriften des Normblattes DIN 55301 hat eine Tabelle generell folgenden Aufbau (F 2.5.1).

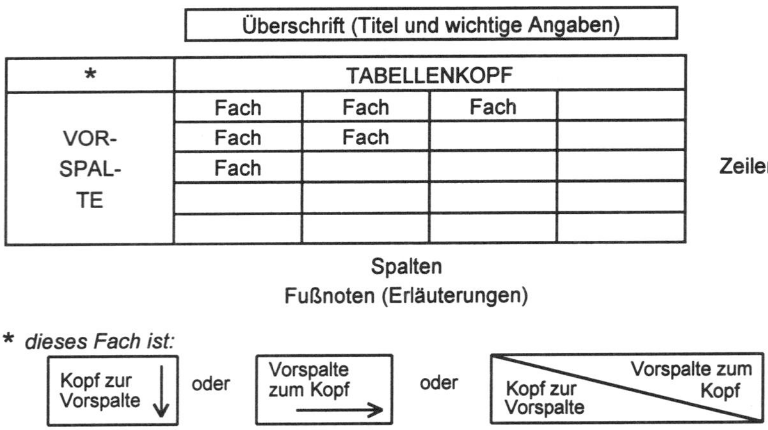

F 2.5.1 *Aufbau einer Tabelle (nach DIN 55301)*

B 2.5.2 *In der folgenden Tabelle sind Wahlergebnisse einer Kommunalwahl zusammengestellt.*

Partei	*Anzahl Wähler*	*Stimmanteil*	*Stimmanteil bei Männern*	*Stimmanteil bei Frauen*
CDU	36.729	42,60%	41,02%	44,06%
SPD	32.183	37,33%	39,28%	35,53%
F.D.P.	6.549	7,60%	7,36%	7,81%
Grüne	7.081	8,21%	8,65%	7,81%
sonstige	3.672	4,26%	3,69%	4,78%
Summe	86.214			

Können Felder in einer Tabelle nicht ausgefüllt werden, so sind folgende Symbole üblich:

x Angabe kann nicht gemacht werden bzw. ist geheim;
– nichts vorhanden, d. h. der Zahlenwert beträgt genau Null;
0 Zahlenwert ist größer als Null, läßt sich aber in den Einheiten der Tabelle nicht angeben (werden z. B. Angaben in Millionen DM gemacht, dann ist ein Betrag von DM 150.000,- in dieser Einheit nicht mehr ausdrückbar und man schreibt in der Tabelle 0 (Millionen DM));
... Angabe kann erst später gemacht werden.

Bei der Anfertigung von Tabellen ist auf Übersichtlichkeit, leichte Lesbarkeit und unmißverständliche Bezeichnungen zu achten. Gegen diese Grundregel wird leider sehr häufig verstoßen. Es gibt immer wieder Tabellen, die unübersichtlich und schwer lesbar sind oder bei denen die Beschriftung so unzulänglich ist, daß unklar bleibt, was in der Tabelle eigentlich dargestellt wird.

Bei mehr als zwei Merkmalen ist es im allgemeinen schwierig, einen übersichtlichen Tabellenaufbau zu finden. Dabei ist darauf zu achten, daß eventuell gewünschte Zwischensummen **eindeutig** ausgewiesen werden und daß keine überflüssigen oder unsinnigen Zwischensummen gebildet werden. Zweckmäßig ist es, die Spalten und gegebenenfalls auch die Zeilen der Tabellen zu numerieren, wobei die Nummern meistens in Klammern gesetzt werden.

B 2.5.3 *Die Studentenschaft zweier Fakultäten einer Universität soll nach Semesterzahl, Heimatland und Fakultätszugehörigkeit gegliedert werden, und zwar in folgender Weise:*

Semesterzahl	*Heimatland*	*Fakultät*
1.-4. *Semester*	*Deutschland (d)*	*Rechts-/Staatswiss. (R)*
5.-8. *Semester*	*Ausland (a)*	*Math.-Naturwiss. (N)*
9. *und höheres Semester*		

Für den Aufbau der Tabelle und die zweckmäßigste Anordnung der Merkmale gibt es keine allgemeingültigen Regeln, doch ist darauf zu achten, daß alle verlangten Angaben, insbesondere auch Zwischensummen, ohne Schwierigkeiten der Tabelle zu entnehmen sind.

	R			***N***			***Insgesamt***		
	d	*a*		*d*	*a*		*d*	*a*	
			(1)+(2)			(4)+(5)	(1)+(4)	(7)+(8)	(7)+(8)
	(1)	(2)	(3)	(4)	(5)	(6)	(7)	(8)	(9)
1.-4. *Sem.*									
5.-8. *Sem.*									
höhere Sem.									
zusammen									

Daß die Bestimmung irreführender Zwischensummen tatsächlich vorkommt, zeigt folgendes Beispiel:

B 2.5.4 *Die nachfolgende Tabelle zeigt einen Ausschnitt aus einer Hörerstatistik von Verwaltungs- und Wirtschaftsakademien. In der letzten Spalte sind die Hörer des Sommer- und des Wintersemesters addiert. Hierbei handelt es sich zum größten Teil um Doppelzählungen, da die wenigsten Studenten nur ein Semester studieren. Diese Summenbildung ist nur sinnvoll, wenn nicht "Studenten" sondern "Studentensemester" erfaßt werden.*

	SS	*WS*	*SS und WS*
München	1098	1363	2461
Würzburg	129	116	245
Nürnberg	306	296	602
Regensburg	269	103	372
Augsburg	359	353	712
Bayern gesamt	2161	2231	4392
Stuttgart	1647	1717	3364
Freiburg	293	347	640
Karlsruhe	312	422	734
Mannheim	250	283	533
Baden-Württemberg gesamt	2502	2769	5271

F 2.5.5 *Tabelle mit unsinniger Summenbildung*

b) Grafische Darstellung von Daten

Häufig wird statistisches Datenmaterial durch Zeichnungen bzw. Grafiken veranschaulicht. Derartige Darstellungen findet man z. B. in den Wirtschaftsteilen der Tageszeitungen aber auch in anderen Medien (Illustrierte, Magazine, Fernsehen usw.). F 2.5.6 zeigt zwei Beispiele.

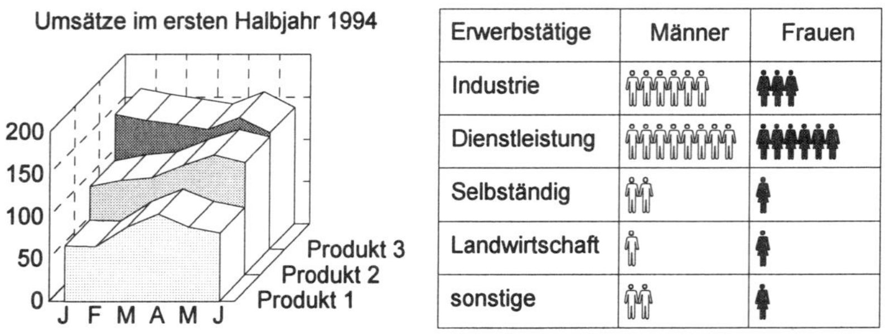

F 2.5.6 *Beispiele für grafische "Zahlendarstellungen"*

Daten oder Verteilungen können grafisch unterschiedlich dargestellt werden. Am Beispiel der Zahlen 1 und 4 werden in F 2.5.7 die prinzipiellen Möglichkeiten gezeigt, Häufigkeiten bzw. Maßzahlen darzustellen. Von diesen Grundformen gibt es verschiedene Modifikationen.

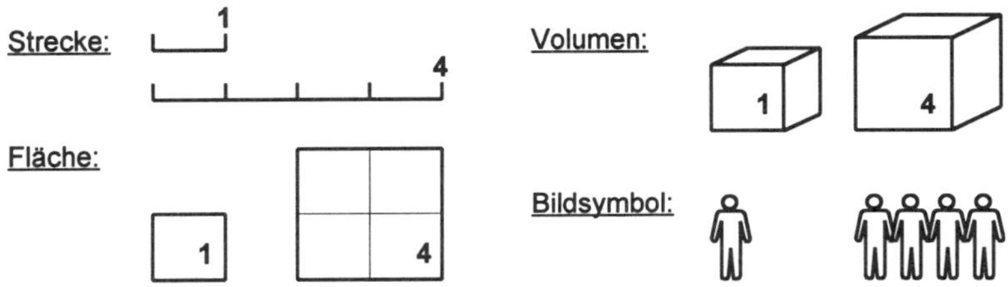

F 2.5.7 *Verschiedene Möglichkeiten zur grafischen Veranschaulichung von Zahlen*

Da es nicht möglich und auch nicht sinnvoll ist, in diesem Rahmen alle Einzelheiten und Probleme im Zusammenhang mit Diagrammen zu diskutieren, erfolgt nur eine kurze Beschreibung der wichtigsten Darstellungsformen.

D 2.5.8

> Die grafische Darstellung von Häufigkeiten durch Höhe bzw. Länge von "Stäben" oder "Säulen" über einer horizontalen Achse, auf der die Merkmalsausprägungen aufgetragen sind (höhenproportionale Darstellung), heißt **Stab-** oder **Säulendiagramm**. Die Stäbe bzw. Säulen können gegebenenfalls noch unterteilt werden, sie haben üblicherweise einen Zwischenraum. Stab- bzw. Säulendiagramme sind vor allem geeignet für nominal und ordinal meßbare Merkmale.

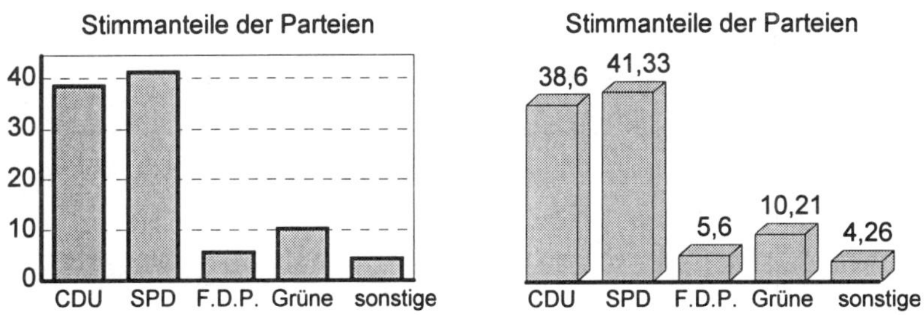

F 2.5.9 *Säulen- oder Stabdiagramme*

D 2.5.10

Eine einem Stabdiagramm ähnliche grafische Darstellung, bei der die Häufigkeiten durch Längen von Strecken dargestellt werden, heißt **Liniendiagramm**.

D 2.5.11

Die grafische Darstellung von Häufigkeiten durch Flächen (sogenannte flächenproportionale Darstellung) heißt allgemein **Flächendiagramm**.

D 2.5.12

Die grafische Darstellung von Häufigkeiten durch die sektorale Aufteilung einer Kreisfläche heißt **Kreisdiagramm**.

Die Gesamthäufigkeit kann beim Kreisdiagramm durch die gesamte Fläche des Kreises veranschaulicht werden.

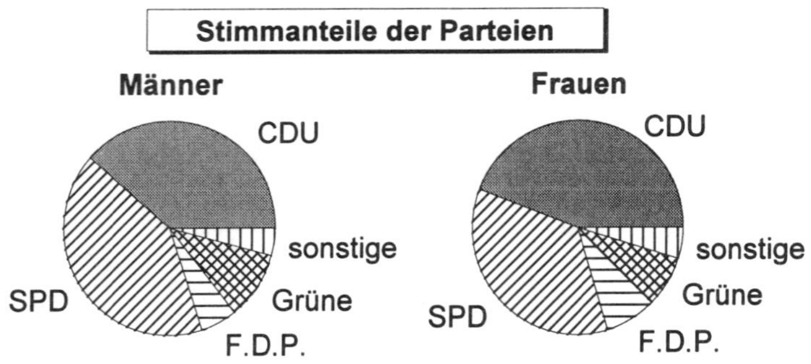

F 2.5.13 *Kreisdiagramme*

D 2.5.14

Die grafische Darstellung von Häufigkeiten durch unterschiedlich große Bildsymbole oder durch eine unterschiedliche Anzahl von Bildsymbolen heißt **Piktogramm**.

Piktogramme werden wegen ihrer großen Anschaulichkeit häufig verwendet, können aber nur grobe Aussagen liefern.

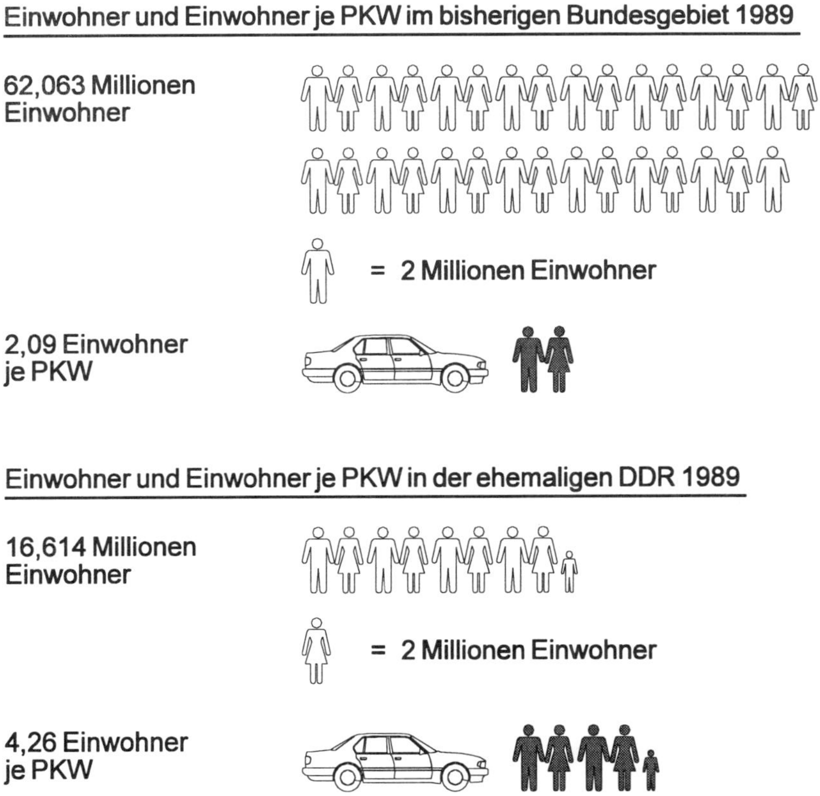

F 2.5.15 *Piktogramm*

D 2.5.16

> Die grafische Darstellung von Häufigkeiten innerhalb einer Landkarte heißt **Kartogramm**.

D 2.5.17

> Die grafische Darstellung von Häufigkeiten in einem Koordinatensystem durch Kurven bzw. geradlinig verbundene Punkte heißt **Kurvendiagramm**.

Für die eigentliche Darstellung der Häufigkeiten in einem Kartogramm können die bereits beschriebenen Diagrammformen verwendet werden.

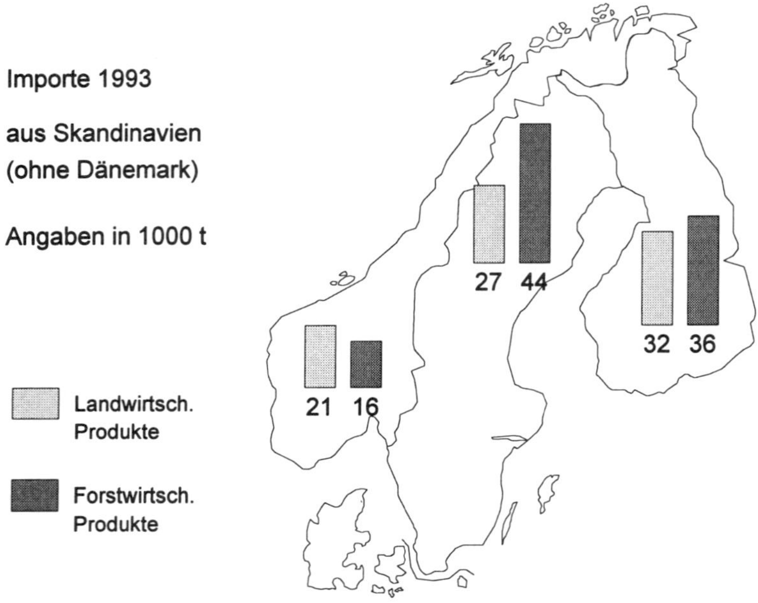

F 2.5.18 *Kartogramm*

Kurvendiagramme finden z. B. bei der Darstellung von Zeitreihen Verwendung.

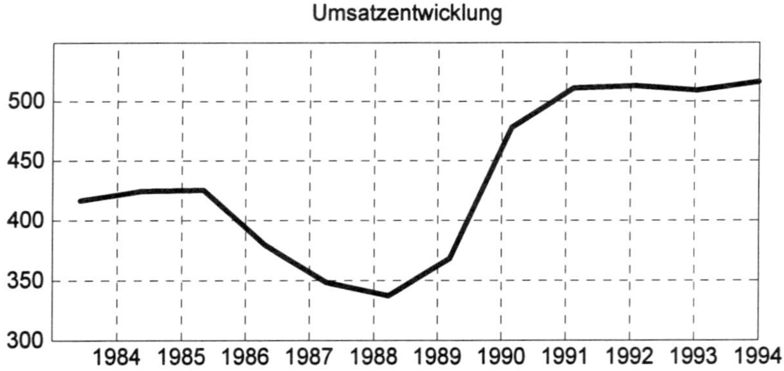

F 2.5.19 *Kurvendiagramm einer Zeitreihe*

D 2.5.20

Die grafische Darstellung der Häufigkeiten eines klassierten quantitativen Merkmals durch rechteckige Flächen über den Klassen, wobei die Größe der Flächen den entsprechenden Häufigkeiten entspricht, heißt **Histogramm**.

D 2.5.21

Die grafische Darstellung der Häufigkeiten eines klassierten quantitativen Merkmals durch gradlinige Verbindung der Mittelpunkte der Flächenoberkanten eines Histogramms heißt **Polygonzug**.

B 2.5.22 *In einer Stadt wurde für* 200 *Wohnungen der Mietpreis ermittelt:*

Mietpreis in DM/qm	*Anzahl der Wohnungen*
13,50 bis unter 14,50	10
14,50 bis unter 15,50	30
15,50 bis unter 16,50	40
16,50 bis unter 17,50	100
17,50 bis unter 18,50	15
18,50 bis unter 19,50	5

Histogramm und Polygonzug dieser Verteilung ergeben folgendes Bild:

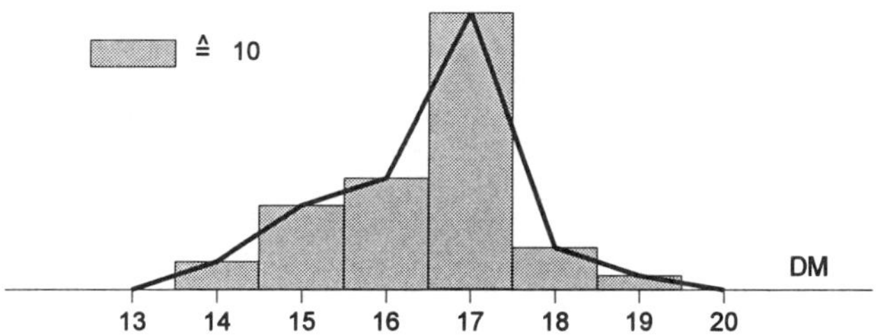

F 2.5.23 *Histogramm und Polygonzug*

Wichtiger Hinweis: Mit grafischen Darstellungen können leicht optische Täuschungen erzeugt werden, die beim Betrachter falsche Assoziationen bzw. Schlüsse wecken. Auf diese Weise kann mit grafischen Darstellungen statistisches Material leicht manipuliert werden. F 2.5.24 zeigt dieselben Daten mit unterschiedlichen Maßstäben.

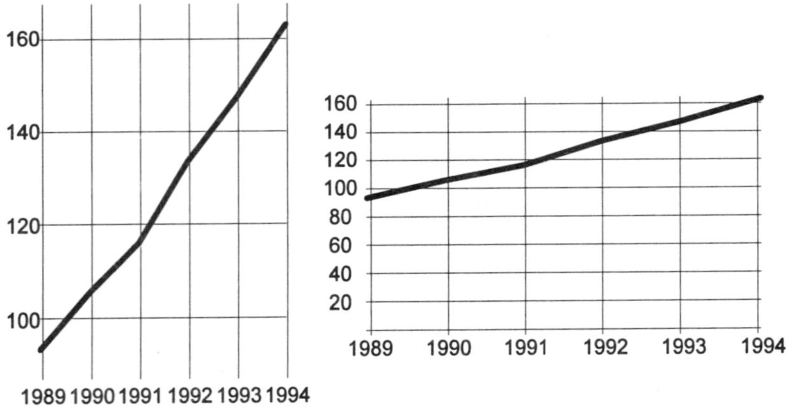

F 2.5.24 *Kurvendiagramme mit unterschiedlichem Maßstab*

Übungsaufgaben

Ü 2.1 Für die folgenden Fragestellungen sind die statistischen Einheiten und Massen anzugeben und räumlich, sachlich und zeitlich abzugrenzen.

a) Es soll das Wählerverhalten für eine Landtagswahl in Niedersachsen untersucht werden.
b) Es soll die durchschnittliche Studiendauer von Studierenden an deutschen Universitäten bis zum Abschluß der ersten berufsqualifizierenden Prüfung (Diplom, Magister, Staatsexamen) ermittelt werden.

Ü 2.2 Wann kann es sinnvoll sein, einen Bestand für einen Zeitraum anzugeben?

Ü 2.3 Gib zu den folgenden Massen an, ob es sich um Bestands- oder Ereignismassen handelt:

a) Einwohner der Stadt Braunschweig,
b) Eheschließungen in Niedersachsen,
c) Wahlberechtigte Bundesbürger,
d) Freunde der Studentin Paula,
e) Verkehrsunfälle,
f) Empfänger von Rente,
g) Abgänge von einem Lager,
h) Einkommenssteuerpflichtige in der Bundesrepublik Deutschland.

Ü 2.4 Gib zu den folgenden Bestandsmassen korrespondierende Ereignismassen an: a) Kontostand; b) Beschäftigte in einem Betrieb; c) Auftragsbestand; d) Reisende in einem Zug.

Ü 2.5 Gib zu folgenden Merkmalen mögliche Merkmalsausprägungen an: a) Haarfarbe; b) Einkommen; c) Klausurnote; d) Körpergewicht; e) Studienfach; f) Kinderzahl.

Ü 2.6 Gib zu folgenden Merkmalen an, auf welcher Skala sie gemessen werden können: a) Alter; b) Semesterzahl; c) Militärdienstgrad; d) Temperatur; e) Klausurpunkte; f) Breitengrade (Erde); g) Geschlecht; h) Studienfach; i) Körpergröße; j) Nationalität; k) Fahrpreise; l) Handelsklasse von Obst.

Ü 2.7 Welche der folgenden Merkmale sind häufbar? a) Körpergröße; b) Schulbildung; c) Alter; d) Ursache bei Verkehrsunfällen; e) Kinderzahl; f) Augenfarbe; g) ausgeübter Beruf; h) Freizeitbeschäftigung.

Ü 2.8 Welche der folgenden Merkmale sind diskret und welche stetig?
a) Geschwindigkeit von PKWs,
b) Anzahl der Mitarbeiter eines Betriebes,
c) Täglicher Bierkonsum der Studentin Paula,
d) Einkommen,
e) Zeitdauer für die Beschleunigung eines PKWs von 0 auf 100 km/h,
f) Punkte in einer Klausur,
g) Bücherbestand in einer Bibliothek.

Ü 2.9 Es sind übersichtliche Tabellenschemata zu entwerfen.
a) Kraftfahrzeugzulassungszahlen, gegliedert nach der Zeit, nach Fabrikaten und Typen eines Fabrikates.
b) Umsatzzahlen eines Zeitschriftenverlages, aufgegliedert nach Zeitschriften, Absatzgebieten und Monaten.

3 Statistische Analyse eines einzelnen Merkmals

3.1 Eindimensionale Häufigkeitsverteilungen und ihre Darstellung

a) Verteilung der absoluten und relativen Häufigkeiten

Dieser Abschnitt knüpft an die Ausführungen des Abschnitts 2.4 an.

D 3.1.1

Häufigkeitsverteilung
Die tabellarische oder grafische Darstellung der geordneten Merkmalsausprägungen mit den ihnen zugeordneten absoluten oder relativen Häufigkeiten heißt **Häufigkeitsverteilung des Merkmals.**

Man spricht auch von der Verteilung der absoluten oder der Verteilung der relativen Häufigkeiten. Die Häufigkeitsverteilung enthält meistens nicht alle möglichen Merkmalsausprägungen, sondern nur die tatsächlich vorkommenden.

Die tabellarische Darstellung einer Häufigkeitsverteilung erfolgt in einer sogenannten **Häufigkeitstabelle**. Diese kann horizontal oder vertikal aufgebaut sein, entsprechend den beiden folgenden Mustern.

Merkmalsausprägung x_j	absolute Häufigkeit $h(x_j)$	relative Häufigkeit $f(x_j)$
x_1	$h(x_1)$	$f(x_1)$
x_2	$h(x_2)$	$f(x_2)$
$\vdots$	$\vdots$	$\vdots$
x_{m-1}	$h(x_{m-1})$	$f(x_{m-1})$
x_m	$h(x_m)$	$f(x_m)$

Merkmalsausprägung x_j	x_1	x_2	...	x_{m-1}	x_m
absolute Häufigkeit $h(x_j)$	$h(x_1)$	$h(x_2)$	...	$h(x_{m-1})$	$h(x_m)$
relative Häufigkeit $f(x_j)$	$f(x_1)$	$f(x_2)$	...	$f(x_{m-1})$	$f(x_m)$

Bei klassierten Merkmalen werden an Stelle der Merkmalsausprägungen x_j Klassen bzw. Klassengrenzen angegeben und zwar

"von x^*_{j-1} bis unter x^*_j" $(x^*_{j-1} \le x < x^*_j)$ oder "über x^*_{j-1} bis x^*_j" $(x^*_{j-1} < x \le x^*_j)$.

Mitunter werden zusätzlich die Klassenmitten angegeben. Siehe hierzu die Beispiele B 2.4.10 und B 3.1.4.

Für die **grafische Darstellung** einer Häufigkeitsverteilung gibt es verschiedene Möglichkeiten, wobei die Skalierungsart einen wesentlichen Einfluß auf die Darstellungsform hat.

Bei einer **Nominalskala** gibt es keine natürliche Ordnung. Für die grafische Darstellung wählt man deshalb meistens Flächendiagramme oder Kreisdiagramme (siehe Definitionen D 2.5.11 und D 2.5.12 sowie F 2.5.13), da diese am besten veranschaulichen, wie sich die Gesamtzahl bzw. Gesamthäufigkeit auf die einzelnen Ausprägungen aufteilt. Manchmal verwendet man auch Stabdiagramme.

Bei einer **Ordinalskala** kann man die Häufigkeitsverteilung grafisch als Liniendiagramm oder als Säulen- bzw. als Stabdiagramm darstellen (siehe Definition D 2.5.7 bzw. D 2.5.10). Die Säulen oder Stäbe werden dabei in der Regel über einer waagerechten Achse gezeichnet, auf der die geordneten Merkmalsausprägungen abgetragen werden.

B 3.1.2 *Die Untersuchung der Güteklasse von* 30 *Hotels einer Großstadt hat folgendes Ergebnis geliefert:*

Hotelgüteklasse	*A*	*B*	*C*	*D*
Häufigkeit absolut	9	12	6	3
Häufigkeit relativ	30%	40%	20%	10%

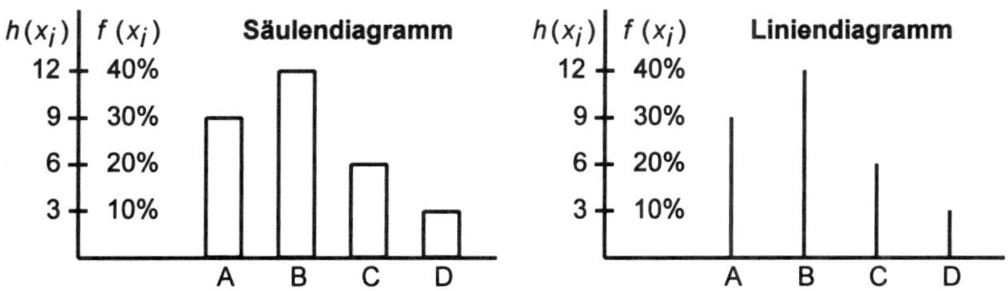

F 3.1.3 *Säulen- und Liniendiagramm zu* B 3.1.2

Bei einer **Kardinalskala bzw. metrischen Skala** muß zwischen diskreten und stetigen Merkmalen unterschieden werden. Häufigkeitstabelle und grafische Darstellung der Häufigkeitsverteilung eines diskreten Merkmals können in der gleichen Weise aufgestellt werden wie bei einem ordinal meßbaren Merkmal.

Bei einem stetigen Merkmal werden Klassen gebildet. Absolute oder relative Häufigkeiten sind dann Häufigkeiten einer Klasse. Sie werden meistens als rechteckige **Flächen** über den Klassen der Merkmalsausprägungen, d. h. durch ein Histogramm (siehe D 2.5.20), grafisch dargestellt. Dabei wird unterstellt, daß die zu einer Klasse gehörigen Beobachtungswerte gleichmäßig über die Klasse verteilt sind (siehe D 2.5.21).

Verbindet man die Punkte des Histogramms, die über den Klassenmitten liegen, dann erhält man einen **Polygonzug** (Häufigkeitspolygon).

B 3.1.4 *Eine Untersuchung über Mietpreise bei* 200 *ausgewählten Wohnungen hat zu folgendem Ergebnis geführt:*

Mietpreis in DM/m²	*Klassenmitte in DM*	*absolute Häufigkeiten*	*relative Häufigkeiten in %*
8,50 *bis unter* 10,50	9,50	40	20
10,50 *bis unter* 11,50	11,00	40	20
11,50 *bis unter* 12,00	11,75	60	30
12,00 *bis unter* 13,50	12,25	40	20
13,50 *bis unter* 14,50	13,50	20	10

In F 3.1.5 *ist die Häufigkeitsverteilung als Histogramm und Polygonzug dargestellt.*

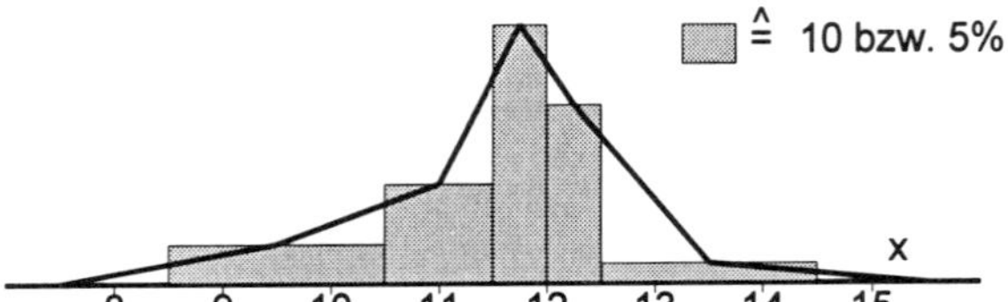

F 3.1.5 *Histogramm und Polygonzug zu* B 3.1.4

Man beachte, daß es bei einem Histogramm nicht sinnvoll ist, in senkrechter Richtung einen Maßstab abzutragen. Die Häufigkeiten werden durch Flächen dargestellt. Deshalb ist in F 3.1.5 angegeben, welche absolute und welche relative Häufigkeit einer Flächeneinheit entspricht. **Die Höhe der Rechtecke eines Histogramms gibt keine Auskunft über die Häufigkei-**

ten der Merkmalsklassen. Wird das nicht beachtet, dann besteht die Gefahr, daß ein Histogramm falsch interpretiert wird. Dieses Problem entsteht nicht, wenn alle Klassen gleich breit sind.

Bei offenen Randklassen beginnt der Polygonzug bei der ersten abgeschlossenen Klasse. Gibt es keine offene Randklasse, kann der Polygonzug über die unterste bzw. oberste Klassengrenze hinaus so verlängert werden, daß er die Senkrechten am Rande des Histogramms in der Mitte schneidet (siehe F 3.1.5). Man beachte, daß bei diesem allgemein üblichen Vorgehen der Wertebereich der Merkmalsausprägungen größer dargestellt wird, als er tatsächlich ist.

F 3.1.6 zeigt, wie man die tabellarische und grafische Darstellung einer Häufigkeitsverteilung miteinander kombinieren kann. Es handelt sich um die Auswertung einer Frage aus einer Studentenbefragung.

Wieviel DM/Monat stehen Ihnen durchschnittlich zur Verfügung?

	$h(x_j)$	$f(x_j)$
unter 300 DM	28	8,4%
300 b. u. 400 DM	27	8,1%
400 b. u. 500 DM	52	15,7%
500 b. u. 600 DM	85	25,6%
600 b. u. 700 DM	67	20,2%
700 b. u. 800 DM	31	9,3%
800 b. u. 900 DM	16	4,8%
900 b. u. 1000 DM	5	1,5%
1000 DM und mehr	21	6,3%

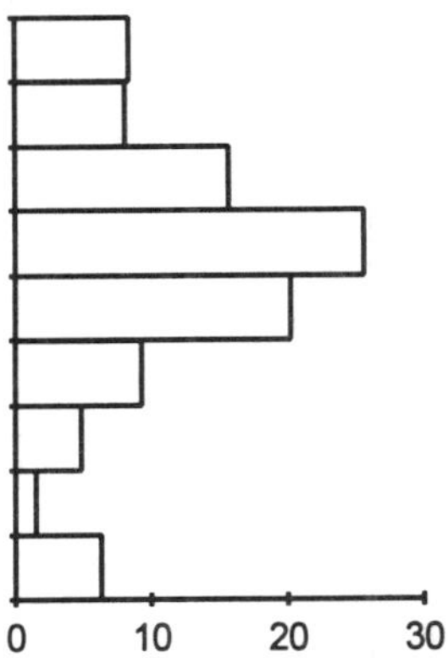

F 3.1.6 *Kombination von tabellarischer und grafischer Darstellung*

b) Summenhäufigkeiten und Resthäufigkeiten

Bei der Analyse statistischer Daten wird man sich in vielen Fällen nicht mit der Häufigkeitsverteilung begnügen. Bei Merkmalen, deren Ausprägungen sich ordnen lassen, wird man oft auch fragen, wieviele Beobachtungswerte insgesamt unterhalb und/oder oberhalb einer bestimmten Merkmalsausprägung liegen.

B 3.1.7 *a) Bei einer Untersuchung über persönliche Einkommen von Einwohnern der Bundesrepublik Deutschland kann man fragen, wieviel Ein-*

wohner ein monatliches Einkommen von z. B. weniger als 2.000 *DM oder mehr als* 3.000 *DM haben.*

b) Bei einer Untersuchung über die Kinderzahl von Familien kann man fragen, wieviel Familien höchstens 2 *Kinder oder wieviel Familien mehr als* 4 *Kinder haben.*

Um in derartigen Fällen schnell zu einer Antwort zu gelangen, bestimmt man die kumulierten absoluten und relativen Häufigkeiten. Man bestimmt dazu für jede Merkmalsausprägung die Summe aller Häufigkeiten dieser und aller kleineren Ausprägungen. Bei klassierten Merkmalen addiert man die Häufigkeiten der Klassen. Auf diese Weise erhält man für die Merkmalsausprägungen bzw. die jeweiligen oberen Klassengrenzen die Summenhäufigkeiten.

D 3.1.8

Summenhäufigkeit
Die einer Merkmalsausprägung oder einer oberen Klassengrenze eines ordinal oder metrisch meßbaren Merkmals zugeordnete Häufigkeit aller Beobachtungswerte, die diese Merkmalsausprägung oder Klassengrenze nicht überschreiten, heißt **Summenhäufigkeit**.

Für die **absoluten Summenhäufigkeiten** gilt:

$$H(x_j) = \sum_{x_k \le x_j} h(x_k) = \sum_{k=1}^{j} h(x_k).$$

Für die **relativen Summenhäufigkeiten** gilt:

$$F(x_j) = \sum_{x_k \le x_j} f(x_k) = \sum_{k=1}^{j} f(x_k).$$

Die tabellarische oder grafische Darstellung der geordneten Merkmalsausprägungen bzw. Merkmalsklassen (obere Klassengrenzen) und der zugehörigen Summenhäufigkeiten heißt **Summenhäufigkeitsverteilung**.

Bei diskreten Merkmalen ergibt die grafische Darstellung der Summenhäufigkeitsverteilung eine Treppenkurve.

B 3.1.9 *An einer Prüfung, bei der maximal* 10 *Punkte erreicht werden konnten, nahmen* 50 *Studenten teil. Es wurde folgendes Ergebnis erzielt:*

Punktzahl x_j	0	1	2	3	4	5	6	7	8	9	10
absolute Häufigkeit $h(x_j)$	1	3	4	2	5	6	8	10	4	5	2
relative Häufigkeit in % $f(x_j)$	2	6	8	4	10	12	16	20	8	10	4
absolute Summenhäufigkeit $H(x_j)$	1	4	8	10	15	21	29	39	43	48	50
rel. Summenhäufigk. in % $F(x_j)$	2	8	16	20	30	42	58	78	86	96	100

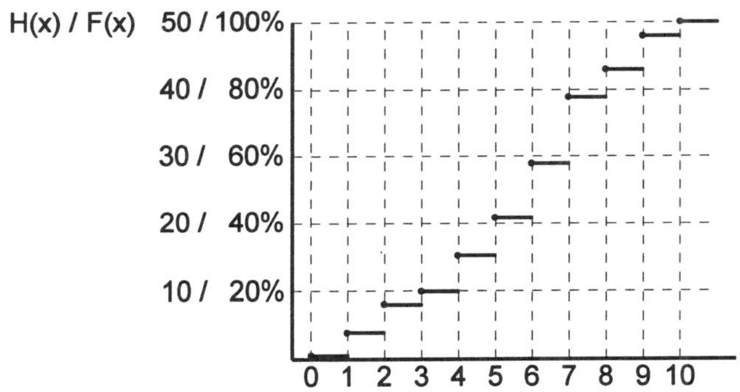

F 3.1.10 *Summenhäufigkeitsverteilung zu* B 3.1.9

Bei klassierten Merkmalen gibt die Summenhäufigkeitsverteilung an, wieviel Werte insgesamt unterhalb der jeweiligen **oberen Klassengrenze** liegen. In der grafischen Darstellung erhält man dann nur einzelne Punkte. Diese Punkte werden üblicherweise geradlinig verbunden, und man erhält als grafische Darstellung der Summenhäufigkeitsverteilung eine stückweise lineare Kurve. Dabei unterstellt man, daß die Werte innerhalb einer Klasse gleichmäßig verteilt (gleichverteilt) sind.

B 3.1.11 *Die Körpergrößen von* 200 *Studenten sind wie folgt verteilt:*

Körpergröße in cm von ... bis unter ...	*absolute Häufigkeiten* $h(x_j)$	*relative Häufigkeiten* $f(x_j)$ *in %*
140 *bis unter* 160	30	15
160 *bis unter* 170	80	40
170 *bis unter* 175	50	25
175 *bis unter* 180	20	10
180 *bis unter* 200	20	10

Für die Summenhäufigkeitsverteilung erhält man:

Körpergröße in cm	*Summenhäufigkeiten absolut* $H(x_j)$	*Summenhäufigkeiten relativ* $F(x_j)$ *in %*
unter 160	30	15
unter 170	110	55
unter 175	160	80
unter 180	180	90
unter 200	200	100

Die grafische Darstellung der Häufigkeitsverteilung und der Summenhäufigkeitsverteilung ist aus F 3.1.12 a) *und* b) *zu ersehen.*

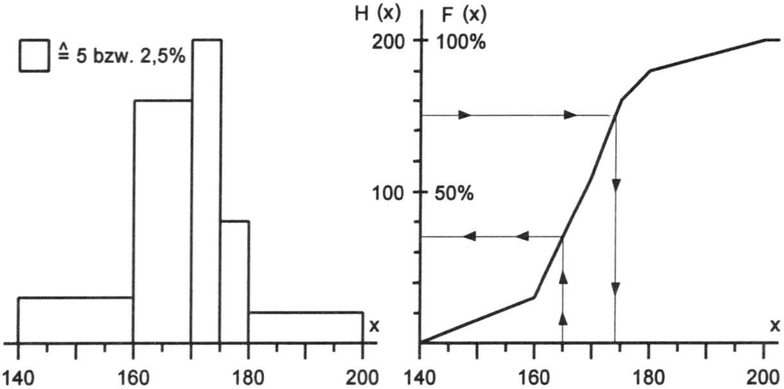

F 3.1.12 *a) Histogramm b) Summenhäufigkeitsverteilung zu* B 3.1.11

Die Summenhäufigkeit gibt zu jeder Körpergröße an, wieviel Studenten nicht größer sind als dieser Wert. Unter der Gleichverteilungshypothese gilt das auch für Zwischenwerte. So kann man z. B. aus der F 3.1.12 *ablesen, daß ca.* 35% *der Studenten kleiner als* 165 *cm sind.*
Die Summenhäufigkeit kann aber auch verwendet werden, um festzustellen, unterhalb welcher Merkmalsausprägung ein bestimmter Anteil der Beobachtungswerte liegt (siehe Pfeile in F 3.1.12*). So kann man z. B. aus* F 3.1.12 *ablesen, daß* 75% *der Studenten nicht größer als* 174 *cm sind.*

D 3.1.13

Resthäufigkeit
Die einer Merkmalsausprägung oder (bei einem klassierten Merkmal) einer Klassengrenze zugeordnete Häufigkeit aller Beobachtungswerte, die diese Ausprägung bzw. diese Grenze überschreiten, heißt **Resthäufigkeit**.
Es gilt bei insgesamt *n* Beobachtungswerten für die

absolute Resthäufigkeit $HR(x_j) = \sum_{x_k > x_j} h(x_k) = n - H(x_j)$

relative Resthäufigkeit $FR(x_j) = \sum_{x_k > x_j} f(x_k) = 1 - F(x_j)$.

B 3.1.14 *An einer Straßenbahnhaltestelle werden* 150 *Fahrgäste nach der Wartezeit befragt. Man erhält folgendes Ergebnis:*

Wartezeit in Min. von ... bis u. ...	0 1	1 2	2 3	3 4	4 5	5 6	6 7	7 8	8 9	9 10	10 11	11 12
absolute Häufigkeit	3	9	18	30	24	21	12	9	3	6	9	6
relative Häufigkeit in %	2	6	12	20	16	14	8	6	2	4	6	4

Für die Verteilung der Summen- bzw. Resthäufigkeiten erhält man:

Wartezeit	*Summenhäufigkeiten*		*Wartezeit*	*Resthäufigkeiten*	
	absolut	*relativ*		*absolut*	*relativ*
bis zu 1 Min.	3	2%	*über 1 Min.*	147	98%
bis zu 2 Min.	12	8%	*über 2 Min.*	138	92%
bis zu 3 Min.	30	20%	*über 3 Min.*	120	80%
bis zu 4 Min.	60	40%	*über 4 Min.*	90	60%
bis zu 5 Min.	84	56%	*über 5 Min.*	66	44%
bis zu 6 Min.	105	70%	*über 6 Min.*	45	30%
bis zu 7 Min.	117	78%	*über 7 Min.*	33	22%
bis zu 8 Min.	126	84%	*über 8 Min.*	24	16%
bis zu 9 Min.	129	86%	*über 9 Min.*	21	14%
bis zu 10 Min.	135	90%	*über 10 Min.*	15	10%
bis zu 11 Min.	144	96%	*über 11 Min.*	6	4%
bis zu 12 Min.	150	100%	*über 12 Min.*	0	0%

Die grafische Darstellung von Summenhäufigkeiten und Resthäufigkeiten enthält F 3.1.15.

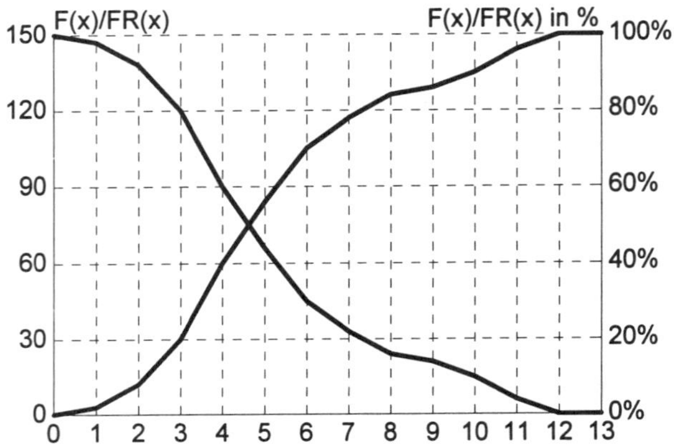

F 3.1.15 *Summen- und Resthäufigkeiten zu* B 3.1.14

3.2 Lageparameter

a) Mittelwerte als charakteristische Kenngrößen einer Verteilung

Verteilungen und ihre tabellarische oder grafische Darstellung geben ein anschauliches und übersichtliches Bild über die zu analysierende statistische Masse, reichen aber in manchen Fällen für die Gewinnung eindeutiger Aussagen nicht aus.

B 3.2.1 *Es wird behauptet, daß ein Betrieb A bessere Gehälter zahlt als ein ansonsten ähnlicher Betrieb B. Um das zu überprüfen werden die Häufigkeitsverteilungen der Gehälter gegenübergestellt. Man erhält folgendes Bild:*

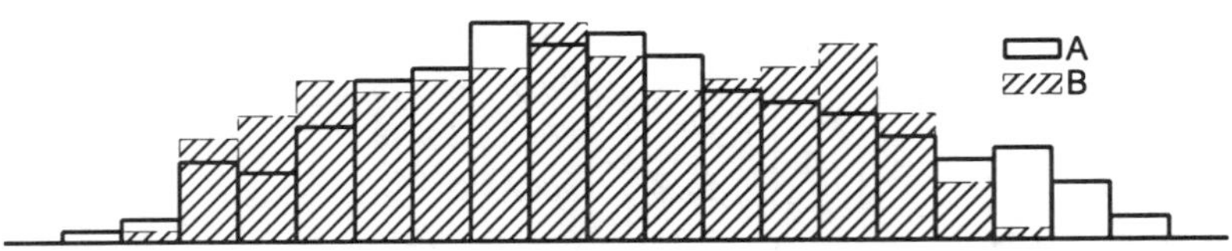

F 3.2.2 *Vergleich zweier Häufigkeitsverteilungen*

Eine Betrachtung des Bildes macht deutlich, daß aus den Häufigkeitsverteilungen bzw. ihren grafischen Darstellungen nicht oder nur sehr begrenzt Aussagen darüber gewonnen werden können, ob Betrieb A oder Betrieb B bessere Gehälter zahlt. Zur Klärung der angesprochenen Frage bestimmt man die "durchschnittlichen Gehälter" der beiden Betriebe und vergleicht diese beiden charakteristischen Größen. An Stelle der Verteilungen zieht man einen Mittelwert für Vergleichszwecke heran.

So wie in dem Beispiel ist es in vielen anderen Fällen unmöglich, die Häufigkeitsverteilung unmittelbar zur Beurteilung einer statistischen Masse zu benutzen. Das gilt vor allem für Vergleichszwecke. Zur einfachen Charakterisierung von Verteilungen werden deshalb Kenngrößen oder Parameter bestimmt. Mittelwerte gehören zu einer wichtigen Klasse solcher Parameter, den Lageparametern. Sie geben Auskunft über die Lage einer Verteilung auf der verwendeten Skala.

In F 3.2.3 sind drei Häufigkeitsverteilungen dargestellt, die alle die gleiche Gestalt haben, denn durch Verschiebung auf der x-Achse könnten die Verteilungen zur Deckung gebracht werden. Sie unterscheiden sich nur durch ihre Lage auf der x-Achse. Über derartige Unterschiede in der Lage geben die **Lageparameter** Auskunft.

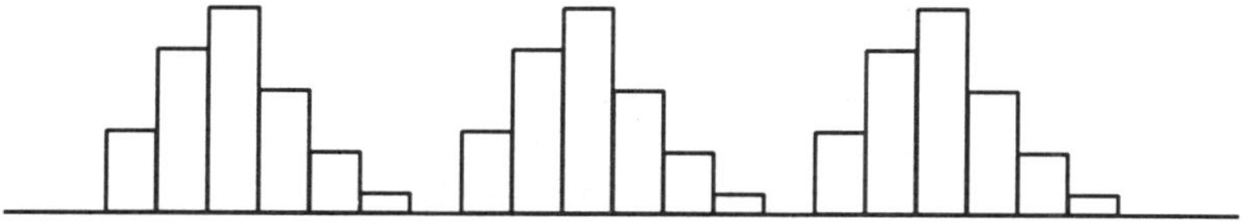

F 3.2.3 *Verteilungen mit gleicher Gestalt, aber mit unterschiedlicher Lage*

Die Aufgabenstellung der Bestimmung von Mittelwerten und die Anforderungen an Mittelwerte können wie folgt umrissen werden:

- Mittelwerte beschreiben eine statistische Masse durch eine einzige (mittlere) charakteristische Größe. Diese mittlere Größe soll die Gesamtheit der Beobachtungswerte möglichst gut repräsentieren.
- Der Mittelwert soll es ermöglichen, verschiedene statistische Massen als Gesamtheit einfach und schnell zu vergleichen.
- Der Mittelwert soll die Beurteilung von Einzelwerten oder Gruppen von Einzelwerten innerhalb der Gesamtheit der Beobachtungswerte ermöglichen. Das ist z. B. der Fall, wenn man angibt, um wieviel das Gehalt eines Angestellten absolut oder relativ über oder unter dem Durchschnitt liegt.

Welcher Zahlenwert (Merkmalsausprägung) ist nun als Mittelwert geeignet? Zumindest bei metrisch gemessenen Merkmalen gibt es unendlich viele in Frage kommende Werte. Jede reelle Zahl zwischen dem kleinsten und dem größten beobachteten Wert könnte als Mittelwert verwendet werden.

Die meisten dieser Werte sind jedoch als Mittelwerte ungeeignet. In den nächsten Abschnitten werden die wichtigsten Mittelwerte behandelt.

b) Häufigster Wert oder Modalwert

D 3.2.4

> **Häufigster Wert**
> Die Merkmalsausprägung, die am häufigsten vorkommt, heißt **häufigster Wert**, dichtester Wert, **Modalwert** oder **Modus** und wird mit $\overline{x}_D$ bezeichnet.
> Es gilt $h(\overline{x}_D) = \max_j h(x_j)$.

Gibt es mehrere Ausprägungen mit der größten Häufigkeit, dann gibt es entsprechend viele häufigste Werte, und es gilt

$$\overline{x}_D \in \{x_k \mid h(x_k) = \max_j h(x_j)\}$$

Bei klassierten Merkmalen kann man als häufigsten Wert die Mitte der am dichtesten besetzten Klasse oder diese selbst nehmen. Auf die sogenannte Feinberechnung des Modus, durch die man versucht, den häufigsten Wert innerhalb der am dichtesten besetzten Klasse genauer zu lokalisieren, soll hier nicht näher eingegangen werden. Für nominal meßbare Merkmale ist der häufigste Wert der einzige sinnvolle Lageparameter.

B 3.2.5 *Bei einer Kommunalwahl wurden folgende Stimmanteile von den Parteien erreicht:*

Partei	*Stimmenanteil insgesamt*	*Stimmenanteil bei Männern*	*Stimmenanteil bei Frauen*
CDU	**41,74%**	39,02%	**44,06%**
SPD	38,11%	**41,28%**	35,41%
F.D.P.	7,67%	7,36%	7,94%
Grüne	8,20%	8,65%	7,81%
sonstige	4,28%	3,69%	4,78%

Die jeweils größten Häufigkeiten sind fett hervorgehoben. Häufigster Wert ist also: Bei allen Wählern CDU, bei Männern SPD und bei Frauen CDU.

c) Zentralwert oder Median

Der Zentralwert setzt voraus, daß die Merkmalsausprägungen wenigstens nach einer Ordinalskala gemessen werden können.

D 3.2.6

> **Zentralwert**
> Jede Merkmalsausprägung eines wenigstens ordinal meßbaren Merkmals, die die geordnete Reihe der Beobachtungswerte in zwei gleiche Teile zerlegt, heißt **Zentralwert** oder **Median** und wird mit $\bar{x}_Z$ bezeichnet.

Sind n geordnete Beobachtungswerte gegeben und ist n eine ungerade Zahl, so gibt es genau einen mittleren Wert. Dieser hat die Ordnungsnummer $(n+1)/2$ und es gilt $\bar{x}_Z = x_{(n+1)/2}$.

B 3.2.7 *Bei einer Klausurprüfung wurden von* 15 *Teilnehmern folgende Punktzahlen (geordnet) erzielt:*
8, 8, 9, 10, 10, 10, 11, 11, 12, 12, 13, 13, 13, 14, 14.
Es ist $\bar{x}_Z = 11$, *nämlich der* 8. *Wert.*

Bei einer geraden Anzahl von Beobachtungswerten kommen alle Werte zwischen $x_{n/2}$ und $x_{n/2+1}$ als Median in Frage. Bei metrisch meßbaren Merkmalen vereinbart man üblicherweise: $\bar{x}_Z = \frac{1}{2}(x_{n/2} + x_{n/2+1})$.

B 3.2.8 *Bei einem Stabhochsprungwettbewerb werden von* 8 *Springern folgende Höhen übersprungen:* 4,60; 4,80; 4,80; 4,90; 5,00; 5,00; 5,10; 5,30. *Die beiden mittleren Reihenwerte sind* 4,90 *und* 5,00. *Es gilt also:*

$$\bar{x}_Z = \frac{4{,}90+5{,}00}{2} = 4{,}95.$$

Werden für die Merkmalsausprägungen Klassen gebildet, fällt der Zentralwert meistens in eine Klasse und nicht auf eine Klassengrenze. Unter der Voraussetzung, daß alle Werte innerhalb einer Klasse gleichverteilt sind, läßt sich dann eine genaue Lage des Zentralwertes bestimmen. Das sei anhand der grafischen Darstellung der Klasse, in die der Zentralwert fällt (sogenannte "Einfallsklasse"), demonstriert. Es sei dies die k-te Klasse mit der Klassenmitte x_k (siehe F 3.2.9).

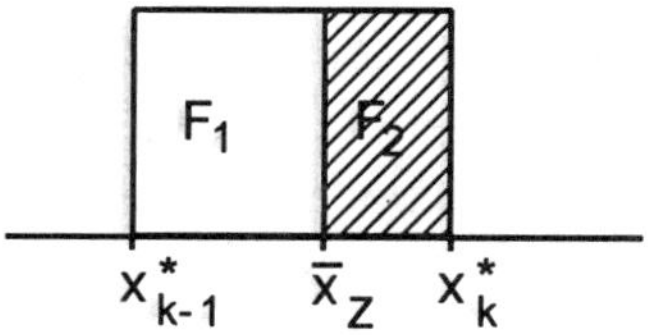

F 3.2.9 *Grafische Darstellung einer Klasse, in die der Zentralwert fällt*

Aus der Definition des Zentralwertes folgt:

$$\sum_{x_j < x_k} f(x_j) = F(x_{k-1}^*) \le 0{,}5 \text{ und } \sum_{x_j > x_k} f(x_j) = 1 - F(x_k^*) \le 0{,}5,$$

was nichts weiter besagt, als daß unterhalb bzw. oberhalb der Einfallsklasse des Zentralwertes höchstens die Hälfte der Merkmalswerte liegen kann. In der Einfallsklasse muß bei Gleichverteilung der Merkmalswerte der Zentralwert $\bar{x}_Z$ definitionsgemäß so liegen, daß, bezogen auf die Bezeichnungen von F 3.2.9, gilt

$$F(x_{k-1}^*) + F_1 = 0{,}5 \text{ bzw. } F(x_k^*) - F_2 = 0{,}5\ ,$$

denn es soll jeweils die Hälfte der Beobachtungswerte höchstens gleich bzw. mindestens gleich dem Zentralwert sein.

Es ist $f(x_k)$ die relative Häufigkeit der Einfallsklasse. Dann gilt

$$\frac{F_1}{f(x_k)} = \frac{\bar{x}_Z - x_{k-1}^*}{x_k^* - x_{k-1}^*} \text{ bzw. } F_1 = \frac{\bar{x}_Z - x_{k-1}^*}{x_k^* - x_{k-1}^*} f(x_k)$$

und, aufgrund der vorhergehenden Gleichung, $F_1 = 0{,}5 - F(x_{k-1}^*)$. Somit gilt

$$\frac{\bar{x}_Z - x_{k-1}^*}{x_k^* - x_{k-1}^*} = 0{,}5 - F(x_{k-1}^*)$$

und daraus folgt, wenn man nach $\bar{x}_Z$ auflöst, eine Formel für den sogenannten feinberechneten Zentralwert.

R 3.2.10

Feinberechneter Zentralwert bei Klassenbildung

Gegeben sei eine Häufigkeitsverteilung mit Klassenbildung für die Merkmalsausprägungen. Der Zentralwert liegt in der Klasse mit den Grenzen x_{k-1}^* und x_k^* (sogenannte Einfallsklasse). Dann gilt

$$\bar{x}_Z = x_{k-1}^* + \frac{x_k^* - x_{k-1}^*}{f(x_k)}(0{,}5 - F(x_{k-1}^*)).$$

Die "Einfallsklasse" ist die Klasse, in der die Summenhäufigkeit den Wert 0,5 überschreitet:

$$F(x_{k-1}^*) \le 0{,}5 \text{ und } F(x_k^*) > 0{,}5.$$

B 3.2.11 *Die Messung der Körpergröße von 200 Studenten ergab:*

Körpergröße in cm von ... bis unter ...		$h(x_j)$	$f(x_j)$	$F(x_j^*)$
140	160	30	0,15	0,15
160	170	80	0,40	0,55
170	175	50	0,25	0,80
175	180	20	0,10	0,90
180	200	20	0,10	1,00

Der Zentralwert fällt in die Klasse von 160 *bis unter* 170 *cm. Es ist*

$$x_{k-1}^* = 160;\ x_k^* = 170;\ f(x_k) = 0,40;\ F(x_{k-1}^*) = 0,15.$$

Damit ergibt sich unter Benutzung von R 3.2.10

$$\bar{x}_Z = 160 + \frac{170-160}{0,4}(0,5-0,15) = 168,75 \text{ cm.}$$

Besonders einfach läßt sich der Zentralwert grafisch mit Hilfe der Summenhäufigkeitsverteilung bestimmen. Man braucht nur die zu $F(\bar{x}_Z) = 0,5$ gehörige Merkmalsausprägung zu bestimmen. Das Vorgehen ist in F 3.2.12 für klassierte und unklassierte Werte skizziert. Bei den klassierten Werten wird dabei wieder Gleichverteilung innerhalb der Klassen angenommen.

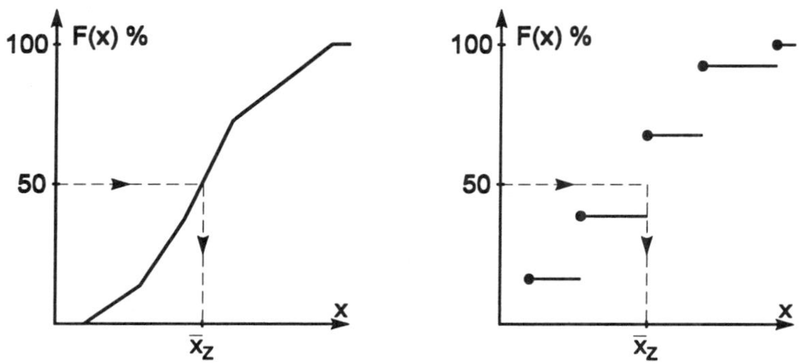

F 3.2.12 *Grafische Bestimmung des Zentralwertes*

Durch den Zentralwert wird nach D 3.2.6 die geordnete Reihe der Beobachtungswerte in zwei gleich große Teile zerlegt. Analog dazu kann man eine statistische Reihe bzw. die Häufigkeiten der Häufigkeitsverteilung in vier, zehn, hundert oder allgemein k gleiche Teile zerlegen. Die Werte, die diese Teilung bewirken, heißen **Quartile, Dezentile, Perzentile** oder allgemein ***k*-Quantile**. Die entsprechenden Merkmalsausprägungen lassen sich am einfachsten aus der Summenhäufigkeitsverteilung bestimmen (auch grafisch).

Der Median kann daher als Sonderfall einer Klasse von Lageparametern, den sogenannten **Quantilen**, aufgefaßt werden.

D 3.2.13

Quantile
Die Merkmalsausprägungen $\bar{x}_{p/k}$ $(p = 1, \ldots, k-1)$ eines wenigstens ordinal meßbaren Merkmals, die die geordnete Reihe der Beobachtungswerte in k gleiche Teile zerlegen, heißen ***k*-Quantile.** Es gilt:

$$\sum_{x_j < \bar{x}_{p/k}} f(x_j) \leq \frac{p}{k} \text{ und } \sum_{x_j > \bar{x}_{p/k}} f(x_j) \leq 1 - \frac{p}{k},\ p = 1,\ldots,k\text{-}1.$$

$\bar{x}_{p/k}$ heißt ***p*-tes *k*-Quantil.**

Falls bei einem kardinal meßbaren Merkmal für ein p-tes k-Quantil **zwei** benachbarte Beobachtungswerte x_i und x_{i+1} mit $x_i < x_{i+1}$ diese Ungleichungen erfüllen, so ist

$$\bar{x}_{p/k} = \tfrac{1}{2}(x_i + x_{i+1}).$$

B 3.2.14 *a) Bei der Klausurprüfung aus* B 3.2.7 *gilt für den Median* $\bar{x}_Z = \bar{x}_{1/2}$ *oder* $\bar{x}_Z = \bar{x}_{2/4}$ *etc.*

b) Als 1. *Quartil ergibt sich in* B 3.2.7*:* $\bar{x}_{1/4} = x_4 = 10$.

d) Arithmetisches Mittel

Das **arithmetische Mittel** $\bar{x}$ ist der am häufigsten verwendete Mittelwert und ist identisch mit dem Wert, der landläufig als "Durchschnitt" bezeichnet wird. Die **Bestimmung des arithmetischen Mittels ist nur sinnvoll für Merkmale, die auf einer metrischen Skala gemessen werden können**. Je nachdem, ob das arithmetische Mittel aus einer Reihe einzelner Beobachtungswerte oder aus einer Häufigkeitsverteilung zu berechnen ist, sind auch unterschiedliche Formeln zu verwenden.

R 3.2.15

Einfaches arithmetisches Mittel
Sind x_i $(i = 1,2,\ldots,n)$ n Beobachtungswerte, dann ergibt sich das **arithmetische Mittel** zu

$$\bar{x} = \frac{x_1 + x_2 + \ldots + x_n}{n} = \frac{1}{n}\sum_{i=1}^{n} x_i \ .$$

B 3.2.16 *Eine Befragung von 8 Personen nach der Anzahl ihrer Kinder ergibt* 3; 0; 2; 2; 1; 3; 1; 1. *Als durchschnittliche Kinderzahl erhält man dann:*

$\bar{x} = \frac{1}{8}(3+0+2+2+1+3+1+1) = \frac{13}{8} = 1{,}625.$

Das Beispiel zeigt, daß das arithmetische Mittel Werte annehmen kann, die nicht als Merkmalsausprägungen vorkommen können (für die Anzahl der Kinder sind nur ganze Zahlen möglich).

Wird vorausgesetzt, daß die relativen Häufigkeiten nicht als Prozente, sondern als Dezimalbrüche gegeben sind, d. h.:

$$\sum_{j=1}^{m} f(x_j) = 1,$$

dann berechnet man bei Häufigkeitsverteilungen das arithmetische Mittel wie folgt:

R 3.2.17

Gewogenes arithmetisches Mittel
Gegeben sei die Häufigkeitsverteilung des Merkmals X, dessen Ausprägungen x_j ($j = 1,...,m$) mit den absoluten Häufigkeiten $h(x_j)$ bzw. den relativen Häufigkeiten $f(x_j)$ auftreten. Für das **gewogene arithmetische Mittel** gilt:

a) $$\bar{x} = \frac{x_1 h(x_1) + x_2 h(x_2) + \ldots + x_m h(x_m)}{h(x_1) + h(x_2) + \ldots + h(x_m)} = \frac{1}{n}\sum_{j=1}^{m} x_j h(x_j)$$

bzw.

b) $$\bar{x} = x_1 f(x_1) + x_2 f(x_2) + \ldots + x_m f(x_m) = \sum_{j=1}^{m} x_j f(x_j).$$

B 3.2.18 *Während eines halben Jahres (*120 *Arbeitstage) wird täglich im Rahmen einer Untersuchung über den Publikumsverkehr beim Sozialamt einer Großstadt die Anzahl der persönlich vorsprechenden Antragsteller festgehalten. Folgende Häufigkeitsverteilung hat sich ergeben:*

Anzahl Antragsteller	0	1	2	3	4	5	6	7	8	9	10
Anzahl der Tage	5	4	10	12	20	18	18	12	15	2	4

Als arithmetisches Mittel ergibt sich daraus ein durchschnittlicher Publikumsverkehr von

$$\bar{x} = \frac{0\cdot 5 + 1\cdot 4 + 2\cdot 10 + 3\cdot 12 + 4\cdot 20 + 5\cdot 18 + 6\cdot 18 + 7\cdot 12 + 8\cdot 15 + 9\cdot 2 + 10\cdot 4}{120}$$

$$= \frac{4 + 20 + 36 + 80 + 90 + 108 + 84 + 120 + 18 + 40}{120} = \frac{600}{120} = 5.$$

Das nach R 3.2.17 berechnete $\bar{x}$ bezeichnet man als **gewogenes** arithmetisches Mittel, während man bei der Berechnung des arithmetischen Mittels aus den Ursprungswerten nach R 3.2.15 von einem **einfachen oder ungewogenen** Mittel spricht. Die Häufigkeiten $h(x_j)$ bzw. $f(x_j)$ werden als **Gewichte** bezeichnet.

B 3.2.19 *Bei der Ermittlung des Bezinverbrauches eines Pkw-Typs nach DIN ergeben sich folgende Werte: Stadtverkehr:* 10 *l*/100 *km, konstant* 120 *km/h:* 9 *l*/100 *km; konstant* 90 *km/h:* 7 *l*/100 *km. Ein Fahrer weiß, daß er ca.* 25% *seiner jährlichen Gesamtstrecke in der Stadt fährt,* 50% *auf der Autobahn mit* 120 *km/h und* 25% *auf Landstraße mit* 90 *km/h. Er errechnet für sich einen voraussichtlichen Durchschnittsverbrauch von*

$$0{,}25 \cdot 10 + 0{,}5 \cdot 9 + 0{,}25 \cdot 7 = 8{,}75 \; l/100 \; km.$$

Die Formeln in R 3.2.17 werden **auch für klassierte Merkmalswerte** verwendet. Die x_j sind dann die Klassenmitten. Durch die Klassenbildung können dabei Verzerrungen auftreten.

B 3.2.20 *Eine Befragung über das Alter von* 30 *Angehörigen eines Betriebes hat folgendes Ergebnis geliefert:* 24, 24, 40, 22, 32, 51, 63, 22, 42, 43, 44, 51, 23, 32, 34, 64, 19, 23, 22, 50, 50, 33, 60, 18, 20, 50, 42, 30, 20, 41. *Zur Ermittlung des Altersaufbaus (Altersstruktur) werden Altersklassen zu je* 10 *Jahren gebildet. Für die offenen Randklassen wurden die Klassenmitten* $x_1 = 18$ *und* $x_6 = 63$ *festgelegt. Man erhält dann:*

j	*Altersklasse*	x_j	$h(x_j)$
1	*unter* 20	18	2
2	20 *bis unter* 30	25	9
3	30 *bis unter* 40	35	5
4	40 *bis unter* 50	45	6
5	50 *bis unter* 60	55	5
6	60 *und mehr*	63	3

Aus den Ursprungswerten erhält man als arithmetisches Mittel folgendes Durchschnittsalter: $\bar{x} = \dfrac{24+24+40+\ldots}{30} = 36{,}3.$

Für die klassierten Werte erhält man

$$\bar{x} = \tfrac{1}{30}(2 \cdot 18 + 9 \cdot 25 + 5 \cdot 35 + 6 \cdot 45 + 5 \cdot 55 + 3 \cdot 63) = 39{,}0.$$

Der Unterschied zwischen den beiden Ergebnissen ergibt sich aus der Tatsache, daß das arithmetische Mittel für klassierte Werte bei Verwendung der Klassenmitten nur dann mit dem aus den Ursprungswerten berechneten arithmetischen Mittel übereinstimmt, wenn die Werte einer Klasse sich gleichmäßig über diese Klasse verteilen. In B 3.2.20 liegen die Werte aber jeweils alle in der unteren Hälfte einer Klasse. Wählt man eine andere Klasseneinteilung, so wie in Übungsaufgabe 3.7, so ergibt sich ein anderes arithmetisches Mittel.

Hinweis: Bei großen Zahlen ist häufig eine modifizierte Berechnung des arithmetischen Mittels nach folgendem Schema zweckmäßig:

(1) Transformation der Merkmalsausprägungen $x'_j = \frac{x_j - c_1}{c_2}$, wobei c_1 und c_2 geeignete Konstanten sind. Dadurch werden große Zahlen x_j in rechnerisch einfach zu behandelnde, kleine x'_j umgerechnet.

(2) Bestimmung des arithmetischen Mittels $\overline{x}_j$ für die x'_j.

(3) Bestimmung von $\overline{x} = c_2\overline{x}' + c_1$, d. h. das arithmetische Mittel aus den x'_j wird durch Umkehrung der Transformation aus (1) in $\overline{x}_j$ umgerechnet.

Das sei an dem folgenden einfachen Zahlenbeispiel erklärt.

x_j	58,0	58,3	58,4	58,7	58,9	$c_1 = 58$
$h(x_j)$	2	3	2	2	1	$c_2 = 0{,}1$
$\overline{x}_j$	0	3	4	7	9	$x'_j = 10(x_j - 58)$

$$\overline{x}' = \tfrac{1}{10}(0 \cdot 2 + 3 \cdot 3 + 4 \cdot 2 + 7 \cdot 2 + 9 \cdot 1) = 4 \Rightarrow \overline{x} = 0{,}1 \cdot 4 + 58 = 58{,}4\,.$$

Das arithmetische Mittel ist der am meisten verwendete Lageparameter. Bisweilen wird er jedoch mißbräuchlich angewandt. Man kann z. B. aus ordinal meßbaren Zensuren zwar rechnerisch durchaus eine Durchschnittsnote als arithmetisches Mittel bestimmen, aber sachlich ist das nicht sinnvoll, denn die Noten geben ordinale Leistungsbewertungen wieder.

Die Anwendung des arithemischen Mittels kann aber auch bei einer metrischen Skala problematisch werden, wie folgendes Beispiel zeigt.

B 3.2.21 *In einem Dorf mit* 50 *Erwerbstätigen sind* 49 *einfache Bauern oder Arbeiter mit einem monatlichen Nettoeinkommen von je* 2.000 *DM. Der* 50. *ist ein mehrfacher Millionär mit einem monatlichen Nettoeinkommen von* 102.000 *DM. Bestimmt man hier, wie es von der Meßbarkeitseigenschaft des Merkmals her sinnvoll sein könnte, das arithmetische Mittel, so erhält man ein monatliches Durchschnittseinkommen für die Erwerbstätigen des Dorfes von* 4.000 *DM.*

Der Mittelwert in B 3.2.21 enthält eine sachlich verzerrte Aussage über die Einkommensverhältnisse in dem Dorf. Die Aussagefähigkeit des arithmetischen Mittels wird dadurch eingeschränkt, daß es stark von extremen Werten beeinflußt wird. Von der Sache her liegt es hier näher, den Zentralwert oder sogar den häufigsten Wert zu bestimmen. Das gilt für die meisten Durchschnitts- bzw. Mittelwertbestimmungen bei Einkommensuntersuchungen. Von der sachlichen Struktur der jeweiligen Fragestellung und vor allem von der Art der Verteilung her ist deshalb im Einzelfall jeweils zu prüfen, welcher Mittelwert eine sinnvolle Aussage über die Verteilung liefern kann. Die Stiftung Warentest gibt deshalb bei ihren Testberichten den "mittleren Preis" nicht als arithmetisches Mittel sondern als Zentralwert an.

Generell läßt sich sagen, daß die Verwendung des arithmetischen Mittels immer dann Probleme aufwirft, wenn die Verteilung sogenannte Ausreißer enthält oder nach einer Seite weit ausläuft.

Sofern man von der zu untersuchenden Verteilung keine präzisen Vorstellungen hat, empfiehlt es sich, zunächst die tabellarische oder besser noch die grafische Darstellung der Verteilung zu analysieren, um durch einen zu bestimmenden Mittelwert wirklich eine sinnvolle Aussage über die Verteilung geben zu können.

e) Geometrisches Mittel

Zum geometrischen Mittel wird zunächst ein Beispiel betrachtet:

B 3.2.22 *Die Bevölkerung einer aufstrebenden Gemeinde wächst von* 1989 *bis* 1993 *wie folgt:*

Jahr	*Bevölkerung am 31.12.*	*Zuwachs gegenüber Vorjahr*	
		absolut	*relativ*
1989	$B_0 = 20000$		
1990	$B_1 = 32000$	12000	$z_1 =$ 60,0%
1991	$B_2 = 41600$	9600	$z_2 =$ 30,0%
1992	$B_3 = 44387$	2787	$z_3 =$ 6,7%
1993	$B_4 = 48826$	4439	$z_4 =$ 10,0%

Der Gemeinderat möchte nun die durchschnittliche Zuwachsrate der vier Jahre wissen und ein (statistisch unbedarftes) Mitglied des Gemeinderates berechnet diese als arithmetisches Mittel zu

$$\bar{z} = \tfrac{1}{4}(60 + 30 + 6{,}7 + 10)(\%) = \tfrac{106{,}7}{4}(\%) = 26{,}675\,(\%).$$

Die Freundin Paula, des (unverheirateten) Bürgermeisters liest diese Zahlen und schreibt die Bevölkerung vom 31.12.89 *mit dieser "durchschnittlichen" Zuwachsrate fort:*

Jahr	*Bevölkerung am 31.12.*	*Zuwachs gegenüber Vorjahr*	
		absolut	*relativ*
1989	20000		
1990	25335	5335	26,675%
1991	32093	6758	26,675%
1992	40654	8561	26,675%
1993	51498	10844	26,675%

Wendet man die konstante "durchschnittliche" Zuwachsrate von 26,675% auf alle vier Jahre an, dann ergibt sich, wie aus der Tabelle hervorgeht, eine andere Bevölkerung am 31.12.1993 als tatsächlich vorhanden ist. Die als arithmetisches Mittel errechnete "durchschnittliche" Zuwachsrate kann also nicht korrekt sein. Den Ansatz zur Ermittlung des richtigen Wertes erhält man wie folgt:

Die Bevölkerungen B_1, B_2, B_3 und B_4 am Ende der 4 Jahre erhält man unter Verwendung der Zuwachsraten aus B_0 folgendermaßen:

$$B_1 = B_0 + \frac{z_1}{100} B_0 = (1 + \frac{z_1}{100}) B_0 = 1{,}6\ B_0$$

$$B_2 = B_1 + \frac{z_2}{100} B_1 = (1 + \frac{z_2}{100}) B_1 = 1{,}3\ B_1 = 1{,}3 \cdot 1{,}6\ B_0$$

$$B_3 = B_2 + \frac{z_3}{100} B_2 = (1 + \frac{z_3}{100}) B_2 = 1{,}067\ B_2 = 1{,}067 \cdot 1{,}3 \cdot 1{,}6\ B_0$$

$$B_4 = B_3 + \frac{z_4}{100} B_3 = (1 + \frac{z_4}{100}) B_3 = 1{,}1\ B_3 = 1{,}1 \cdot 1{,}067 \cdot 1{,}3 \cdot 1{,}6\ B_0 .$$

Der Leser kann die Richtigkeit der Gleichung mit Hilfe eines Taschenrechners leicht nachprüfen.

Für die durchschnittliche Zuwachsrate $\bar{z}$ muß nun entsprechend gelten

$$B_1^* = B_0 + \frac{\bar{z}}{100} B_0 = (1 + \frac{\bar{z}}{100})\ B_0$$

$$B_2^* = (1 + \frac{\bar{z}}{100})\ B_1^* = (1 + \frac{\bar{z}}{100})^2\ B_0$$

$$B_3^* = (1 + \frac{\bar{z}}{100})\ B_2^* = (1 + \frac{\bar{z}}{100})^3\ B_0$$

$$B_4^* = (1 + \frac{\bar{z}}{100})\ B_3^* = (1 + \frac{\bar{z}}{100})^4\ B_0 .$$

Die Anwendung der durchschnittlichen Zuwachsrate $\bar{z}$ auf alle 4 Jahre soll von B_0 zu derselben Bevölkerung B_4 führen wie die Anwendung der tatsächlichen Zuwachsraten. Es gilt dann

$$B_4 = 1{,}1 \cdot 1{,}067 \cdot 1{,}3 \cdot 1{,}6 \cdot B_0 = (1 + \frac{\bar{z}}{100})^4\ B_0 .$$

Daraus folgt

$$(1 + \frac{\bar{z}}{100}) = \sqrt[4]{1{,}1 \cdot 1{,}067 \cdot 1{,}3 \cdot 1{,}6}$$

$$\bar{z} = (\sqrt[4]{2{,}441296} - 1) \cdot 100 = (1{,}2499859 - 1) \cdot 100$$

also (gerundet) $\bar{z} = 25\%$.

Wendet man diese durchschnittliche Zuwachsrate für die 4 Jahre an, so ergibt sich

Jahr	*Bevölkerung am 31.12.*	*Zuwachs gegenüber Vorjahr absolut*	*relativ*
1989	20000		
1990	25000	5000	25%
1991	31250	6250	25%
1992	39063	7813	25%
1993	48828	9765	25%

Die (geringfügige) Differenz zwischen 48828 *und* 48826 *ist auf Abweichungen durch Rundung zurückzuführen.*

Das Beispiel macht deutlich, daß bei bestimmten Aufgabenstellungen das arithmetische Mittel für die Berechnung von Durchschnittswerten ungeeignet ist. Der in B 3.2.22 zum richtigen Ergebnis führende Mittelwert ist das geometrische Mittel.

R 3.2.23

Geometrisches Mittel

a) Gegeben sind n Beobachtungswerte x_i $(i = 1,2,...,n)$ eines Merkmals X. Das **ungewogene geometrische Mittel** ergibt sich dann zu

$$\bar{x}_G = \sqrt[n]{x_1 \cdot x_2 \cdot \ldots \cdot x_n} = \sqrt[n]{\prod_{i=1}^{n} x_i}\,.$$

b) Gegeben sei die Häufigkeitsverteilung des Merkmals X, dessen Ausprägungen x_j $(j = 1,2,...,m)$ mit absoluten bzw. relativen Häufigkeiten $h(x_j)$ bzw. $f(x_j)$ auftreten. Für das **gewogene geometrische Mittel** gilt:

$$\bar{x}_G = \sqrt[n]{x_1^{h(x_1)} \cdot x_2^{h(x_2)} \cdot \ldots \cdot x_m^{h(x_m)}} = \sqrt[n]{\prod_{j=1}^{m} x_j^{h(x_j)}} = \prod_{j=1}^{m} x_j^{f(x_j)}$$

Zur Anwendung des geometrischen Mittels läßt sich allgemein folgendes sagen:

Hat man es mit zeitlich aufeinanderfolgenden Zuwächsen, Wachstumsraten oder ähnlichem zu tun, ist das arithmetische Mittel nicht der sachlich richtige Durchschnittswert, sondern das geometrische Mittel.

Dabei ist besonders zu beachten, daß das geometrische Mittel nicht aus gegebenen Zuwachsraten, Zinssätzen oder Wachstumsraten berechnet wird, sondern daß man diese zunächst in Zuwachsfaktoren, Zinsfaktoren oder Wachstumsfaktoren umwandelt, indem man zu dem als Dezimalbruch gegebenen Wert der Zuwachsrate usw. 1 addiert, d. h. es gilt z. B.:

Zinssatz: p (%); Zinsfaktor: $1+\frac{p}{100}$.

Wesentlich ist dabei folgender Grundgedanke: Zuwachsraten zweier aufeinanderfolgender Jahre kann man nicht durch Addition verknüpfen, um die Gesamtrate für die zwei Jahre zu erhalten. Um die Gesamtrate (als Dezimalbruch) für zwei Jahre zu erhalten, muß man die Zuwachsfaktoren der beiden Jahre multiplizieren und 1 abziehen.

B 3.2.24 *Ein Umsatz wächst wie folgt:*

Jahr	*Umsatz*	*Zuwachsrate*	*Zuwachsfaktor*
1	1000000		
2	1800000	80%	1,8
3	1980000	10%	1,1

Addiert man die Zuwachsraten, so erhält man 90%. Das entspricht aber nicht dem tatsächlichen Zuwachs in den 2 Jahren, der 98% beträgt. Das Produkt der Zuwachsraten ergibt $1{,}8 \cdot 1{,}1 = 1{,}98$ *und damit als Gesamtzuwachsrate* 0,98 *bzw. 98%.*

In allen Fällen, in denen Merkmalsausprägungen sinnvoll nur durch Multiplikation verknüpft werden können, so wie in den B 3.2.22 und B 3.2.24, ergibt das geometrische Mittel einen geeigneten Durchschnitt. Demgegenüber ist das arithmetische Mittel angemessen, wenn Merkmalsausprägungen sinnvoll addiert werden können.

A 3.2.25 Der methodisch interessierte Leser sei noch auf folgenden interessanten Zusammenhang hingewiesen: Logarithmiert man die Formel für das ungewogene geometrische Mittel (siehe R 3.2.23a), dann ergibt sich folgendes

$$\bar{x}_G = \sqrt[n]{x_1 \cdot x_2 \cdot \ldots \cdot x_n}$$

$$\log \bar{x}_G = \frac{1}{n}(\log x_1 + \log x_2 + \ldots + \log x_n) = \frac{1}{n}\sum_{i=1}^{n} \log x_i .$$

Der Logarithmus des geometrischen Mittels ist das arithmetische Mittel der Logarithmen der Beobachtungswerte.

Entsprechendes gilt für das gewogene geometrische Mittel (siehe R 3.2.23b).

f) Harmonisches Mittel

Auch zum harmonischen Mittel wird zunächst ein Beispiel betrachtet.

B 3.2.26 *Ein Pkw legt vier Teilstrecken einer Gesamtstrecke in folgenden Geschwindigkeiten zurück:*

Teilstrecke Nr.	1	2	3	4
Länge der Teilstrecke in km	30	10	40	20
Geschwindigkeit km/h	40	50	80	100

Durch welche (entlang der Gesamtstrecke konstant gehaltene) Durchschnittsgeschwindigkeit würde er die Gesamtstrecke in der gleichen Zeit bewältigen?

Es sei für die i-te Teilstrecke (i = 1,2,3,4*)*

V_i *die Geschwindigkeit*

S_i *die Länge (physikalisch: "Weg")*

t_i *die für die Teilstrecke benötigte Zeit.*

Mit V, S und t werden die Geschwindigkeit, die Länge und die Zeit für die Gesamtstrecke bezeichnet. Dann gilt

$$t_i = \frac{S_i}{V_i} \quad (i = 1,2,3,4) \qquad \text{und} \qquad t = \frac{S}{V}.$$

Die Gesamtzeit ist nun die Summe aller für die Teilstrecken benötigten Zeiten: $t = t_1 + t_2 + t_3 + t_4$.

Hieraus ergibt sich zur Bestimmung der konstanten Durchschnittsgeschwindigkeit folgende Gleichung:

$$\frac{S}{V} = \frac{S_1}{V_1} + \frac{S_2}{V_2} + \frac{S_3}{V_3} + \frac{S_4}{V_4} \text{ mit } S = S_1 + S_2 + S_3 + S_4.$$

Auflösung dieser Gleichung nach V liefert:

$$V = \frac{S_1 + S_2 + S_3 + S_4}{\frac{S_1}{V_1} + \frac{S_2}{V_2} + \frac{S_3}{V_3} + \frac{S_4}{V_4}}.$$

Setzt man die Zahlenangaben ein, so ergibt sich

$$V = \frac{30 + 10 + 40 + 20}{\frac{30}{40} + \frac{10}{50} + \frac{40}{80} + \frac{20}{100}} = \frac{100}{\frac{3}{4} + \frac{1}{5} + \frac{1}{2} + \frac{1}{5}} = \frac{100}{1{,}65} = 60{,}6 \ (km/h)$$

als Durchschnittsgeschwindigkeit.

Berechnet man ein (mit den Längen der Teilstrecken) gewogenes arithmetisches Mittel, so erhält man

$$\bar{x} = \frac{30 \cdot 40 + 10 \cdot 50 + 40 \cdot 80 + 20 \cdot 100}{100} = 69 \ (km/h).$$

Fährt man die 100 *km Gesamtstrecke mit dieser Geschwindigkeit, benötigt man* 1,45 *Stunden. Mit den oben angegebenen unterschiedlichen Geschwindigkeiten für die Teilstrecken benötigt man aber* 1,65 *Stunden. Das arithmetische Mittel liefert eine falsche Durchschnittsgeschwindigkeit.*

Der in dem Beispiel zur Berechnung der Durchschnittsgeschwindigkeit verwendete Mittelwert ist das harmonische Mittel.

R 3.2.27

Harmonisches Mittel

a) Gegeben sind n Beobachtungswerte x_i ($i = 1,...,n$) des Merkmals X. Als **ungewogenes harmonisches Mittel** ergibt sich

$$\bar{x}_H = \frac{n}{\sum_{i=1}^{n} \frac{1}{x_i}}.$$

b) Für das **gewogene harmonische Mittel** des Merkmals X, dessen Ausprägungen x_j ($j = 1,...,m$) mit den absoluten Häufigkeiten $h(x_j)$ bzw. den relativen Häufigkeiten $f(x_j)$ auftreten, gilt

$$\bar{x}_H = \frac{n}{\sum_{j=1}^{m} \frac{h(x_j)}{x_j}} = \frac{1}{\sum_{j=1}^{m} \frac{f(x_j)}{x_j}}.$$

Man beachte, daß zur Bestimmung von Durchschnittsgeschwindigkeiten das arithmetische Mittel dann zum richtigen Ergebnis führt, wenn die gegebenen Geschwindigkeiten sich nicht auf Teilstrecken, sondern auf Teilzeiträume beziehen.

B 3.2.28 *Aus den Angaben von* B 3.2.26 *ergibt sich*

Teilstrecke Nr.	1	2	3	4
Für die Teilstrecke benötigte Zeit in Std.	0,75	0,2	0,5	0,2
Geschwindigkeit in km	40	50	80	100

Das gewogene arithmetische Mittel der Geschwindigkeiten ergibt

$$V = \frac{40 \cdot 0,75 + 50 \cdot 0,2 + 80 \cdot 0,5 + 100 \cdot 0,2}{0,75 + 0,2 + 0,5 + 0,2} = \frac{100}{1,65} = 60,6 \ (km/h).$$

Das Ergebnis ist dieselbe Durchschnittsgeschwindigkeit wie in B 3.2.26.

Das folgende Beispiel zeigt eine andere Anwendung des harmonischen Mittels.

B 3.2.29 *Im Rahmen einer Untersuchung über Wohnverhältnisse von Studenten wurde für Bezirke einer Universitätsstadt die Anzahl der in dem jeweiligen Bezirk wohnenden Studenten ermittelt. Diese Anzahl wurde zur Einwohnerzahl des Bezirkes in Beziehung gesetzt und eine "Studentendichte" als Anzahl der Studenten pro* 100 *Einwohner bestimmt.*

Bezirk	1	2	3	4	5
Anzahl der Studenten	300	1500	200	800	700
Einwohnerzahl	2000	5000	5000	16000	7000
Studentendichte	15	30	4	5	10

Kennt man nur die Studentenzahlen und die Studentendichte, dann ergibt sich die durchschnittliche Studentendichte $\overline{D}$ *als harmonisches Mittel zu*

$$\overline{D} = \frac{300+1500+200+800+700}{\frac{300}{15}+\frac{1500}{30}+\frac{200}{4}+\frac{800}{5}+\frac{700}{10}} = \frac{3500}{350} = 10.$$

Das gleiche Ergebnis erhält man, wenn man die durchschnittliche Studentendichte aus den Gesamtzahlen von Studenten und Einwohner berechnet.

Allgemein wird das harmonische Mittel angewendet, wenn die Merkmalsausprägungen x_j als Quotienten $x_j = a_j / b_j$ definiert sind, deren Nenner nicht gegeben sind.

Für den Durchschnittswert x der Quotienten verlangt man $x = \frac{\sum a_j}{\sum b_j}$.

B 3.2.30 *a)Bei Geschwindigkeiten (siehe* B 3.2.26*) gilt:*

$$\textit{Durchschnittsgeschwindigkeit} = \frac{\textit{Summe aller Strecken (Wege)}}{\textit{Summe aller Zeiten}}$$

b) Für die durchschnittliche Studentendichte (siehe B 3.2.29*) gilt:*

$$\textit{durchschnittl. Studentendichte} = \frac{\textit{Gesamtzahl der Studenten}}{\textit{Gesamtzahl der Einwohner}:100}$$

Sind nun die b_j unbekannt, dann kann man wegen

$$b_j = \frac{a_j}{x_j}$$

den durchschnittlichen Quotienten x wie folgt berechnen

$$x = \frac{\sum a_j}{\sum b_j} = \frac{\sum a_j}{\sum \frac{a_j}{x_j}}.$$

Der durchschnittliche Quotient x ergibt sich somit als gewogenes harmonisches Mittel (siehe Formel in R 3.2.27) der gegebenen Quotienten $x_j = \frac{a_j}{b_j}$, wobei die Zähler a_j die Gewichte sind. Sind die b_j bekannt und die a_j unbekannt, dann kann man wegen

$$a_j = x_j\, b_j$$

den durchschnittlichen Quotienten x folgendermaßen bestimmen:

$$x = \frac{\sum a_j}{\sum b_j} = \frac{\sum x_j b_j}{\sum b_j}.$$

Der durchschnittliche Quotient ergibt sich in diesem Fall als (gewogenes) arithmetisches Mittel der gegebenen Quotienten x_j, wobei die Nenner b_j von $x_j = \frac{a_j}{b_j}$ die Gewichte sind. Dieser Fall ist in B 3.2.28 behandelt.

Die Überlegungen können wie folgt zusammengefaßt werden:

R 3.2.31

Gegeben ist ein **Merkmal** X mit den **Ausprägungen** x_j, die **als Quotienten** $x_j = \frac{a_j}{b_j}$ definiert sind ($j = 1,...,m$). Gesucht ist der **durchschnittliche Quotient**

$$x = \frac{\sum_{j=1}^{m} a_j}{\sum_{j=1}^{m} b_j}.$$

Sind die a_j gegeben und die b_j nicht, dann erhält man den durchschnittlichen Quotienten als **gewogenes harmonisches Mittel** mit den Gewichten a_j:

$$x = \frac{\sum_{j=1}^{m} a_j}{\sum_{j=1}^{m} \frac{a_j}{x_j}}.$$

Sind die b_j gegeben und die a_j nicht, dann erhält man den durchschnittlichen Quotienten als **gewogenes arithmetisches Mittel** mit den Gewichten b_j:

$$x = \frac{\sum_{j=1}^{m} x_j b_j}{\sum_{j=1}^{m} b_j}.$$

g) Mittelwertzerlegung

Manchmal sind die Beobachtungswerte einer statistischen Untersuchung in Gruppen gegeben, und man kennt die Lageparameter der einzelnen Gruppen. Bei metrisch meßbaren Merkmalen kann man dann aus den Mittelwerten der Gruppen den entsprechenden Mittelwert **aller** Beobachtungswerte nach der folgenden Regel einfach bestimmen.

R 3.2.32

Gegeben seien k Gruppen von Beobachtungswerten eines metrisch meßbaren Merkmals X. Von jeder Gruppe sei die Anzahl der Beobachtungswerte n_i und a) das arithmetische Mittel $\bar{x}_i$, b) das geometrische Mittel $\bar{x}_{Gi}$ und c) das harmonische Mittel $\bar{x}_{Hi}$ bekannt. Das arithmetische, geometrische bzw. harmonische Mittel **aller** n $(= \sum_{i=1}^{k} n_i)$ Beobachtungswerte erhält man dann als gewogenes arithmetisches, geometrisches bzw. harmonisches Mittel der Gruppenmittelwerte:

a) $\bar{x} = \frac{1}{n} \sum_{i=1}^{k} \bar{x}_i n_i$

b) $\bar{x}_G = \sqrt[n]{\prod_{i=1}^{k} \bar{x}_{Gi}^{n_i}}$

c) $\bar{x}_H = \frac{n}{\sum_{i=1}^{k} \frac{n_i}{\bar{x}_{Hi}}}$

B 3.2.33 *In 4 Gemeinden wurden die erwerbstätigen Einwohner nach ihrem Einkommen befragt.*

Gemeinde	*Anzahl der Erwerbstätigen*	*Durchschnittseinkommen*
1	$n_1 = 870$	$\bar{x}_1 = 4347$
2	$n_2 = 2350$	$\bar{x}_2 = 4512$
3	$n_3 = 1378$	$\bar{x}_3 = 4116$
4	$n_4 = 5469$	$\bar{x}_4 = 4478$

Für die Erwerbstätigen aller 4 Gemeinden ergibt sich ein Durchschnittseinkommen von

$$x = \frac{4347 \cdot 870 + 4512 \cdot 2350 + 4116 \cdot 1378 + 4478 \cdot 5469}{870 + 2350 + 1378 + 5469} = 4425.$$

B 3.2.34 *Ein Autofahrer legt 100 km mit einer Durchschnittsgeschwindigkeit von 83 km/h und 60 km mit einer Durchschnittsgeschwindigkeit von 130 km/h zurück. Insgesamt ist er dann eine Durchschnittsgeschwindigkeit von*

$$\bar{x}_H = \frac{100+60}{\frac{100}{83}+\frac{60}{130}} = 96 \textit{ km/h gefahren.}$$

Für Median und häufigsten Wert lassen sich "Zusammenfassungen" bzw. "Zerlegungen" nicht in entsprechend einfacher Weise durchführen.

h) Mittelwerte transformierter Merkmale

Bei der Behandlung der Meßbarkeit von Merkmalen wurde auch auf Transformation von Merkmalen bzw. Merkmalswerten und Skalen eingegangen (siehe dazu D 2.3.16 und die daran anschließenden Ausführungen). Für Lageparameter eines transformierten Merkmals gelten folgenden Regeln.

R 3.2.35

> Gegeben sei ein Merkmal X mit dem **häufigsten Wert** $\bar{x}_D$ und die **eineindeutige Transformation** g: $Y=g(X)$.
> Dann gilt $\bar{y}_D = g(\bar{x}_D)$.

R 3.2.36

> Gegeben sei ein wenigstens ordinal meßbares Merkmal X mit dem **Zentralwert** $\bar{x}_Z$ und die **streng monotone Transformation** $Y = g(X)$. Dann gilt $\bar{y}_Z = g(\bar{x}_Z)$.

R 3.2.37

> Gegeben sei ein metrisch meßbares Merkmal X mit dem **arithmetischen Mittel** $\bar{x}$ und die **lineare Transformation** $Y = bX + a$. Dann gilt $\bar{y} = b\bar{x} + a$.

B 3.2.38 *In Florida wurde in einem Monat eine durchschnittliche Tageshöchsttemperatur von* $\bar{F} = 84°$ *Fahrenheit (F) ermittelt. Da man °Fahrenheit in °Celsius nach der Formel* $C = \frac{5}{9}F - \frac{160}{9}$ *umrechnen kann (siehe auch* B 2.3.20*), erhält man als Durchschnittstemperatur in °Celsius*

$$\bar{C} = \frac{5}{9}\bar{F} - \frac{160}{9} = \frac{5}{9}\cdot 84 - \frac{160}{9} = 28{,}9 \text{ (°C)}.$$

i) Zusammenfassung zu den Mittelwerten

Die Existenz verschiedener Mittelwerte wirft die Frage auf, wann welcher Mittelwert anzuwenden ist. Dazu ist folgendes anzumerken:

Der **häufigste Wert** $\bar{x}_D$ ist bei nominal meßbaren Merkmalen der einzige sinnvoll zu bestimmende "Mittelwert". Er ist ein **grober** Lageparameter.

Der **Zentralwert** $\bar{x}_Z$ ist bei ordinal meßbaren Merkmalen der wichtigste Lageparameter. Bei metrisch meßbaren Merkmalen sollte er zusätzlich zum arithmetischen Mittel oder an seiner Stelle berechnet werden, wenn die Verteilung des betreffenden Merkmals schief (asymmetrisch) oder durch Ausreißer verzerrt ist (vgl. hierzu B 3.2.21).

Das **arithmetische Mittel** $\bar{x}$ ist bei metrisch meßbaren Merkmalen der wichtigste Lageparameter. Für $\bar{x}$ gilt (siehe R 3.2.15 bzw. R 3.2.17)

$$n\bar{x} = \sum_{i=1}^{n} x_i \text{ bzw. } \quad n\bar{x} = \sum_{j=1}^{m} h(x_j)\,x_j.$$

Die Summe aller Beobachtungswerte liefert also gerade das n-fache des arithmetischen Mittels. **Besäßen alle statistischen Einheiten die Merkmalsausprägung des arithmetischen Mittels, dann ergäbe die Summe für alle Einheiten denselben Wert wie die Summe der tatsächlichen Beobachtungswerte.** Das arithmetische Mittel wird deshalb immer angewendet, wenn eine Addition der Beobachtungswerte sinnvoll ist.

Das **geometrische Mittel** $\bar{x}_G$ ist ebenfalls nur bei metrisch meßbaren Merkmalen anwendbar. Es gilt (siehe R 3.2.23)

$$\bar{x}_G^n = \prod_{i=1}^{n} x_i \text{ bzw. } \quad \bar{x}_G^n = \prod_{j=1}^{m} x_j^{h(x_j)}.$$

Das geometrische Mittel wird dann angewendet, wenn die Beobachtungswerte sinnvoll durch Multiplikation verknüpft werden können, wie vor allem bei Zuwachs- oder Wachstumsfaktoren eines Merkmals im Zeitablauf.

Zum **harmonischen Mittel** $\bar{x}_H$, das auch metrische Meßbarkeit voraussetzt, sei vor allem auf R 3.2.31 verwiesen.

Zu weiteren Mittelwerte wird auf die weiterführende Literatur verwiesen.

3.3 Streuungsparameter

a) Zum Streuungsbegriff

Die im vorhergehenden Abschnitt behandelten Lageparameter reichen zur Charakterisierung einer eindimensionalen Verteilung (durch eine Kennzahl) oft nicht aus. In vielen Fällen ist es auch wichtig zu wissen, ob die Beobachtungswerte bzw. Häufigkeiten der Verteilung sehr nahe bei einem Mittelwert liegen oder ob sie weit auseinanderliegen, d. h. stark **streuen**.

B 3.3.1 *a) Auf einem Verpackungsautomaten wird Zucker in* 1*-kg-Pakete abgefüllt. Nachwiegungen ergaben, daß das durchschnittliche Gewicht der Pakete* $\bar{x} = 1000{,}5$ *g beträgt, der Sollwert also fast genau eingehalten wird. Dennoch kann es sein, daß der Verpackungsautomat unzulänglich arbeitet, weil die Gewichte der Pakete zu stark schwanken ("streuen"). Zur Kontrolle des Verpackungsautomaten bzw. der abgepackten Gewichte ist es also notwendig, neben dem Durchschnittsgewicht auch die Streuung der Gewichte zu ermitteln.*

b) Für die Einwohner zweier Gemeinden wurde das gleiche durchschnittliche, monatlich verfügbare Nettoeinkommen von DM 4.200,- *ermittelt. Zur Beurteilung der Einkommensverhältnisse reicht dieser Wert insofern nicht aus, als in der einen Gemeinde die individuellen Einkommen stärker streuen und dadurch z. B. mehr Einwohner mit viel kleineren Einkommen als DM* 4.200,- *in der Gemeinde leben.*

Die beiden Probleme des Beispiels zeigen, daß das arithmetische Mittel zur Charakterisierung eines metrisch meßbaren Merkmals nicht ausreicht. Die Streuung der Beobachtungswerte muß in vielen Fällen zusätzlich (oder alternativ) herangezogen werden. Die folgende Figur zeigt drei Häufigkeitsverteilungen mit übereinstimmendem arithmetischen Mittel, aber verschiedenen Streuungen. Die Verteilung A hat eine größere Streuung als B und B eine größere als C.

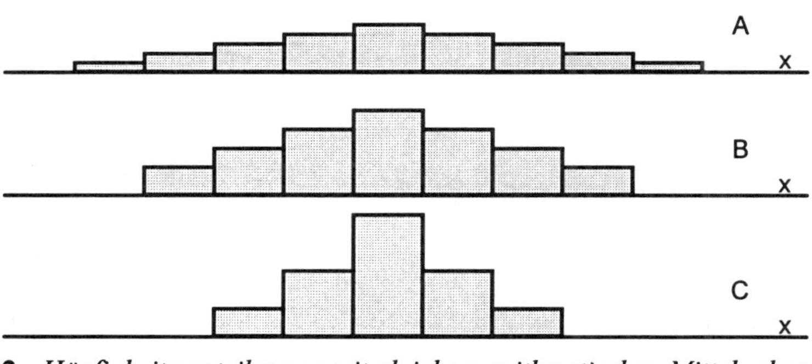

F 3.3.2 *Häufigkeitsverteilungen mit gleichem arithmetischen Mittel, aber unterschiedlicher Streuung*

Es gibt verschiedene Möglichkeiten, die Streuung von Beobachtungswerten zu messen und durch eine Kennzahl auszudrücken. Die wichtigsten werden im folgenden behandelt.

b) Spannweite

Das einfachste Streuungsmaß ist die **Spannweite** w.

D 3.3.3

> **Spannweite**
> Gegeben seien n Beobachtungswerte x_i $(i = 1,...,n)$ eines metrisch meßbaren Merkmals X. Die Differenz zwischen dem größten Beobachtungswert ($\max\limits_i x_i$) und dem kleinsten Beobachtungswert ($\min\limits_i x_i$) heißt **Spannweite** w der Verteilung des Merkmals.
>
> $$w = \max_i x_i - \min_i x_i$$

Ist die Häufigkeitsverteilung eines Merkmals gegeben, für dessen Ausprägungen Klassen gebildet wurden, dann ist w wie folgt definiert.

D 3.3.4

> **Spannweite bei Klassenbildung**
> Gegeben seien die Klassengrenzen x_j^* $(j = 0,...,m)$ der Häufigkeitsverteilung eines metrisch meßbaren Merkmals X. Die Differenz zwischen größter Klassengrenze (x_m^*) und kleinster Klassengrenze (x_0^*) heißt **Spannweite** w der Verteilung.
>
> $$w = x_m^* - x_0^*.$$

Für die Spannweite w des Merkmals X schreibt man manchmal auch w_X.

B 3.3.5 *Gegeben ist die folgende Reihe von Beobachtungswerten:* 27, 4, 8, 3, 12, 10, 26, 6, 19, 16. *Die Spannweite beträgt:* 27 – 3 = 24.

Die Spannweite ist ein sehr einfaches und wenig aussagefähiges Streuungsmaß. Sie berücksichtigt nur den kleinsten und den größten Wert der Verteilung. Wie die dazwischen liegenden Werte streuen wird nicht ausgesagt. Die beiden in F 3.3.6 dargestellten Verteilungen haben z. B. die gleiche Spannweite.

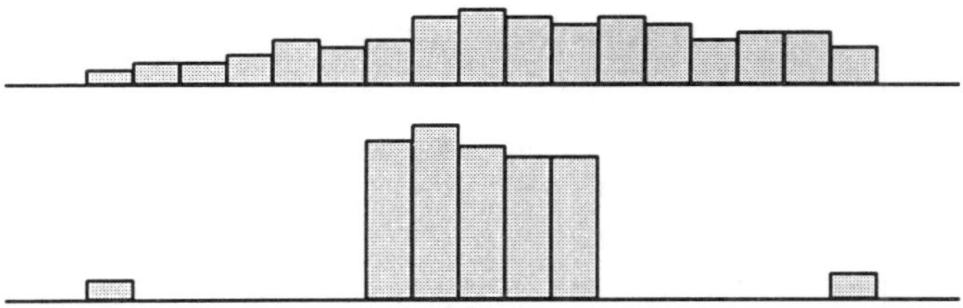

F 3.3.6 *Häufigkeitsverteilungen mit gleicher Spannweite, aber unterschiedlicher Streuung*

c) Mittlere absolute Abweichung

Ein Streuungsmaß, welches alle Werte einer Verteilung berücksichtigt, ist die mittlere absolute Abweichung.

D 3.3.7

Mittlere absolute Abweichung

a) Gegeben seien ***n*** **Beobachtungswerte** x_i $(i = 1,...,n)$ eines metrisch meßbaren Merkmals X und der Zentralwert $\bar{x}_Z$. Das arithmetische Mittel aus den absoluten Abweichungen der Beobachtungswerte x_i vom Zentralwert $\bar{x}_Z$ heißt **mittlere absolute Abweichung** d_X:

$$d_X = \frac{1}{n}\sum_{i=1}^{n}\left|x_i - \bar{x}_Z\right|.$$

b) Gegeben sei die **Häufigkeitsverteilung** eines metrisch meßbaren Merkmals X mit den Merkmalsausprägungen x_j bzw. den Klassenmitten x_j, den absoluten bzw. relativen Häufigkeiten $h(x_j)$ bzw. $f(x_j)$ und dem Zentralwert $\bar{x}_Z$. Das gewogene arithmetische Mittel aus den absoluten Abweichungen der Merkmalsausprägungen bzw. Klassenmitten x_j vom Zentralwert $\bar{x}_Z$ heißt **mittlere absolute Abweichung** d_X:

$$d_X = \frac{1}{n}\sum_{j=1}^{m}\left|x_j - \bar{x}_Z\right|h(x_j) = \sum_{j=1}^{m}\left|x_j - \bar{x}_Z\right|f(x_j).$$

Bei der mittleren absoluten Abweichung betrachtet man also die Abstände aller Beobachtungswerte vom Zentralwert. Diese Abstände werden dann zur Messung der Streuung herangezogen, indem man den durchschnittlichen Abstand als arithmetisches Mittel berechnet.

Für die mittlere absolute Abweichung d_X des Merkmals X schreibt man manchmal auch kurz d.

B 3.3.8 *a) Für die Werte* 3, 7, 8, 9 *und* 13 *mit dem Zentralwert* 8 *beträgt die mittlere absolute Abweichung*

$$d = \frac{|3-8|+|7-8|+|8-8|+|9-8|+|13-8|}{5} = \frac{5+1+0+1+5}{5} = \frac{12}{5} = 2{,}4.$$

b) Für die Häufigkeitsverteilung

Klasse	*von ... bis unter ...*	100-150	150-200	200-250	250-300
Klassenmitte	x_j	125	175	225	275
relative Häufigkeit	$f(x_j)$	0,30	0,25	0,40	0,05

ergibt sich als Zentralwert $\bar{x}_Z = 190$ *und als mittlere absolute Abweichung*

$$d = \sum_{j=1}^{m} \left| x_j - \bar{x}_Z \right| f(x_j)$$

$$= |125-190| \cdot 0{,}3 + |175-190| \cdot 0{,}25 + |225-190| \cdot 0{,}4 + |275-190| \cdot 0{,}05$$

$$= 65 \cdot 0{,}3 + 15 \cdot 0{,}25 + 35 \cdot 0{,}4 + 85 \cdot 0{,}05 = 41{,}5.$$

A 3.3.9 Die mittlere absolute Abweichung wurde in D 3.3.7, wie allgemein üblich, auf den Zentralwert bezogen. Es ist aber auch möglich, die mittlere absolute Abweichung auf das arithmetische Mittel $\bar{x}$ oder auf irgendeinen anderen Mittelwert M zu beziehen. Für Einzelwerte lauten dann die Berechnungsformeln

$$\frac{1}{n}\sum_{i=1}^{n} |x_i - \bar{x}| \text{ bzw. } \quad \frac{1}{n}\sum_{i=1}^{n} |x_i - M|.$$

Die auf den Zentralwert bezogene mittlere absolute Abweichung ist kleiner als jede auf einen von $\bar{x}_Z$ verschiedenen Wert M ($\bar{x}_Z \neq M$) bezogene mittlere absolute Abweichung.

d) Varianz und Standardabweichung

Das am häufigsten verwendete Streuungsmaß ist die **Varianz** s^2 bzw. die positive Quadratwurzel daraus, die **Standardabweichung** s.

Während bei der mittleren absoluten Abweichung die einfachen absoluten Abweichungen als Ausdruck der Streuung verwendet werden, benutzt man für die Varianz die quadratischen Abweichungen. Größere Abstände zum Mittelwert werden auf diese Weise stärker berücksichtigt.

D 3.3.10

Varianz

a) Gegeben seien n Beobachtungswerte x_i $(i = 1,\dots,n)$ eines metrisch meßbaren Merkmals X. Das arithmetische Mittel der quadrierten Abweichungen der Beobachtungswerte x_i von ihrem arithmetischen Mittel $\bar{x}$ (**mittlere quadratische Abweichung**) heißt **Varianz** s^2:

$$s^2 = \frac{1}{n}\sum_{i=1}^{n}(x_i - \bar{x})^2 .$$

b) Gegeben sei die Häufigkeitsverteilung eines metrisch meßbaren Merkmals X mit den Merkmalsausprägungen x_j bzw. den Klassenmitten x_j, den absoluten bzw. relativen Häufigkeiten $h(x_j)$ bzw. $f(x_j)$ und dem arithmetischen Mittel $\bar{x}$. Das gewogene arithmetische Mittel der quadratischen Abweichungen der Merkmalsausprägungen bzw. Klassenmitten x_j vom arithmetischen Mittel $\bar{x}$ heißt **Varianz** s^2:

$$s^2 = \frac{1}{n}\sum_{j=1}^{m}(x_j - \bar{x})^2 h(x_j) = \sum_{j=1}^{m}(x_j - \bar{x})^2 f(x_j) .$$

D 3.3.11

Standardabweichung

Die positive Quadratwurzel aus der Varianz heißt **Standardabweichung** s. Es gilt:

$$s = \sqrt{s^2} = \sqrt{\frac{1}{n}\sum_{i=1}^{n}(x_i - \bar{x})^2}$$

bzw.

$$s = \sqrt{\frac{1}{n}\sum_{j=1}^{m}(x_j - \bar{x})^2 h(x_j)} = \sqrt{\sum_{j=1}^{m}(x_j - \bar{x})^2 f(x_j)} .$$

Die **Standardabweichung** hat dieselbe **Dimension** wie das Merkmal, für das sie berechnet wurde. Die Varianz hat als Dimension das Quadrat der Dimension des Merkmals.

Für die Varianz bzw. Standardabweichung des Merkmals X schreibt man mitunter auch s_X^2 bzw. s_X.

B 3.3.12 *Für die Beobachtungswerte* 3, 7, 8, 9, 13 *mit dem arithmetischen Mittel* $\bar{x}$ = 8 *ergibt sich als Varianz*

$$s^2 = \frac{(3-8)^2+(7-8)^2+(8-8)^2+(9-8)^2+(13-8)^2}{5}$$

$$= \frac{(-5)^2+(-1)^2+0^2+1^2+5^2}{5} = \frac{25+1+1+25}{5} = 10{,}4$$

und für die Standardabweichung: $s = \sqrt{s^2} = \sqrt{10{,}4} = 3{,}225.$

Wichtiger Hinweis: In vielen Lehrbüchern und statistischen Rechenvorschriften wird die Varianz nicht wie in D 3.3.10 mit dem Faktor $\frac{1}{n}$, sondern mit $\frac{1}{n-1}$ definiert. Die entsprechenden Berechnungsformeln lauten dann:

$$s^2 = \frac{1}{n-1}\sum_{i=1}^{n}(x_i-\bar{x})^2 \text{ bzw.}$$

$$s^2 = \frac{1}{n-1}\sum_{j=1}^{m}(x_j-\bar{x})^2 h(x_j) = \frac{n}{n-1}\sum_{j=1}^{m}(x_j-\bar{x})^2 f(x_j).$$

Taschenrechner mit einer Funktionstaste für die Varianz und Statistik-Software verwenden ebenfalls in vielen Fällen die Formeln mit dem Faktor $\frac{1}{n-1}$. Der Leser möge dies bei der Verwendung von Taschenrechnern oder Software beachten. Für die Standardabweichung s gilt entsprechendes.

Die Formeln mit dem Faktor $\frac{1}{n-1}$ anstelle von $\frac{1}{n}$ liefern keine "mittlere quadratische Abweichung" als Varianz und spielen für die beschreibende Statistik eigentlich keine Rolle. Sie sind nur für Stichprobenuntersuchungen von Interesse, wenn mit der Varianz der Stichprobe die Varianz einer übergeordneten Gesamtheit geschätzt werden soll. Auf Einzelheiten dazu kann hier nicht eingegangen werden.

Für die manuelle Berechnung der Varianz bzw. Standardabweichung empfiehlt sich die Benutzung einer Rechentabelle wie in dem folgenden Beispiel.

B 3.3.13 *Die Befragung von* 30 *Mitarbeitern eines Betriebes nach ihrem Alter hat das in der Tabelle angegebene Ergebnis geliefert. In der Tabelle werden Zwischenwerte berechnet. Die zur Benutzung von* $\bar{x}$ *und* s^2 *notwendigen Summen erhält man aus den entsprechenden Spaltensummen. Zur Vereinfachung werden für die offenen Randklassen Klassenmitten angenommen, die zu gleichen Abständen aller Klassenmitten führen.*

Alter von ... bis unter ...	Klassenmitte x_j	$h(x_j)$	$x_j h(x_j)$	$x_j - \bar{x}$	$(x_j - \bar{x})^2$	$(x_j - \bar{x})^2 h(x_j)$
unter 20	15	2	30	-24	576	1152
20 30	25	9	225	-14	196	1764
30 40	35	5	175	-4	16	80
40 50	45	6	270	6	36	216
50 60	55	5	275	16	256	1280
60 u. älter	65	3	195	26	676	2028
			1170			6520

$$\bar{x} = \frac{1}{n}\sum_{j=1}^{m} x_j h(x_j) = \frac{1}{30}1170 = 39$$

$$s^2 = \frac{1}{n}\sum_{j=1}^{m}(x_j - \bar{x})^2 h(x_j) = \frac{1}{30}6520 = 217{,}33$$

$$s = \sqrt{217{,}33} = 14{,}74.$$

Die beiden Beipiele 3.3.12 und 3.3.13 zeigen, daß die Berechnung der Varianz ziemlich aufwendig ist. Durch Verwendung der nachfolgend hergeleiteten Berechnungsformel kann man den Aufwand reduzieren.

$$s^2 = \frac{1}{n}\sum_{i=1}^{n}(x_i - \bar{x})^2 = \frac{1}{n}\sum_{i=1}^{n}(x_i^2 - 2x_i\bar{x} + \bar{x}^2)$$

$$= \frac{1}{n}\sum_{i=1}^{n}x_i^2 - \frac{1}{n}2\bar{x}\sum_{i=1}^{n}x_i + \frac{1}{n}\sum_{i=1}^{n}\bar{x}^2$$

$$= \frac{1}{n}\sum_{i=1}^{n}x_i^2 - 2\bar{x}\frac{1}{n}\sum_{i=1}^{n}x_i + \frac{1}{n}n\bar{x}^2 = \frac{1}{n}\sum_{i=1}^{n}x_i^2 - 2\bar{x}\,\bar{x} + \bar{x}^2 = \frac{1}{n}\sum_{i=1}^{n}x_i^2 - \bar{x}^2.$$

Entsprechende Formeln kann man für die Varianz einer Häufigkeitsverteilung herleiten. Es gelten somit die

R 3.3.14

Formeln zur vereinfachten Berechnung der Varianz

$$s^2 = \frac{1}{n}\sum_{i=1}^{n}x_i^2 - \bar{x}^2 \quad \text{bzw.}$$

$$s^2 = \frac{1}{n}\sum_{j=1}^{m}x_j^2 h(x_j) - \bar{x}^2 = \sum_{j=1}^{m}x_j^2 f(x_j) - \bar{x}^2.$$

Aus den Formeln in R 3.3.14 ergeben sich unmittelbar entsprechende Formeln für die Standardabweichung.

B 3.3.15 *a) Für die Angaben aus* B 3.3.12 *ergibt sich*

$$s^2 = \frac{1}{5}(3^2 + 7^2 + 8^2 + 9^2 + 13^2) - 8^2 = \frac{1}{5} \cdot 372 - 64 = 74{,}4 - 64 = 10{,}4.$$

b) Für die Angaben aus B 3.3.13 *erhält man nach* R 3.3.14

$$s^2 = \frac{1}{30}(15^2 \cdot 2 + 25^2 \cdot 9 + 35^2 \cdot 5 + 45^2 \cdot 6 + 55^2 \cdot 5 + 65^2 \cdot 3) - 39^2$$

$$= \frac{1}{30} 52150 - 1521 = 1738{,}33 - 1521 = 217{,}33.$$

Berechnet man die Varianz für ein Merkmal, bei dessen Häufigkeitsverteilung Klassen gebildet wurden, so ergibt sich allgemein ein anderer Wert, als wenn man die Varianz aus den ursprünglichen Werten berechnet. Das liegt an der Bildung von Klassen und der Verwendung der Klassenmitte als repräsentativem Wert für alle in eine Klasse fallenden Beobachtungswerte.

B 3.3.16 *Es wurden* 18 *Personen einer Gehaltsgruppe nach ihrem monatlichen Nettoeinkommen (in DM) gefragt:* 2670, 2549, 2738, 2629, 2582, 2518, 2784, 2763, 2628, 2684, 2654, 2648, 2537, 2723, 2733, 2616, 2572, 2772. *Es ist* $\bar{x}$ = 2655,56 *und* s^2 = 6654. *Verwendet man Klassen der Breite* 100, *so ergibt sich*

Einkommen von ... bis unter...	2500-2600	2600-2700	2700-2800
Klassenmitte x_j	2550	2650	2750
Häufigkeit	5	7	6

Es ist dann $\bar{x}$ = 2655,56 *und* s^2 = 6056,64. *Die Varianz bei den klassierten Werten ist somit in diesem Fall kleiner, als wenn sie aus den Einzelwerten berechnet wird.*

Generell kann man folgendes sagen: **Sind alle Werte innerhalb einer Klasse gleichverteilt, so ergibt sich bei klassierten Werten eine kleinere Varianz als bei Berechnung aus den Einzelwerten.** Mit der folgenden Formel erhält man bei Gleichverteilung der Werte innerhalb der Klasse denselben Wert für die Varianz wie bei Berechnung aus den Einzelwerten:

R 3.3.17

$$s^2 = \frac{1}{n}\sum_{j=1}^{m}\left((x_j - \bar{x})^2 + \frac{(x_j^* - x_{j-1}^*)^2 (h(x_j)^2 - 1)}{12 h(x_j)^2}\right) h(x_j);\; h(x_j) \neq 0$$

x_j^* und x_{j-1}^* sind dabei die obere bzw. untere Klassengrenze der j-ten Klasse, m ist die Anzahl der Klassen.

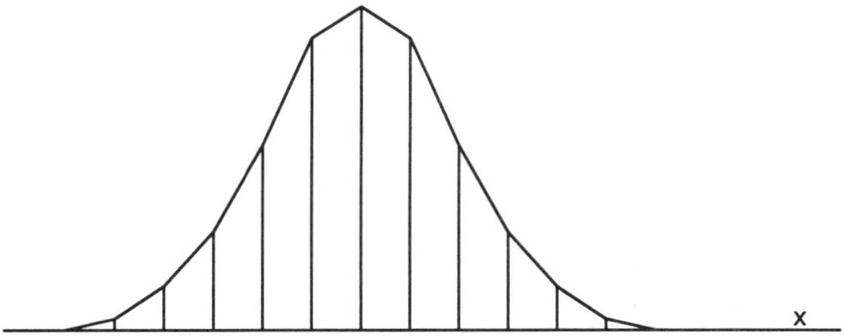

F 3.3.18 *Keine Gleichverteilung innerhalb der Klassen*

Sind die Werte innerhalb der Klasse nicht gleichverteilt, sondern haben die Beobachtungswerte eine Verteilung wie in F 3.3.18, dann ergibt sich für die klassierten Werte eine größere Varianz als bei Berechnung aus den Einzelwerten. Sind in diesem Fall alle Klassen gleich breit, dann erhält man (annähernd) den gleichen Wert wie bei Berechnung aus den Einzelwerten durch Berücksichtigung der sogenannten

SHEPPARDschen Korrektur: $\dfrac{(x_m^* - x_0^*)^2}{12m^2}$,

wobei x_0^* die untere Grenze der untersten Klasse,
x_m^* die obere Grenze der obersten Klasse und
m die Anzahl der Klassen ist.

Es gilt dann

R 3.3.19

$$s^2 = \frac{1}{n}\sum_{j=1}^{m}(x_j - \bar{x})^2 h(x_j) - \frac{(x_m^* - x_0^*)^2}{12m^2}.$$

Die durch R 3.3.17 und R 3.3.19 gegebenen Formeln spielen in der praktischen Anwendung kaum eine Rolle, da ihre Anwendung nur sinnvoll ist, wenn man die Verteilung der Einzelwerte kennt. Das ist aber bei klassierten Werten oft nicht der Fall, weil die Einzelwerte nicht mehr bekannt sind oder weil der Aufwand zur Ermittlung der Verteilung unangemessen hoch ist.

A 3.3.20 So wie die mittlere absolute Abweichung durchaus auf einen anderen Wert als den Zentralwert $\bar{x}_Z$ bezogen werden kann (siehe Anmerkung 3.3.9) muß man auch die mittlere quadratische Abweichung nicht zwingend auf das arithmetische

Mittel beziehen. Man kann auch jeden anderen "Mittelwert" M verwenden und erhält ein Streuungsmaß aus

$$\frac{1}{n}\sum_{i=1}^{n}(x_i - M)^2.$$

Es gilt aber:

Die auf das arithmetische Mittel $\bar{x}$ bezogene mittlere quadratische Abweichung ist kleiner als jede auf einen von $\bar{x}$ verschiedenen Mittelwert M bezogene mittlere quadratische Abweichung.

Um das zu zeigen, untersucht man

$$S(M) = \frac{1}{n}\sum_{i=1}^{n}(x_i - M)^2$$

auf Extremwerte.
Aus

$$\frac{dS(M)}{dM} = \frac{1}{n}\sum_{i=1}^{n}2(x_i - M)(-1) \overset{!}{=} 0 \text{ ergibt sich}$$

$$\frac{1}{n}\sum_{i=1}^{n}2(x_i - M)(-1) = -2\frac{1}{n}(\sum_{i=1}^{n}x_i - nM) \overset{!}{=} 0.$$

Daraus folgt

$$\frac{1}{n}\sum_{i=1}^{n}x_i - M = 0 \qquad \text{oder} \qquad M = \frac{1}{n}\sum_{i=1}^{n}x_i = \bar{x}.$$

Da

$$\frac{d^2S(M)}{dM^2} = \frac{1}{n}\sum_{i=1}^{n}2 = \frac{1}{n}(2n) = 2 > 0 \text{ gilt,}$$

nimmt $S(M) = \frac{1}{n}\sum_{i=1}^{n}(x_i - M)^2$ für $M = \bar{x}$ ein Minimum an.

A 3.3.21 Zwischen der Varianz s^2 und der in A 3.3.20 erwähnten "allgemeinen" mittleren quadratischen Abweichung besteht folgende Beziehung (der Summationsindex wird der Einfachheit halber weggelassen):

$$\begin{aligned}\frac{1}{n}\sum(x_i - M)^2 &= \frac{1}{n}\sum(x_i - \bar{x} + \bar{x} - M)^2 \\ &= \frac{1}{n}\sum\left((x_i - \bar{x})^2 + 2(x_i - \bar{x})(\bar{x} - M) + (\bar{x} - M)^2\right) \\ &= \frac{1}{n}\left(\sum(x_i - \bar{x})^2 + 2(\bar{x} - M)\sum(x_i - \bar{x}) + \sum(\bar{x} - M)^2\right) \\ &= \frac{1}{n}\sum(x_i - \bar{x})^2 + \frac{1}{n}2(\bar{x} - M)\sum(x_i - \bar{x}) + \frac{1}{n}n(\bar{x} - M)^2.\end{aligned}$$

Da $\sum(x_i - \bar{x}) = 0$ gilt, folgt

$$\frac{1}{n}\sum (x_i - M)^2 = \frac{1}{n}\sum (x_i - \overline{x})^2 + (\overline{x} - M)^2 .$$

Aus dieser Beziehung ergibt sich unter Benutzung von D 3.3.10a unmittelbar

$$s^2 = \frac{1}{n}\sum_{i=1}^{n} (x_i - M)^2 - (\overline{x} - M)^2 .$$

e) Streuungszerlegung

Mitunter sind die Beobachtungswerte einer statistischen Untersuchung in Gruppen gegeben und für jede Gruppe sind arithmetisches Mittel und Varianz bekannt. Dann kann die Varianz für alle Beobachtungswerte mit Hilfe der folgenden Formel bestimmt werden.

R 3.3.22

> **Streuungszerlegung**
> Gegeben seien k Gruppen von Beobachtungswerten eines metrisch meßbaren Merkmals X. Von jeder Gruppe sei die Anzahl der Beobachtungswerte n_i, das arithmetische Mittel $\overline{x}_i$ und die Varianz s_i^2 bekannt $(i = 1,\ldots,k)$. Ferner sei das arithmetische Mittel $\overline{x}$ aller n Beobachtungswerte bekannt. Die Varianz **aller** Beobachtungswerte erhält man aus der folgenden Formel der **Streuungszerlegung**:
>
> $$s^2 = \sum_{i=1}^{k} \frac{n_i}{n} s_i^2 + \sum_{i=1}^{k} \frac{n_i}{n} (\overline{x}_i - \overline{x})^2 .$$

Man spricht hier von Streuungszerlegung, weil die Varianz aller Beobachtungswerte in zwei Komponenten zerlegt wird:

Gesamte Varianz	=	Varianz innerhalb der Gruppen	+	Varianz zwischen den Gruppen
s^2	=	$\sum_{i=1}^{k} \frac{n_i}{n} s_i^2$	+	$\sum_{i=1}^{k} \frac{n_i}{n} (\overline{x}_i - \overline{x})^2$

Die zweite Komponente "Varianz zwischen den Gruppen" ist die Varianz der Gruppenmittelwerte.

B 3.3.23 *Bei Geschwindigkeitsmessungen an 1106 Kraftfahrzeugen wurden an 5 aufeinanderfolgenden Tagen folgende Ergebnisse ermittelt:*

Tag	*Anzahl gemessener Werte*	*arithmetisches Mittel*	*Varianz*
1	$n_1 = 180$	$\bar{x}_1 = 48{,}2$	$s_1^2 = 36$
2	$n_2 = 270$	$\bar{x}_2 = 46{,}5$	$s_2^2 = 22$
3	$n_3 = 215$	$\bar{x}_3 = 47{,}1$	$s_3^2 = 48$
4	$n_4 = 248$	$\bar{x}_4 = 49{,}1$	$s_4^2 = 29$
5	$n_5 = 193$	$\bar{x}_5 = 47{,}6$	$s_5^2 = 41$

Es ist dann

$$\bar{x} = \frac{1}{n}\sum_{i=1}^{5}\bar{x}_i n_i = \frac{52721{,}1}{1106} = 47{,}67$$

und

$$s^2 = \frac{1}{1106}(180\cdot 36 + 270\cdot 22 + 215\cdot 48 + 248\cdot 29 + 193\cdot 41)$$
$$+\frac{1}{1106}\Big(180(48{,}2-47{,}67)^2 + 270(46{,}5-47{,}67)^2$$
$$+215(47{,}1-47{,}67)^2 + 248(49{,}1-47{,}67)^2 + 193(47{,}6-47{,}67)^2\Big)$$
$$= 34{,}22 + 0{,}9 = 35{,}12.$$

f) Variationskoeffizient

Insbesondere für Vergleichszwecke sind die in den vorangegangenen Abschnitten behandelten Streuungsmaße in vielen Fällen ungeeignet.

B 3.3.24 *Für die Preise von Farbfernsehgeräten eines bestimmten Typs hat sich bei einem Durchschnittspreis von $\bar{x} = 2348$ DM eine Standardabweichung von $s = 51$ DM ergeben. Für Schwarzweiß-Geräte ergab sich $\bar{x} = 530$ DM und $s = 12$ DM. Die Standardabweichung für die Farbfernsehgeräte-Preise ist etwa viermal so groß wie die der Preise für Schwarzweiß-Geräte. Das Argument "Farbfernseh-Preise streuen viermal so stark wie Schwarzweiß-Fernseher-Preise" ist jedoch nur unter großen Vorbehalten verwendbar, denn man kann bei Preisen davon ausgehen, daß sie eine umso größere Standardabweichung haben, je höher sie im Durchschnitt sind. Betrachtet man die Relation zwischen Standardabweichung und arithmetischem Mittel, so erhält man als relative Standardabweichung:*

$$\frac{s}{\bar{x}} = \frac{51}{2348} = 0{,}0217 \quad \textit{bzw.} \quad \frac{12}{530} = 0{,}0226\,.$$

Die relative Streuung ist also in beiden Fällen etwa gleich groß.

Der in dem Beispiel berechnete Quotient aus Standardabweichung und arithmetischem Mittel führt zu folgendem Streuungsmaß.

D 3.3.25

Variationskoeffizient
Gegeben sei ein metrisch meßbares Merkmal X mit dem arithmetischen Mittel $\bar{x}$ und der Standardabweichung s. Das relative Streuungsmaß

$$v = \frac{s}{\bar{x}}$$

heißt **Variationskoeffizient**.

In manchen Fällen verwendet man als Variationskoeffizienten auch den Quotienten aus mittlerer absoluter Abweichung und Zentralwert:

D 3.3.26

$$v_Z = \frac{d}{\bar{x}_Z}.$$

g) Streuung transformierter Merkmale

Werden Merkmalswerte transformiert, dann erhebt sich die Frage, wie sich diese Transformation auf die Streuungsmaße auswirkt. Dazu wird hier nur der Fall betrachtet, daß ein metrisch meßbares Merkmal X linear transformiert wird:

$$Y = bX + a;\ b > 0.$$

Um die Streuungsmaße von X und Y unterscheiden zu können, werden die entsprechenden Symbole mit dem Index für das Merkmal versehen.

Für die Spannweite gilt dann

$$\begin{aligned} w_y &= \max y_i - \min y_i = \max (bx_i + a) - \min (bx_i + a) \\ &= b \max (x_i) + a - b \min (x_i) - a = b (\max (x_i) - \min (x_i)) \\ &= bw_x. \end{aligned}$$

Für die Varianz gilt bei Einzelwerten

$$\begin{aligned} s_Y^2 &= \frac{1}{n}\sum_{i=1}^{n}(y_i - \bar{y})^2 = \frac{1}{n}\sum_{i=1}^{n}(bx_i + a - b\bar{x} - a)^2 \\ &= \frac{1}{n}\sum_{i=1}^{n}(b(x_i - \bar{x}))^2 = b^2\frac{1}{n}\sum_{i=1}^{n}(x_i - \bar{x})^2 \\ &= b^2 s_X^2. \end{aligned}$$

Für die Varianz einer Häufigkeitsverteilung erhält man dasgleiche Ergebnis. Für die mittlere absolute Abweichung kann man d_Y ähnlich wie die Varianz herleiten.

Allgemein gilt:

R 3.3.27

> **Streuung linear transformierter metrisch meßbarer Merkmale**
> Gegeben seien die metrisch meßbaren Merkmale X und $Y = bX + a;\ b > 0$. Für die Streuungsmaße von Y gilt:
> a) Spannweite: $w_Y = bw_X$
> b) mittlere absolute Abweichung: $d_Y = bd_X$
> c) Varianz: $s_Y^2 = b^2 s_X^2$
> d) Standardabweichung: $s_Y = bs_X$.

Der Variationskoeffizient ändert sich bei der speziellen linearen Merkmalstransformation $Y = bX$ mit $b > 0$ nicht. Es gilt nämlich:

$$s_Y = bs_X,\quad d_Y = bd_X,\quad \bar{y} = b\bar{x} \text{ und } \bar{y}_Z = b\bar{x}_Z.$$

Für die Variationskoeffizienten ergibt sich damit

$$v_Y = \frac{s_Y}{\bar{y}} = \frac{bs_X}{b\bar{x}} = \frac{s_X}{\bar{x}} = v_X$$

bzw.

$$v_{Z_Y} = \frac{d_Y}{\bar{y}_Z} = \frac{bd_X}{b\bar{x}_Z} = \frac{d_X}{\bar{x}_Z} = v_{Z_X}.$$

R 3.3.28

> **Variationskoeffizient linear transformierter metrisch meßbarer Merkmale**
> Die Variationskoeffizienten $v = \frac{s}{\bar{x}}$ und $v_Z = \frac{d}{\bar{x}_Z}$ sind invariant gegenüber der speziellen linearen Merkmalstransformation $Y = bX$ mit $b > 0$.

h) Zusammenfassung zu den Streuungsmaßen

Die Behandlung des Variationskoeffizienten zeigt, daß man zwischen

- **absoluten Streuungsmaßen** (Spannweite w, mittlere absolute Abweichung d, Varianz s^2, Standardabweichung s) und

- **relativen Streuungsmaßen** (Variationskoeffizienten v und v_Z) unterscheiden kann.

Neben den Variationskoeffizienten können weitere relative Streuungsmaße definiert werden. Dabei wird immer ein absolutes Streuungsmaß zu einem Lageparameter in Beziehung gesetzt.

Die **absoluten Streuungsmaße** können nach unterschiedlichen **Konstruktionsprinzipien** gebildet werden.

(1) Bei der mittleren absoluten Abweichung und der Varianz werden die **Abstände der Beobachtungswerte zu einem Lageparameter** für die Konstruktion des Streuungsmaßes benutzt. Je nach Lagemaß und je nach Abstandsmaß (absolut oder quadratisch) ergeben sich verschiedene Streuungsmaße als Mittelwert der "Abstände", wobei hier nur zwei (mittlere absolute Abweichung und Varianz) behandelt wurden. Werden quadrierte Abstände verwendet, erhält man ein zusätzliches Streuungsmaß, wenn man aus der mittleren quadratischen Abweichung die Quadratwurzel zieht. Die einfachen Abweichungen der Beobachtungswerte von einem Lageparameter sind für die Konstruktion von Streuungsmaßen ungeeignet. So ist z. B.

$$\frac{1}{n}\sum(x_i - \bar{x}) = \frac{1}{n}(\sum x_i - n\bar{x}) = \frac{1}{n}\sum x_i - \bar{x} = \bar{x} - \bar{x} = 0.$$

(2) Bei der Spannweite wird der **Abstand zweier Werte** (größter und kleinster Beobachtungswert) als Streuungsmaß verwendet. Für die Konstruktion anderer Streuungsmaße nach diesem Prinzip kommen insbesondere die **Quantile** in Frage (siehe D 3.2.13). Als **Quartilsabstand** erhält man z. B. $\bar{x}_{3/4} - \bar{x}_{1/4}$. Manchmal wird auch nur der halbe Abstand ("mittlerer Abstand") verwendet. Als **mittleren Quartilsabstand** erhält man dann

$$\frac{1}{2}(\bar{x}_{3/4} - \bar{x}_{1/4}).$$

(3) Schließlich kann man die Abstände aller Beobachtungswerte untereinander für die Konstruktion eines Streuungsmaßes heranziehen. Da die Berechnung eines derartigen Streuungsmaßes sehr aufwendig ist, hat dieses Konstruktionsprinzip keine praktische Bedeutung und wird hier nicht weiter erörtert.

3.4 Weitere Parameter eindimensionaler Häufigkeitsverteilungen

Durch Lageparameter (Mittelwerte) und Streuungsparameter kann eine eindimensionale Häufigkeitsverteilung im allgemeinen ausreichend charakterisiert werden. Es gibt aber Fälle, in denen unterschiedliche Verteilungen in einem Lageparameter **und** einem Streuungsparameter übereinstimmen.

B 3.4.1 *Die folgenden Häufigkeitsverteilungen haben übereinstimmende arithmetische Mittel* $\bar{x} = 10$ *und Varianzen* $s^2 = 6{,}4$. *(Es wurden jeweils nur die Klassenmitten angegeben. Die Klassengrenzen sind* 3, 5, 7 *usw.)*

A	x_j	4	6	8	10	12	14	16
	$f(x_j)$	0,05	0,05	0,15	0,5	0,15	0,05	0,05

B	x_j		6	8	10	12	14	
	$f(x_j)$		0,15	0,2	0,3	0,2	0,15	

C	x_j	4	6	8	10	12	14	
	$f(x_j)$	0,05	0,1	0,15	0,25	0,4	0,05	

Die Histogramme der 3 *Verteilungen in* F 3.4.2 *zeigen deutlich, daß sich die Verteilungen voneinander unterscheiden.*

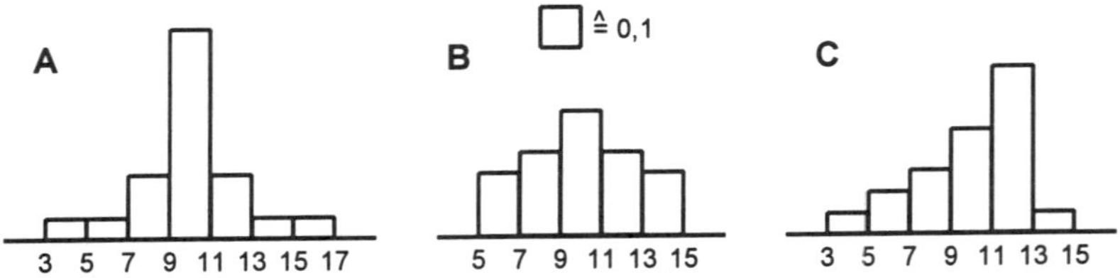

F 3.4.2 *Verteilungen mit übereinstimmendem* $\bar{x}$ *und* s^2

Die Verteilungen A und B sind symmetrisch, während C eine deutliche Asymmetrie aufweist. A und B unterscheiden sich darin, daß bei A an den "Rändern" die Häufigkeiten kleiner sind und in der Mitte eine ausgeprägte Spitze liegt. Bei B sind die Häufigkeiten "gleichmäßiger" verteilt.

Das Beispiel zeigt, daß es in manchen Fällen erforderlich sein kann, weitere Maßzahlen (Parameter) zur Charakterisierung von Verteilungen heranzuziehen.

a) Momente

Es werden zunächst als allgemeine Parameter die sogenannten Momente eingeführt.

D 3.4.3

Momente einer Verteilung
Gegeben sei ein metrisch meßbares Merkmal X und die n Beobachtungswerte x_i ($i = 1,...,n$) bzw. die Häufigkeitsverteilung mit den Merkmalsausprägungen x_j und den relativen bzw. absoluten Häufigkeiten $f(x_j)$ bzw. $h(x_j)$.

$$M_k^a = \frac{1}{n}\sum_{i=1}^{n}(x_i - a)^k \quad ; k \in \mathbb{N},\ a \in \mathbb{R} \text{ bzw.}$$

$$M_k^a = \frac{1}{n}\sum_{j=1}^{m}(x_j - a)^k h(x_j) = \sum_{j=1}^{m}(x_j - a)^k f(x_j)$$

heißt ***k*-tes Moment in Bezug auf *a* der Verteilung.**

Aus der Definition ist sofort zu ersehen, daß **arithmetisches Mittel und Varianz spezielle Momente** sind. Das arithmetische Mittel ist das erste Moment in Bezug auf 0 ($a = 0$) und die Varianz ist das zweite Moment in Bezug auf das arithmetische Mittel ($a = \bar{x}$). Mit Hilfe der Momente können weitere Parameter zur Charakterisierung einer Verteilung definiert werden.

Die Momente in Bezug auf $\bar{x}$ heißen auch **zentrale Momente**. Verwendet man statt der einfachen Differenz (x-a) die absoluten Abstände $|x-a|$, dann erhält man **absolute Momente**.

b) Symmetrie und Schiefe

In B 3.4.1 wurde der Begriff der Symmetrie einer Verteilung erwähnt.

D 3.4.4

Symmetrie einer Verteilung
Die Häufigkeitsverteilung des metrisch meßbaren Merkmals X heißt **symmetrisch** bezüglich $\bar{x}$, falls für alle Merkmalsausprägungen $\bar{x} - c$ und $\bar{x} + c$ gilt: $h(\bar{x} - c) = h(\bar{x} + c)$.

In den meisten Fällen spricht man kurz von einer symmetrischen Verteilung. In F 3.4.2 sind die Verteilungen A und B symmetrisch.

R 3.4.5

Für eine symmetrische Verteilung gilt $\bar{x} = \bar{x}_Z$. Falls nur ein häufigster Wert existiert, gilt $\bar{x} = \bar{x}_Z = \bar{x}_D$.

Die Verteilung C in F 3.4.2 ist nicht symmetrisch.

D 3.4.6

Schiefe einer Verteilung
Eine nicht symmetrische Verteilung heißt **schief** oder **asymmetrisch**.
Gilt $\bar{x} > \bar{x}_Z$, so heißt sie auch **rechtsschief**.
Gilt $\bar{x} < \bar{x}_Z$, so heißt sie auch **linksschief**.

F 3.4.7 verdeutlicht die beiden Begriffe.

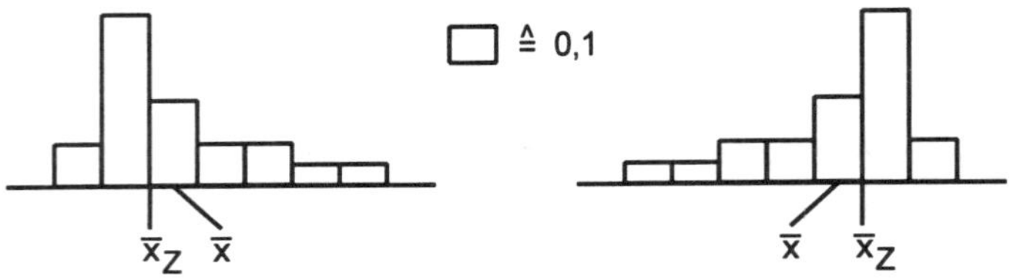

F 3.4.7 *Rechtsschiefe und linksschiefe Verteilung*

Anmerkung: Aus $\bar{x} = \bar{x}_Z$ kann nicht auf eine symmetrische Verteilung geschlossenen werden. Die Beobachtungswerte 2, 3, 5, 6 und 9 ergeben eine asymmetrische Verteilung mit $\bar{x} = \bar{x}_Z = 5$.

Für manche Anwender der Statistik ist es nützlich, eine Maßzahl bzw. einen Parameter zu haben, mit dem die Ausgeprägtheit der Schiefe einer Verteilung gemessen werden kann. Es gibt dazu verschiedene Parameter, die hier jedoch nicht alle behandelt werden können. Die üblichen Schiefemaße sind wie folgt definiert:

- Bei **rechtsschiefer** Verteilung wird die Maßzahl **positiv**,
- bei **symmetrischer** Verteilung wird die Maßzahl **Null**,
- bei **linksschiefer** Verteilung wird die Maßzahl **negativ.**

D 3.4.8

Schiefemaße
Gegeben ist ein metrisch meßbares Merkmal X mit den Parametern $\bar{x}$, $\bar{x}_Z$, $\bar{x}_D$, s und $M_3^{\bar{x}}$. Die Schiefe der Verteilung von X kann gemessen werden durch

a) **Schiefemaß nach Pearson**: $g_1 = \frac{\bar{x} - \bar{x}_D}{s}$

b) **Schiefemaß nach Yule-Pearson**: $g_2 = \frac{3(\bar{x} - \bar{x}_Z)}{s}$

c) **Schiefemaß nach dem 3. zentralen Moment**: $g_3 = \frac{M_3^{\bar{x}}}{s^3}$

B 3.4.9 *Für die Verteilungen B und C aus* B 3.4.1 *gilt:*

B: $\bar{x} = 10;\quad \bar{x}_Z = 10;\quad \bar{x}_D = 10;\quad s = 2{,}53;\quad M_3^{\bar{x}} = 0.$

Also ist $g_1 = g_2 = g_3 = 0.$

C: $\bar{x} = 10;\quad \bar{x}_Z = 10{,}6;\quad \bar{x}_D = 12;\quad s = 2{,}53;\quad M_3^{\bar{x}} = -12.$

Die Verteilung ist linksschief, da $\bar{x} < \bar{x}_Z$. *Es ist*

$$g_1 = \frac{10-12}{2{,}53} = -0{,}79;\; g_2 = \frac{3(10-10{,}6)}{2{,}53} = -0{,}71 \textit{ und } g_3 = \frac{-12}{2{,}53^3} = -0{,}74.$$

c) Wölbung

Die Unterschiede der Verteilungen A und B in B 3.4.1 bzw. F 3.4.2 werden durch den Begriff **Wölbung** oder **Kurtosis** erfaßt.

D 3.4.10

> **Wölbungskoeffizient**
> Die Wölbung der Verteilung eines metrisch meßbaren Merkmals kann gemessen werden durch den **Wölbungskoeffizienten**
> $$W = \frac{M_4^{\bar{x}}}{s^4} - 3\,.$$

B 3.4.11 *Für die Verteilungen A und B aus* B 3.4.1 *ergibt sich*

$$A:\quad M_4^{\bar{x}} = 160 \quad \textit{und} \quad W = \frac{160{,}0}{2{,}53^4} - 3 = 0{,}91$$

$$B:\quad M_4^{\bar{x}} = 83{,}2 \quad \textit{und} \quad W = \frac{83{,}2}{40{,}97} - 3 = -0{,}97.$$

Mitunter wird die Wölbung von Verteilungen folgendermaßen bezeichnet:
W > 0: **leptokurtische** Verteilung,
W = 0: **mesokurtische** Verteilung,
W < 0: **platykurtische** Verteilung.

d) Schiefe und Wölbung linear transformierter Merkmale

Die behandelten Schiefemaße (D 3.4.8) und der Wölbungskoeffizient (D 3.4.10) besitzen eine wichtige Eigenschaft:

R 3.4.12

> Gegeben sei ein metrisch meßbares Merkmal X mit den Schiefemaßen g_{1X}, g_{2X}, g_{3X} und dem Wölbungskoeffizienten W_X. Für das linear transformierte Merkmal $Y = bX + a$ gilt:
> $g_{1Y} = g_{1X};\quad g_{2Y} = g_{2X};\quad g_{3Y} = g_{3X}$ und $W_Y = W_X$.

Da Schiefe und Wölbung bei Anwendungen der Statistik selten betrachtet werden, wird hier auf weitere Einzelheiten verzichtet.

Übungsaufgaben

Ü 3.1 40 Personen werden danach befragt, ob sie Arbeiter (A), Angestellter (K), Beamter (B) oder selbständig (S) sind. Das Ergebnis lautet: B, A, A, K, S, A, A, B, K, B, S, S, A, B, B, A, A, A, B, A, B, B, A, K, K, S, K, B, A, K, B, A, A, K, A, K, K, A, K, A.

a) Was sind bei dieser Aufgabe Merkmalsträger, Merkmal, Merkmalsausprägungen?
b) Bestimme die absoluten und relativen Häufigkeiten der Merkmalsausprägungen.
c) Stelle die Häufigkeitsverteilung als Stabdiagramm, als Flächendiagramm und als Kreisdiagramm grafisch dar.

Ü 3.2 Paula hat von ihrem Freund eine Perlenkette geschenkt bekommen. Als passionierte Statistikerin sieht sie in den Perlen eine statistische Masse, setzt sich hin und mißt die Durchmesser der Perlen. Sie erhält folgende Werte (Angaben in mm): 3,1; 4,2; 3,7; 6,4; 7,3; 3,2; 4,8; 5,1; 4,2; 3,9; 4,5; 5,8; 6,5; 6,8; 6,9; 7,2; 7,5; 4,1; 6,1; 6,0; 5,7; 5,2; 5,2; 5,1; 4,5; 4,6; 3,7; 3,2; 3,8; 4,9; 6,2; 6,3; 6,1; 5,9; 4,2; 5,8; 5,6; 5,4; 5,5; 5,4; 5,3; 5,3; 5,0; 5,1; 5,0; 4,0; 4,1; 4,0; 4,9; 4,8; 4,9; 4,6; 4,7; 4,5; 4,4; 4,5; 4,3; 3,5; 3,4; 3,4; 3,7; 3,8; 3,6; 3,6; 3,3; 3,2; 3,2; 3,4; 3,5.

a) Was sind in dieser Aufgabe Merkmalsträger, Merkmal, Merkmalsausprägungen?
b) Ermittle die Häufigkeitsverteilung der Perlendurchmesser. Lege folgende Klassengrenzen zugrunde (Durchmesser in mm): über 3 bis 4; über 4 bis 5; ... ; über 7 bis 8.
c) Zeichne das Histogramm der Häufigkeitsverteilung.
d) Bestimme die Summen- und Resthäufigkeiten und stelle diese grafisch dar.

Ü 3.3 Gegeben sind die beiden folgenden Summenhäufigkeitsverteilungen. Bestimme jeweils die relativen Häufigkeiten für

a) $x \leq 20$; b) $x > 10$; c) $x \geq 10$; d) $10 < x \leq 30$; e) $10 < x < 30$.

f) Für welchen Wert gilt jeweils $F(x_j) = \sum_{x_k \leq x_j} f(x_j) = 0{,}7$?

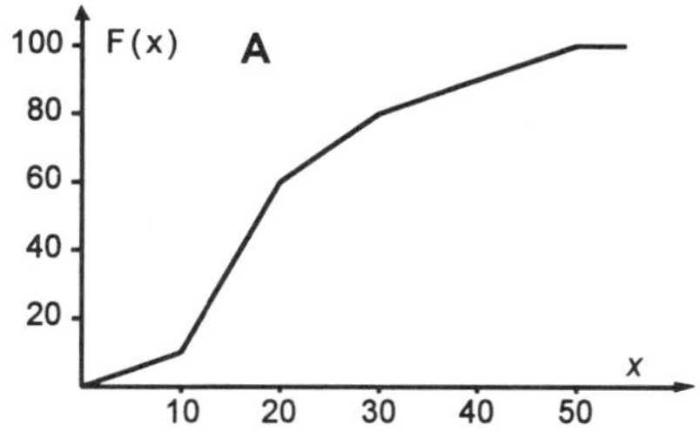

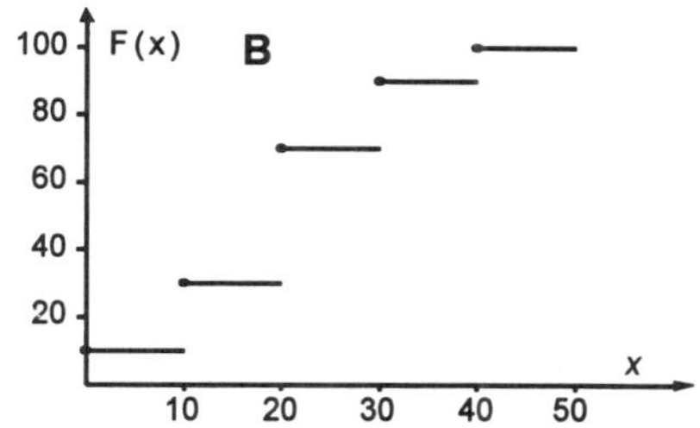

Ü 3.4 Für ein Fernsehgerät eines bestimmten Typs werden in 10 Fachgeschäften die folgenden Verkaufspreise in DM festgestellt: 495; 520; 530; 528; 460; 580; 510; 535; 498; 511. Wie groß ist der Zentralwert?

Ü 3.5 Eine Untersuchung über das verfügbare Monatseinkommen von Studenten an der Technischen Universität Braunschweig im Sommer 1979 hat folgendes Ergebnis geliefert:

Einkommen DM	$f(x_j)$ in %	$F(x_j)$ in %
unter 300	8,4	8,4
300 bis unter 400	8,1	16,5
400 bis unter 500	15,7	32,2
500 bis unter 600	25,6	57,8
600 bis unter 700	20,2	78,0
700 bis unter 800	9,3	87,3
800 bis unter 900	4,8	92,1
900 bis unter 1000	1,5	93,6
1000 und mehr	6,4	100,0

Bestimme den feinberechneten Zentralwert.

Ü 3.6 Die Studentin Paula hat an 7 Tagen einer Woche folgende Mengen Bier getrunken (Angaben in Litern): 0,7; 1,6; 2,5; 3,2; 1,6; 2,4; 2,8. Berechne den durchschnittlichen Bierkonsum als arithmetisches Mittel.

Ü 3.7 Berechne für die Daten aus B 3.2.20 das arithmetische Mittel bei Verwendung der folgenden Klassengrenzen 25, 35, 45, 55. Verwende für die untere offene Randklasse als Klassenmitte $x_1 = 20$ und für die obere offene Randklasse $x_5 = 60$.

Ü 3.8 Paul bringt 1000,- DM am 1.1. eines Jahres zu Zinseszinsen zur Bank. In den ersten beiden Jahren bekommt er 4%, in den folgenden drei Jahren 5,5%, im 6. Jahr 5% Zinsen. Auf wieviel DM ist sein Kapital nach 6 Jahren angewachsen? Bei welcher (konstanten) Durchschnittsverzinsung hätte er das gleiche Endkapital erhalten?

Ü 3.9 Ein Pkw-Fahrer legt von einer Gesamtstrecke 1/6 mit einer Geschwindigkeit von 100 km/h, 1/3 mit einer Geschwindigkeit von 80 km/h und 1/2 mit einer Geschwindigkeit von 50 km/h zurück. Mit welcher (konstanten) Geschwindigkeit würde er die gesamte Strecke in der gleichen Zeit bewältigen?

Ü 3.10 Gegeben ist die folgende Reihe von Beobachtungswerten: 24, 13, 39, 14, 9, 48, 57, 16, 17, 15, 29, 38, 43, 54. Berechne die Spannweite.

Ü 3.11 Gegeben ist folgende Reihe 18, 16, 3, 9, 7, 12, 10, 6, 13, 5. Berechne die mittlere absolute Abweichung.

Ü 3.12 Für ein Waschpulver eines bestimmten Herstellers wurden in 10 Geschäften Braunschweigs folgende Preise für ein 1-kg-Paket ermittelt (in DM): 1,40; 1,60; 1,70; 1,50; 1,40; 1,80; 1,70; 1,60; 1,50; 1,80. Berechne Varianz und Standardabweichung.

Ü 3.13 Studenten wurden nach dem verfügbaren Monatseinkommen befragt. Das Ergebnis ist in der Tabelle enthalten. Berechne arithmetisches Mittel, Varianz und Standardabweichung.

Einkommen von ... bis unter...	unter 400	400 500	500 600	600 700	700 und mehr
Klassenmitte	350	450	550	650	750
relative Häufigkeit	0,2	0,4	0,2	0,1	0,1

Ü 3.14 Die folgende Tabelle gibt die Körpergröße von 5 Kindern in Zoll und cm (es wird der Einfachheit halber 1 Zoll = 2,5 cm gesetzt) an.

x	cm	120	130	125	130	135
y	Zoll	48	52	50	52	54

Berechne für beide Meßreihen a) das arithmetische Mittel, b) die Standardabweichung und c) den Variationskoeffizienten.

4 Mehrdimensionale Häufigkeitsverteilungen

4.1 Zweidimensionale Häufigkeitsverteilungen

a) Das gemeinsame Auftreten von Merkmalen

Bei vielen statistischen Untersuchungen werden bei den statistischen Einheiten gleichzeitig mehrere Merkmale erfaßt.

B 4.1.1 *Bei Volkszählungen werden bei den einzelnen befragten Personen verschiedenartige Angaben erhoben, u. a. Geschlecht, Alter, Beruf, Religionszugehörigkeit.*
Will man das Bremsverhalten von Kraftfahrzeugen untersuchen, so werden bei jedem Versuch u. a. Geschwindigkeit und Länge des Bremsweges gemessen.
Bei der Untersuchung der Ertragsfähigkeit landwirtschaftlicher Nutzflächen wird man u. a. den Ertrag je ha und den Düngemitteleinsatz je ha untersuchen.

Merkmale, die gemeinsam auftreten und im Rahmen einer statistischen Erhebung auch gemeinsam erhoben werden, müssen nicht notwendig gemeinsam weiterverarbeitet werden. In vielen Fällen legt jedoch das gemeinsame Auftreten von Merkmalen eine ganz bestimmte Frage nahe: **Gibt es zwischen gemeinsam auftretenden Merkmalen einen Zusammenhang?**

B 4.1.2 *Bei Kraftfahrzeugen besteht ein Zusammenhang zwischen Geschwindigkeit und Länge des Bremsweges.*
Der Ernteertrag je ha landwirtschaftliche Nutzfläche hängt mit dem Düngemitteleinsatz zusammen.

In Naturwissenschaft und Technik können Zusammenhänge zwischen Merkmalen häufig eindeutig durch eine Funktion ausgedrückt werden, da ihnen z. B. physikalische oder chemische Gesetze zugrundeliegen. Bei wirtschaftlichen, biologischen, medizinischen und anderen Fragestellungen lassen sich Zusammenhänge nicht immer eindeutig durch eine Funktion beschreiben.

B 4.1.3 *Bei 40 Personen wurden Körpergröße X (in cm) und Körpergewicht Y (in kg) gemessen. Für jede Person i erhält man dann ein Paar von Beobachtungswerten* $(x_i; y_i)$.

Größe x_i in cm	Gewicht y_i in kg	Größe x_i in cm	Gewicht y_i in kg	Größe x_i in cm	Gewicht y_i in kg	Größe x_i in cm	Gewicht y_i in kg
150	48	160	63	170	80	180	75
150	51	160	68	170	85	180	85
150	55	160	75	172	68	181	89
150	58	165	55	175	64	185	80
152	63	165	62	175	68	186	74
153	57	165	73	175	84	186	85
155	50	166	79	176	73	186	90
155	63	167	65	176	77	189	77
157	70	170	60	178	93	189	85
160	58	170	75	180	65	189	96

Diese Wertepaare kann man in einem (x,y)-Koordinatensystem grafisch als Punkte darstellen, wie in F 4.1.4.

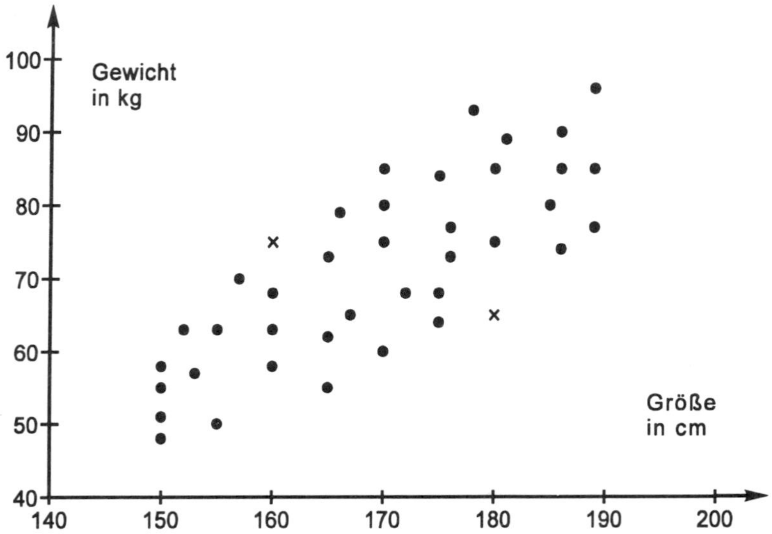

F 4.1.4 *Darstellung von Wertepaaren (Streuungsdiagramm)*

Das Bild macht deutlich, daß zwischen Körpergröße und Körpergewicht der untersuchten Personen kein eindeutiger Zusammenhang besteht. Man kann die beiden Merkmale nicht über eine einfache Funktion zueinander in Beziehung setzen. Andererseits ist aus der Zeichnung zu erkennen, daß größere Leute im Mittel auch schwerer sind. Körpergröße und Körpergewicht hängen offensichtlich voneinander ab, wobei diese Beziehung aber nur tendenziell gilt. Bei großen Personen wird man im Durchschnitt ein höheres Gewicht registrieren als bei kleineren. Im Einzelfall muß diese Aussage nicht zutreffen, wie ein Vergleich der beiden in F 4.1.4 *besonders kenntlich gemachten Punkte zeigt. Im einen Punkt hat man eine Person, die* 180 *cm groß und* 65 *kg schwer ist, und im anderen Fall eine, die* 160 *cm groß, aber* 75 *kg schwer ist.*

Das Beispiel zeigt deutlich das grundlegende Problem der statistischen Untersuchung von Zusammenhängen zwischen zwei Merkmalen:

Es sind zwei Merkmale gegeben. Zwischen beiden Merkmalen besteht ein Zusammenhang. Dieser kann nicht durch eine (eindeutige) Funktion (z. B. durch eine Gerade oder Parabel) beschrieben werden. Es ist nur eine Tendenz des Zusammenhangs erkennbar (z. B. je größer die Beobachtungswerte des Merkmals X sind, desto größer sind im Durchschnitt die Beobachtungswerte des Merkmals Y). Diese Tendenz des Zusammenhangs kann häufig durch eine Funktion beschrieben werden. Die Zeichnungen in F 4.1.5 können das Problem verdeutlichen.

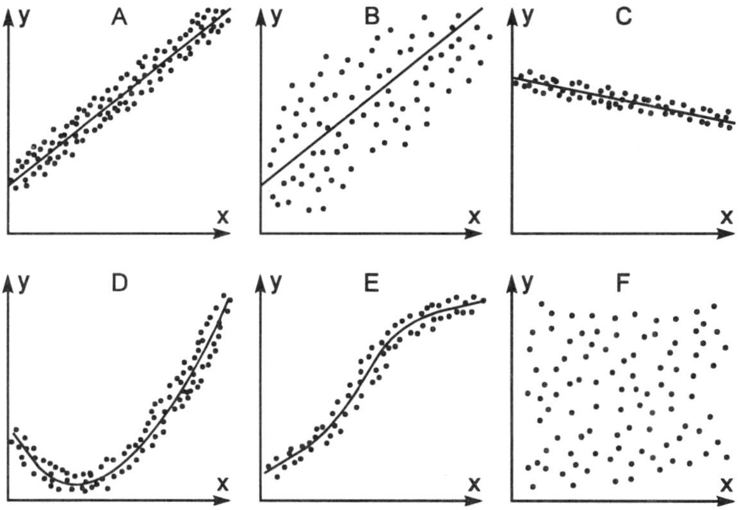

F 4.1.5 *Unterschiedliche Zusammenhänge zwischen Merkmalen*

Die in F 4.1.5 dargestellten verschiedenen Zusammenhänge zwischen den Merkmalen X und Y unterscheiden sich deutlich. Im Hinblick auf mögliche Unterschiede in den Zusammenhängen zwischen Merkmalen werden bei der statistischen Analyse vor allem drei Fragen untersucht.

(1) **Besteht zwischen den Merkmalen ein Zusammenhang oder nicht?** In F 4.1.5 ist sofort zu sehen, daß in den Fällen A bis E ein deutlicher Zusammenhang besteht. Im Fall F ist keinerlei Zusammenhang erkennbar. Liegt ein Zusammenhang vor, spricht man von
- **Korrelation** bei metrisch oder ordinal meßbaren Merkmalen;
- **Assoziation** oder **Kontingenz** bei nominal meßbaren Merkmalen.

(2) **Wie ausgeprägt ist ein Zusammenhang?** Sehr stark ausgeprägte Zusammenhänge sind in den Fällen A, C, D und E in F 4.1.5 dargestellt. Im Fall B liegt ein wesentlich schwächerer Zusammenhang vor. Für die Untersuchung von Zusammenhängen ist es wünschenswert, solche Unterschiede in der "Stärke" oder "Ausgeprägtheit" eines Zusammenhangs meßbar zu machen. Das geschieht durch Berechnung von sogenannten **Korrelations-**, **Assoziations-** bzw. **Kontingenzkoeffizienten**. Darauf wird in den Abschnitten 4.4, 4.6 und 4.7 eingegangen.

(3) **Von welchem Typ ist die Tendenz eines Zusammenhangs? Durch welche Funktion kann die Tendenz des Zusammenhangs beschrieben werden?** In den Fällen A, B und C in F 4.1.5 liegt jeweils ein linearer Zusammenhang vor. Im Fall D handelt es sich um eine Parabel und im Fall E um eine Funktion der Form $y = \dfrac{k}{1+\exp(a+bx)}$ $(b < 0)$, die als logistische Funktion bezeichnet wird. Die Ermittlung von Funktionen, die die Tendenz eines Zusammenhangs beschreiben, ist Aufgabe der **Regressionsrechnung**. Die Bestimmung von **Regressionsfunktionen** ist nur sinnvoll für metrisch meßbare Merkmale. Auf Einzelheiten wird in den Abschnitten 4.3 und 4.4 eingegangen.

Zusammenhänge, wie sie in F 4.1.4 und 4.1.5 dargestellt wurden, sind in der Realität sehr häufig zu beobachten. Sie treten auch dort in vielen Fällen auf, wo ein eindeutiges physikalisches oder anderes Gesetz zugrundeliegt, aber zusätzliche Einflußgrößen den Zusammenhang überlagern oder Meß- und Beobachtungsfehler zu Schwankungen führen.

Bevor auf Zusammenhangsmaße und Regressionsrechnung im einzelnen eingegangen wird, sind in den folgenden Unterabschnitten noch einige Begriffe und Eigenschaften zweidimensionaler Verteilungen zu behandeln.

b) Zweidimensionale Häufgkeitstabellen

D 4.1.6

> Gegeben sind die Merkmale X mit den Ausprägungen x_j ($j = 1,...,m$) und Y mit den Ausprägungen y_k ($k = 1,...,q$), die an denselben statistischen Einheiten erhoben werden. Die Anzahl der Beobachtungswerte, bei denen die **Ausprägungskombination** $(x_j; y_k)$ auftritt, heißt **absolute Häufigkeit** $h(x_j; y_k)$. Der Anteil der absoluten Häufigkeit an der Gesamtzahl n der Beobachtungen heißt **relative Häufigkeit** $f(x_j; y_k)=\frac{1}{n}h(x_j; y_k)$ bzw.
>
> $f(x_j; y_k) = \frac{1}{n}h(x_j; y_k)\cdot 100(\%)$.

Die **Paare von Beobachtungswerten** werden allgemein mit $(x_i; y_i)$ ($i = 1,...,n$) bezeichnet, während $(x_j; y_k)$ die Kombination der Merkmalsausprägungen x_j und y_k angibt ($j = 1,...,m$; $k = 1,...,q$). Die Beobachtungen $(x_j; y_k)$ ordnet man in der Regel so, daß die Paare zuerst nach den Ausprägungen des Merkmals X geordnet werden. Bei gleicher Ausprägung x_j ordnet man nach den Ausprägungen des Merkmals Y. Ein derartiges Ordnungsprinzip bezeichnet man als **lexikographische Ordnung**.

B 4.1.7 *Von 70 Studienanfängern wurden folgende Mathematik- und Englischnoten beim Abitur erfaßt (Mathematiknote;Englischnote):*

(4;2), (3;1), (3;3), (2;3), (4;4), (3;4), (3;3), (1;3), (3;2), (5;3), (3;3), (3;4), (3;3), (3;4), (2;3), (2;1), (2;2), (3;4), (3;3), (3;3), (1;1), (4;5), (5;4), (2;5), (2;2), (2;3), (2;3), (3;4), (3;3), (3;3), (3;2), (3;3), (4;1), (4;2), (2;3), (2;3), (3;3), (3;3), (4;4), (4;4), (3;5), (5;3), (4;4), (3;2), (2;1), (4;3), (3;4), (3;3), (3;5), (2;2), (4;3), (3;4), (2;4), (1;2), (2;2), (2;3), (3;1), (3;4), (4;4), (2;1), (4;1), (3;4), (1;3), (1;3), (3;4), (3;2), (2;2), (1;2), (2;3), (2;4).

Diese Wertepaare können nun geordnet werden, indem man sie zunächst nach der Mathematiknote ordnet. Bei gleicher Mathematiknote werden die Wertepaare nach der Englischnote geordnet.

(1;1), (1;2), (1;2), (1;3), (1;3), (1;3),
(2;1), (2;1), (2;1), (2;2), (2;2), (2;2), (2;2), (2;2), (2;3), (2;3), (2;3), (2;3), (2;3), (2;3), (2;3), (2;3), (2;4), (2;4), (2;5),
(3;1), (3;1), (3;2), (3;2), (3;2), (3;2), (3;3), (3;3), (3;3), (3;3), (3;3), (3;3), (3;3), (3;3), (3;3), (3;3), (3;3), (3;3), (3;4), (3;4), (3;4), (3;4), (3;4), (3;4), (3;4), (3;4), (3;4), (3;4), (3;5), (3;5),
(4;1), (4;1), (4;2), (4;2), (4;3), (4;3), (4;4), (4;4), (4;4), (4;4), (4;4), (4;5), (5;3), (5;3), (5;4).

D 4.1.8

> Die Gesamtheit aller aufgetretenen Kombinationen von Merkmalsausprägungen und der dazugehörigen absoluten oder relativen Häufigkeiten heißt **zweidimensionale Häufigkeitsverteilung**.

Die tabellarische Darstellung der Häufigkeitsverteilung heißt (zweidimensionale) **Häufigkeitstabelle** und hat allgemein folgende Form:

	y_1	y_2	...	y_q
x_1	$h(x_1; y_1)$	$h(x_1; y_2)$	...	$h(x_1; y_q)$
x_2	$h(x_2; y_1)$	$h(x_2; y_2)$	...	$h(x_2; y_q)$
...	...	...		...
x_m	$h(x_m; y_1)$	$h(x_m; y_2)$	...	$h(x_m; y_q)$

B 4.1.9 *Für die Beobachtungswerte aus* B 4.1.7 *erhält man folgende Häufigkeitstabelle:*

		Englischnote				
		1	**2**	**3**	**4**	**5**
Mathematiknote	**1**	1	2	3	-	-
	2	3	5	8	2	1
	3	2	4	12	10	2
	4	2	2	2	5	1
	5	-	-	2	1	-

Für Häufigkeitstabellen werden mitunter auch die folgenden Spezialausdrücke verwendet.

D 4.1.10

> a) Die Häufigkeitstabelle zweier metrisch oder ordinal meßbarer Merkmale wird **Korrelationstabelle** genannt.
> b) Die Häufigkeitstabelle zweier nominal meßbarer Merkmale heißt **Kontingenztabelle**.

Bei einer Korrelationstabelle ist zu beachten, daß für die Merkmalsausprägungen häufig Klassen gebildet werden. Dafür gelten die in Abschnitt 2.3 gemachten Ausführungen.

c) Grafische Darstellung zweidimensionaler Verteilungen

Die grafische Darstellung zweidimensionaler Häufigkeitsverteilungen ist für nicht metrisch meßbare Merkmale schwierig, da drei Dimensionen benötigt werden. Da der Bau eines plastischen Modells zu aufwendig wird, bleibt dann nur die Möglichkeit einer perspektivischen Darstellung. Darauf wird jedoch wegen des großen Aufwandes und der nicht besonders guten Anschaulichkeit nur selten zurückgegriffen. Eine einfache Ersatzlösung bietet sich in der Verwendung einer Art Tabelle, deren Felder je nach Häufigkeit durch unterschiedlich starke Schraffierung oder durch verschieden große Kreise gekennzeichnet werden, so wie in dem folgenden Beispiel.

B 4.1.11 *In* F 4.1.12 *sind zwei verschiedene grafische Darstellungen der Häufigkeitstabelle aus* B 4.1.7 *bzw.* B 4.1.9 *gegeben.*

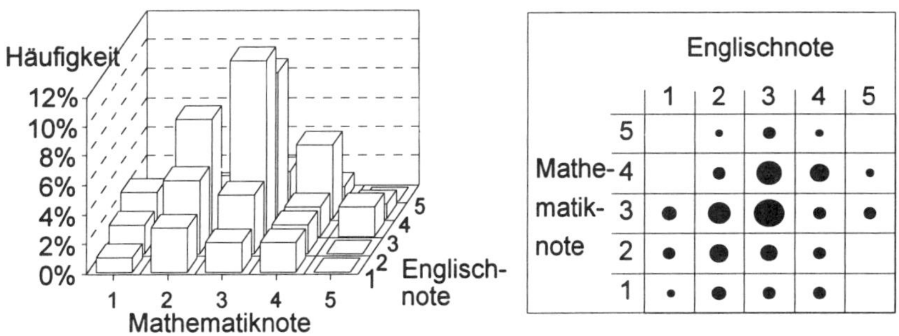

F 4.1.12 *Grafische Darstellungen einer zweidimensionalen Verteilung*

Bei metrisch meßbaren Merkmalen gibt es für viele Fragestellungen eine sehr nützliche grafische Darstellungsmöglichkeit, die bereits in F 4.1.4 und F 4.1.5 verwendet wurde. Die Beobachtungswerte $(x_i; y_i)$ zweier gemeinsam auftretender Merkmale (Körpergröße und Körpergewicht) wurden dort als Punkte in einem kartesischen Koordinatensystem dargestellt.

D 4.1.13

> Eine grafische Darstellung von Wertepaaren $(x_i; y_i)$ zweier gemeinsam auftretender metrisch meßbarer Merkmale als Punkte in einem kartesischen Koordinatensystem heißt **Streuungsdiagramm**.

Streuungsdiagramme können insbesondere einen anschaulichen Eindruck über eventuelle Abhängigkeiten zwischen Merkmalen vermitteln.

d) Randverteilungen

Bei einer zweidimensionalen Häufigkeitsverteilung kann man sich außer für die gemeinsame Verteilung der beiden Merkmale auch für die zwei eindimensionalen Verteilungen der Merkmale interessieren. Das jeweils andere Merkmal bleibt dabei unberücksichtigt.

D 4.1.14

Gegeben sei die zweidimensionale Häufigkeitsverteilung der Merkmale X und Y. Die zugehörige eindimensionale Verteilung des Merkmals X (bzw. Y), bei der das Auftreten des Merkmals Y (bzw. X) unberücksichtigt bleibt, heißt **Randverteilung** oder **marginale Verteilung** von X (bzw. Y).

Aus der tabellarischen Darstellung der zweidimensionalen Häufigkeitsverteilung erhält man die Randverteilungen der beiden Merkmale durch Berechnung der Zeilen- bzw. Spaltensummen, so wie das in der folgenden Tabelle angedeutet ist.

	y_1	y_2	…	y_q	Randverteilung für x
x_1	$h(x_1;y_1)$	$h(x_1;y_2)$	…	$h(x_1;y_q)$	$h(x_1)=\sum_{k=1}^{q} h(x_1;y_k)$
x_2	$h(x_2;y_1)$	$h(x_2;y_2)$	…	$h(x_2;y_q)$	$h(x_2)=\sum_{k=1}^{q} h(x_2;y_k)$
…	…	…	…	…	…
x_m	$h(x_m;y_1)$	$h(x_m;y_2)$	…	$h(x_m;y_q)$	$h(x_m)=\sum_{k=1}^{q} h(x_m;y_k)$
Rand-vert. für y	$h(y_1)=\sum_{j=1}^{m} h(x_j;y_1)$	$h(y_2)=\sum_{j=1}^{m} h(x_j;y_2)$	…	$h(y_q)=\sum_{j=1}^{m} h(x_j;y_q)$	

B 4.1.15 *Eine Messung von Körpergröße und Körpergewicht bei 200 Personen hat das dargestellte Ergebnis geliefert. Als Spalten- bzw. Zeilensummen erhält man die Randverteilungen für Körpergröße bzw. Körpergewicht.*

			Körpergröße in cm (von ... bis unter ...)					
			150 160	160 170	170 180	180 190	190 200	
Körper-	50	... 60	3	5	8	3	1	20
gewicht	60	... 70	4	25	40	10	1	80
in kg	70	... 80	2	10	20	6	2	40
von ...	80	... 90	1	8	10	16	5	40
bis u. ...	90	... 100	0	2	2	5	11	20
			10	50	80	40	20	

e) Bedingte Verteilungen

Eine bei zweidimensionalen Häufigkeitsverteilungen oft auftretende Frage ist die nach der Verteilung eines Merkmals für einen gegebenen Wert des anderen Merkmals. Aus allen gegebenen Merkmalskombinationen $(x_j; y_k)$ werden nur noch die betrachtet, bei denen X oder Y einen vorgegebenen Wert annimmt. Für gegebenes x_j (bzw. y_k) betrachtet man dann die Häufigkeitsverteilung von X bzw. Y.

B 4.1.16 *In* B 4.1.9 *wurde die zweidimensionale Verteilung der Mathematiknoten und Englischnoten von* 70 *Studienanfängern dargestellt. Für Studienanfänger mit der Englischnote* 2 *erhält man folgende (bedingte) Verteilung der Mathematiknoten:*

Mathematiknote	1	2	3	4	5
absolute Häufigkeit	2	5	4	2	0
relative Häufigkeit	15%	39%	31%	15%	0%

D 4.1.17

Gegeben sei die zweidimensionale Häufigkeitsverteilung der Merkmale X und Y. Die Häufigkeitsverteilung des Merkmals X (bzw. Y), die sich für eine gegebene Ausprägung y_k (bzw. x_j) oder Klasse mit der Klassenmitte y_k (bzw. x_j) des Merkmals Y (bzw. X) ergibt, heißt **bedingte Verteilung** oder **konditionale Verteilung** von X (bzw. Y) für gegebenes y_k (bzw. x_j). Die Häufigkeiten der bedingten Verteilungen bezeichnet man mit $h(x_j / Y = y_k)$ oder kurz $h(x_j / y_k)$ und entsprechend $f(x_j / y_k)$ $(j = 1,...,m)$ (bzw. $h(y_k / x_j)$ und $f(y_k / x_j)$ $(k = 1,...,q)$).

Die absoluten Häufigkeiten der bedingten Verteilungen können unmittelbar aus der Häufigkeitstabelle abgelesen werden. Es gilt

$$h(x_j / y_k) = h(x_j; y_k) \qquad \text{und} \qquad h(y_k / x_j) = h(x_j; y_k).$$

Die bedingten relativen Häufigkeiten erhält man, indem man die absoluten bzw. relativen Häufigkeiten der entsprechenden Zeilen oder Spalten der zweidimensionalen Häufigkeitsverteilung durch den zugehörigen Wert der Randverteilung dividiert. Es gilt also

$$f(x_j / y_k) = \frac{f(x_j; y_k)}{f(y_k)} = \frac{h(x_j; y_k)}{h(y_k)} \text{ bzw.}$$

$$f(y_k / x_j) = \frac{f(x_j; y_k)}{f(x_j)} = \frac{h(x_j; y_k)}{h(x_j)}$$

für $j = 1,...,m$ und $k = 1,...,q$ sowie $f(y_k) > 0$, $f(x_j) > 0$, $h(y_k) > 0$ und $h(x_j) > 0$.

B 4.1.18 *Für die zweidimensionale Verteilung in* B 4.1.15 *erhält man als bedingte relative Häufigkeitsverteilung für die Körpergröße der Personen mit einem Gewicht von* 80 *bis unter* 90 *kg:*

Körpergröße in cm	150 *bis u.* 160	160 *bis u.* 170	170 *bis u.* 180	180 *bis u.* 190	190 *bis u.* 200
bedingte relative Häufigkeiten	2,5%	20%	25%	40%	12,5%

Als bedingte Verteilung des Körpergewichts für Personen, die 170 *bis unter* 180 *cm groß sind, erhält man:*

Körpergewicht in kg	50 *bis unter* 60	60 *bis unter* 70	70 *bis unter* 80	80 *bis unter* 90	90 *bis u.* 100
bedingte relative Häufigkeiten	10%	50%	25%	12,5%	2,5%

Für Randverteilungen und für bedingte Verteilungen gelten alle Ausführungen, die in Kapitel 3 gemacht wurden. Es erübrigt sich deshalb, hier weiter darauf einzugehen.

f) Parameter zweidimensionaler Verteilungen

Zur Charakterisierung zweidimensionaler Häufigkeitsverteilungen können für die Randverteilungen und für die bedingten Verteilungen die Lage- und Streuungsparameter berechnet werden, die man auch für eindimensionale Verteilungen bestimmen kann (vgl. dazu die Abschnitte 3.2 und 3.3).

D 4.1.19

Gegeben seien die beiden gemeinsam auftretenden metrisch meßbaren Merkmale X und Y mit den arithmetischen Mitteln $\overline{x}$ und $\overline{y}$.

a) Für die Paare von Beobachtungswerten $(x_i; y_i)$ $(i = 1,...,n)$ heißt

$$\mathrm{COV}(X,Y) = \frac{1}{n}\sum_{i=1}^{n}(x_i - \overline{x})(y_i - \overline{y})$$

und

b) für die zweidimensionale Häufigkeitsverteilung mit den absoluten Häufigkeiten $h(x_j; y_k)$ bzw. den relativen Häufigkeiten $f(x_j; y_k)$ $(j = 1,...,m;\ k = 1,...,q)$ heißt

$$\mathrm{COV}(X,Y) = \frac{1}{n}\sum_{j=1}^{m}\sum_{k=1}^{q}(x_j - \overline{x})(y_k - \overline{y})h(x_j; y_k)$$

bzw.

$$\mathrm{COV}(X,Y) = \sum_{j=1}^{m}\sum_{k=1}^{q}(x_j - \overline{x})(y_k - \overline{y})f(x_j; y_k)$$

die **Kovarianz** der zweidimensionalen Häufigkeitsverteilung.

B 4.1.20 *Gegeben ist die folgende zweidimensionale Verteilung:*

	$y_1 = 1$	$y_2 = 2$	$y_3 = 3$	$y_4 = 4$	
$x_1 = 2$	3	9	2	1	15
$x_2 = 4$	8	7	2	3	20
$x_3 = 6$	4	9	1	1	15
	15	25	5	5	50

Es ist $\overline{x} = 4$ und $\overline{y} = 2$. Für die Kovarianz ergibt sich:

$$\mathrm{COV}(X,Y) = \frac{1}{n}\sum_{j=1}^{3}\sum_{k=1}^{4}(x_j - \overline{x})(y_k - \overline{y})h(x_j; y_k)$$

$$= \frac{1}{50}((-2)\cdot(-1)\cdot 3 + (-2)\cdot 0\cdot 9 + (-2)\cdot 1\cdot 2 + (-2)\cdot 2\cdot 1 + 0\cdot(-1)\cdot 8 +$$
$$0\cdot 0\cdot 7 + 0\cdot 1\cdot 2 + 0\cdot 2\cdot 3 + 2\cdot(-1)\cdot 4 + 2\cdot 0\cdot 9 + 2\cdot 1\cdot 1 + 2\cdot 2\cdot 1)$$

$$= \frac{1}{50}(6 - 4 - 4 - 8 + 2 + 4) = \frac{1}{50}(-4) = -\frac{4}{50} = -0{,}08.$$

Eine Umrechnung der Formel für die Kovarianz, bei der relative Häufigkeiten verwendet werden, ergibt:

$$\begin{aligned}
\mathrm{COV}(X,Y) &= \sum_{j=1}^{m}\sum_{k=1}^{q}(x_j-\bar{x})(y_k-\bar{y})f(x_j;y_k)\\
&= \sum_{j=1}^{m}\sum_{k=1}^{q}(x_jy_k-\bar{x}y_k-x_j\bar{y}+\bar{x}\bar{y})f(x_j;y_k)\\
&= \sum_{j=1}^{m}\sum_{k=1}^{q}x_jy_kf(x_j;y_k)-\bar{x}\sum_{k=1}^{q}y_k\sum_{j=1}^{m}f(x_j;y_k)\\
&\quad -\bar{y}\sum_{j=1}^{m}x_j\sum_{k=1}^{q}f(x_j;y_k)+\bar{x}\bar{y}\sum_{j=1}^{m}\sum_{k=1}^{q}f(x_j;y_k)\\
&= \sum_{j=1}^{m}\sum_{k=1}^{q}x_jy_kf(x_j;y_k)-\bar{x}\sum_{k=1}^{q}y_kf(y_k)-\bar{y}\sum_{j=1}^{m}x_jf(x_j)+\bar{x}\bar{y}\\
&= \sum_{j=1}^{m}\sum_{k=1}^{q}x_jy_kf(x_j;y_k)-\bar{x}\bar{y}-\bar{x}\bar{y}+\bar{x}\bar{y}\\
&= \sum_{j=1}^{m}\sum_{k=1}^{q}x_jy_kf(x_j;y_k)-\bar{x}\bar{y}.
\end{aligned}$$

Für die beiden anderen Formeln zur Berechnung der Kovarianz lassen sich entsprechende Umformungen durchführen, und man erhält die

R 4.1.21

Formeln zur vereinfachten Berechnung der Kovarianz

$$\mathrm{COV}(X,Y)=\frac{1}{n}\sum_{i=1}^{n}x_iy_i-\bar{x}\bar{y},$$

$$\mathrm{COV}(X,Y)=\frac{1}{n}\sum_{j=1}^{m}\sum_{k=1}^{q}x_jy_kh(x_j;y_k)-\bar{x}\bar{y}$$

und

$$\mathrm{COV}(X,Y)=\sum_{j=1}^{m}\sum_{k=1}^{q}x_jy_kf(x_j;y_k)-\bar{x}\bar{y}.$$

Die Varianz (siehe hierzu Abschnitt 3.3) ist ein Maß für die Streuung oder Variabilität eines einzelnen metrisch meßbaren Merkmals. Die Kovarianz ist ein Maß für die gemeinsame Variabilität zweier Merkmale. Es gelten folgende Aussagen:

- Gibt es keine Abhängigkeit bzw. keinen Zusammenhang zwischen den Merkmalen X und Y, dann ist $\mathrm{COV}(X,Y) = 0$.
- Die Kovarianz wird umso größer, je häufiger zu einer Beobachtung $(x_i; y_i)$ die Differenzen $x_i - \bar{x}$ und $y_i - \bar{y}$ das **gleiche** Vorzeichen haben.
- Die Kovarianz wird umso kleiner, (und zwar im allgemeinen negativ) je häufiger zu einem $x_i > \bar{x}$ (bzw. $x_i < \bar{x}$) ein $y_i < \bar{y}$ (bzw. $y_i > \bar{y}$) auftritt. Die Kovarianz wird also klein, wenn die Vorzeichen der meisten Differenzen $(x_i - \bar{x})$ und $(y_i - \bar{y})$ entgegengesetzt sind.

Die Kovarianz als eigenständiger Parameter wird selten verwendet. In erster Linie ist sie eine Hilfsgröße, auf die später zurückgegriffen wird.

4.2 Abhängige Merkmale

a) Abbängigkeit und Unabhängigkeit von Merkmalen

Im Abschnitt 4.1 wurde bereits darauf hingewiesen, daß bei der Betrachtung der gemeinsamen Verteilung zweier Merkmale vor allem die Frage interessiert, inwieweit Beziehungen oder Abhängigkeiten zwischen den Merkmalen existieren. Die Untersuchung des Zusammenhangs zwischen Merkmalen wird im einzelnen in den folgenden Abschnitten erörtert. Hier soll zunächst der Frage nachgegangen werden, welches Aussehen eine zweidimensionale Häufigkeitsverteilung der Merkmale X und Y hat, wenn die beiden betrachteten Merkmale unabhängig voneinander sind. Dazu wird zunächst ein Beispiel betrachtet.

B 4.2.1 *a) Gegeben ist folgende Häufigkeitsverteilung:*

	y_1	y_2	y_3	y_4
x_1	2	4	10	4
x_2	2	8	24	16
x_3	6	8	6	10

*Sind die Merkmale X und Y unabhängig voneinander oder hängen die Häufigkeiten, mit denen die Ausprägungen des Merkmals X auftreten davon ab, welche Ausprägung das Merkmal Y annimmt? Im letzteren Fall werden die **bedingten Verteilungen der relativen Häufigkeiten** des Merkmals X für die verschiedenen Ausprägungen des Merkmals Y nicht übereinstimmen. Für die bedingten Verteilungen von X und Y ergibt sich (auf zwei Nachkommastellen genau):*

bedingte Verteilungen von Y

	y_1	y_2	y_3	y_4
x_1	0,1	0,2	0,5	0,2
x_2	0,04	0,16	0,48	0,32
x_3	0,2	0,27	0,2	0,33

bedingte Verteilungen von X

	y_1	y_2	y_3	y_4
x_1	0,2	0,2	0,25	0,13
x_2	0,2	0,4	0,6	0,54
x_3	0,6	0,4	0,15	0,33

Die bedingten Verteilungen der relativen Häufigkeiten sind verschieden. Die bedingte Verteilung von X hängt davon ab, welche Ausprägung Y annimmt und umgekehrt. Man sagt: Die beiden Merkmale hängen voneinander ab.

b) Zu der zweidimensionalen Häufigkeitsverteilung

	y_1	y_2	y_3
x_1	2	5	3
x_2	6	15	9
x_3	4	10	6

ergeben sich die bedingten Verteilungen der relativen Häufigkeiten

	y_1	y_2	y_3
x_1	0,2	0,5	0,3
x_2	0,2	0,5	0,3
x_3	0,2	0,5	0,3

	y_1	y_2	y_3
x_1	0,17	0,17	0,17
x_2	0,5	0,5	0,5
x_3	0,33	0,33	0,33

Die bedingten Verteilungen für X (bzw. für Y) hängen nicht davon ab, welche Ausprägungen das andere Merkmal Y (bzw. X) annimmt. X und Y sind voneinander ***unabhängig****.*

Das Beispiel macht deutlich, daß für die Untersuchung der Unabhängigkeit von Merkmalen die bedingten Verteilungen der **relativen** Häufigkeiten herangezogen werden können. Es genügt dabei, alle bedingten Verteilungen **eines** Merkmals zu bestimmen. Die bedingten Verteilungen der absoluten Häufigkeiten sind ungeeignet, weil sie bei unterschiedlichen Gesamthäufigkeiten für die verschiedenen bedingten Verteilungen nicht vergleichbar sind.

Bei abhängigen Merkmalen hängen die bedingten Verteilungen der relativen Häufigkeiten eines Merkmals davon ab, welche Ausprägung das andere Merkmal annimmt bzw. welche Klasse des anderen Merkmals vorliegt. Bei unabhängigen Merkmalen stimmen **alle** bedingten Verteilungen der relativen Häufigkeiten eines Merkmals überein.

D 4.2.2

> Gegeben sei die zweidimensionale Häufigkeitsverteilung der beiden Merkmale X und Y. Stimmen alle bedingten Verteilungen der relativen Häufigkeiten überein, d. h. gilt
> $f(x_j / y_k) = f(x_j / y_l)$ für alle $k,l = 1,...,q$ und für alle $j = 1,...,m$
> oder
> $f(y_k / x_j) = f(y_k / x_h)$ für alle $j,h = 1,...,m$ und für alle $k = 1,...,q$,
> dann heißen **X und Y empirisch unabhängig**, andernfalls heißen sie **empirisch abhängig.**

Bei Bestimmung der bedingten relativen Häufigkeiten als Dezimalbrüche ist darauf zu achten, daß nicht eine vorgetäuschte Abhängigkeit durch Rundungsdifferenzen ausgewiesen wird.

Für die Interpretation und Anwendung der Überlegungen dieses Abschnitts ist folgendes unbedingt zu beachten: Alle Ergebnisse und Aussagen im Bereich der beschreibenden Statistik beziehen sich immer nur auf die jeweils erfaßte Masse. Verallgemeinerungen auf irgendwelche übergeordneten Massen sind unzulässig. Das gilt für Häufigkeitsverteilungen, für die Parameter von Häufigkeitsverteilungen und auch für die empirische Unabhängigkeit von Merkmalen. **Wird für eine gegebene zweidimensionale Häufigkeitsverteilung empirische Unabhängigkeit (oder Abhängigkeit) der beiden Merkmale festgestellt, dann gilt diese nur bezüglich der erfaßten Beobachtungswerte, aber nicht notwendig allgemein.** Deshalb wird hier zu dem allgemeineren Begriff der Unabhängigkeit (bzw. Abhängigkeit) aus der induktiven Statistik der Begriff **empirische** Unabhängigkeit (bzw. Abhängigkeit) verwendet.

B 4.2.3 200 *der* 500 *Mitarbeiter eines Betriebes werden nach Alter und Einkommen befragt. Für jede Altersklasse ergibt sich die gleiche bedingte Einkommensverteilung. Bei den* 200 *erfaßten Mitarbeitern sind somit Einkommen und Alter unabhängige Merkmale. Für den Betrieb insgesamt muß das nicht zutreffen, da über Alter und Einkommen der übrigen* 300 *Mitarbeiter nichts bekannt ist.*

Hinsichtlich der Interpretation einer festgestellten Unabhängigkeit ist weiterhin folgendes zu beachten: Die Unabhängigkeit wird für eine gegebene Verteilung ermittelt. Sind für die Merkmalsausprägungen Klassen gebildet worden, so kann es sein, daß sich bei anderer Klasseneinteilung keine Unabhängigkeit mehr ergibt. **Eine festgestellte Unabhängigkeit bezieht sich also immer nur auf die gegebenen Beobachtungswerte und auf eine gegebene Klasseneinteilung.**

b) Zweidimensionale Verteilung unabhängiger Merkmale

Bei unabhängigen Merkmalen sind nicht nur alle bedingten Verteilungen eines Merkmals gleich, sondern sie stimmen auch mit der entsprechenden Randverteilung überein.

R 4.2.4

Für unabhängige Merkmale *X* und *Y* gilt:

$$f(x_j / y_k) = f(x_j) \text{ für } k = 1,...,q \text{ und } j = 1,...,m$$

sowie

$$f(y_k / x_j) = f(y_k) \text{ für } j = 1,...,m \text{ und } k = 1,...,q.$$

Aus der Definition der bedingten relativen Häufigkeiten

$$f(x_j / y_k) = \frac{f(x_j; y_k)}{f(y_k)}$$

folgt dann

$$f(x_j) = \frac{f(x_j; y_k)}{f(y_k)}$$

und damit

$$f(x_j) f(y_k) = f(x_j; y_k).$$

R 4.2.5

Die relative Häufigkeit für das gemeinsame Auftreten der Ausprägungen x_j und y_k der Merkmale *X* und *Y* stimmt bei unabhängigen Merkmalen mit dem Produkt der entsprechenden relativen Häufigkeiten der Randverteilungen überein:

$$f(x_j; y_k) = f(x_j) f(y_k).$$

Für die absoluten Häufigkeiten gilt:

$$h(x_j; y_k) = \frac{1}{n} h(x_j) h(y_k).$$

B 4.2.6 *Die folgende Tabelle enthält eine zweidimensionale Verteilung der Merkmale X und Y. Die beiden Merkmale sind unabhängig.*

	y_1	y_2	y_3	
x_1	0,1·0,2=0,02	0,1·0,6=0,06	0,1·0,2=0,02	$f(x_1)$=0,1
x_2	0,7·0,2=0,14	0,7·0,6=0,42	0,7·0,2=0,14	$f(x_2)$=0,7
x_3	0,2·0,2=0,04	0,2·0,6=0,12	0,2·0,2=0,04	$f(x_3)$=0,2
	$f(y_1)$=0,2	$f(y_2)$=0,6	$f(y_3)$=0,2	

Die relativen Häufigkeiten der gemeinsamen Verteilung der (unabhängigen) Merkmale stimmen mit dem Produkt der relativen Häufigkeiten der Randverteilungen überein.

Bei Bestimmung der absoluten Häufigkeiten für die gemeinsame Verteilung zweier unabhängiger Merkmale nach R 4.2.5 sind die Ergebnisse nicht immer ganze Zahlen. Es ist dann gegebenenfalls auf- bzw. abzurunden.

c) Zur Interpretation statistisch nachweisbarer Abhängigkeiten

Bevor in den folgenden Unterabschnitten auf die Untersuchung von Zusammenhängen zwischen Merkmalen im einzelnen eingegangen wird, ist darauf hinzuweisen, daß in vielen Fällen ein statistisch nachgewiesener Zusammenhang sachlich nicht gerechtfertigt sein kann. Zwei Beispiele dazu wurden bereits in Abschnitt 1.3 behandelt (siehe B 1.3.1 b) und c) sowie F 1.3.2 und F 1.3.3). Die Beispiele verdeutlichen folgendes allgemeine Problem der Statistik:
Bei allen Anwendungen der Statistik hat man es mit einem realen sachlichen Problem zu tun. Inwieweit die Anwendung bestimmter formaler statistischer Verfahren überhaupt sinnvoll ist und in welcher Weise die Ergebnisse statistischer Aufbereitung und Analyse zu interpretieren sind, ergibt sich oft erst aus der genauen Kenntnis der sachlich-inhaltlichen Seite eines Problems. Für die den Zeichnungen in F 1.3.2 im Kapitel 1 zugrunde liegenden Zahlen kann ein Zusammenhang **rechnerisch** nachgewiesen werden. Aus den Zeichnungen wird ein solcher "rein rechnerischer" Zusammenhang bereits unmittelbar deutlich. Zur sachlichen Seite des Problems ist damit noch nichts gesagt. Man hüte sich davor, einen statistisch-rechnerisch nachgewiesenen Zusammenhang als sachlich bewiesen anzusehen. Hierin liegt ein häufiger und gefährlicher Fehlschluß in der Statistik. In den folgenden Abschnitten wird auf das Sachproblem nicht weiter eingegangen, weil dieses fallweise anders gelagert ist und Sachkenntnis bzw. Fachwissen erfordert. Es werden nur die Verfahren und ihre formalen Voraussetzungen behandelt.

d) Arten von Abhängigkeiten

Sind zwei Merkmale X und Y voneinander abhängig, dann sind zwei Arten von Abhängigkeiten zu unterscheiden.

(1) Es gibt zu jeder Ausprägung x_j des Merkmals X genau eine Ausprägung $y_j = g(x_j)$ des Merkmals Y $(j = 1,...,m)$. y_j ist dann **eindeutig abhängig** von x_j und man spricht von einem **eindeutigen Zusammenhang**. (Mit $g(\,)$ wird die eindeutige Zuordnungsvorschrift, d. h. die Funktion, bezeichnet. Der Funktionsbegriff wird dabei *allgemein* verwendet.)

(2) Es gibt zu wenigstens einer Ausprägung x_j des Merkmals X mehr als eine mögliche Ausprägung y_k des Merkmals Y. Es liegt dann ein **mehrdeutiger Zusammenhang** vor.

Anstelle von "mehrdeutigem Zusammenhang" wird hier der folgende Begriff verwendet.

D 4.2.7

> Gibt es in der gemeinsamen Häufigkeitsverteilung der abhängigen Merkmale X und Y wenigstens eine Ausprägung x_j von X, zu der mehr als eine Ausprägung y_k von Y möglich ist, dann heißt ***Y* s t a t i s t i s c h abhängig von *X***. Es liegt ein **statistischer Zusammenhang** vor.

B 4.2.8 *a) Eindeutige Abhängigkeiten liegen vor bei den Merkmalspaaren:*

- *Anzahl Gebühreneinheiten pro Monat X / Monatliche Telefongebühr Y:*
  Beide Merkmale sind metrisch meßbar. Die Zuordnung zwischen Anzahl der Gebühreneinheiten X und der monatlichen Telefongebühr Y ist sogar umkehrbar eindeutig, d. h. es gibt zu jedem x_j *genau ein* y_j *und zu jedem* y_k *genau ein* x_k. *Y ist also eindeutig von X und X eindeutig von Y abhängig.*
- *Amtsbezeichnung eines Gymnasiallehrers X / Besoldungsgruppe Y:*
  Beide Merkmale sind ordinal meßbar. Die Zuordnung von "Studienrat", "Oberstudienrat", "Studiendirektor" zu den Besoldungsgruppen A 13, A 14, A 15 ist umkehrbar eindeutig. Y ist eindeutig abhängig von X und die Amtsbezeichnung X ist eindeutig abhängig von der Besoldungsgruppe Y des Gymnasiallehrers.
- *PKW-Typen in bestimmter Ausstattung X / Preis ab Werk Y:*
  Das erste Merkmal ist nominal meßbar, das zweite metrisch. Die Zuordnung ist nicht umkehrbar eindeutig, da es zu verschiedenen PKWs denselben Preis geben kann. Y ist von X eindeutig abhängig, während X von Y statistisch abhängig ist.

b) Statistische Abhängigkeiten hat man in folgenden Fällen:

- *Körpergröße von Menschen X / Körpergewicht Y:*
  Menschen mit derselben Körpergröße können verschiedenes Körpergewicht haben. Das durchschnittliche Körpergewicht nimmt jedoch mit der Körpergröße zu.
- *Verfügbares Monatseinkommen eines Haushalts X / Ausgaben für Kleidung (pro Monat) Y:*
  Haushalte mit gleichem Einkommen können unterschiedliche Beträge für Kleidung ausgeben. Die Ausgaben für Kleidung nehmen aber der Tendenz nach bzw. im Durchschnitt zu, je höher das Einkommen ist.

- *Geschwindigkeit X eines PKW / Länge des Bremsweges Y:*
  Bedingt durch unterschiedliche Windrichtung und Windgeschwindigkeit, Unterschiede in der Straßenoberfläche (Material, Verschmutzung usw.) und andere Einflüsse wird ein PKW bei derselben Geschwindigkeit unterschiedlich lange Bremswege haben. Grundsätzlich (d. h. tendenziell) kann man jedoch davon ausgehen, daß der Bremsweg mit der Geschwindigkeit zunimmt.

Aus den Beispielen geht hervor, daß bei der Untersuchung von Abhängigkeiten mitunter auch die "Richtung" der Abhängigkeit beachtet werden muß. Y kann von X eindeutig abhängen, während X von Y "nur" statistisch abhängt. F 4.2.9 verdeutlicht den Unterschied zwischen eindeutigen und mehrdeutigen Zusammenhängen grafisch.

In den ersten beiden Bildern hängt Y eindeutig von X ab, in den beiden anderen liegen statistische Abhängigkeiten vor.

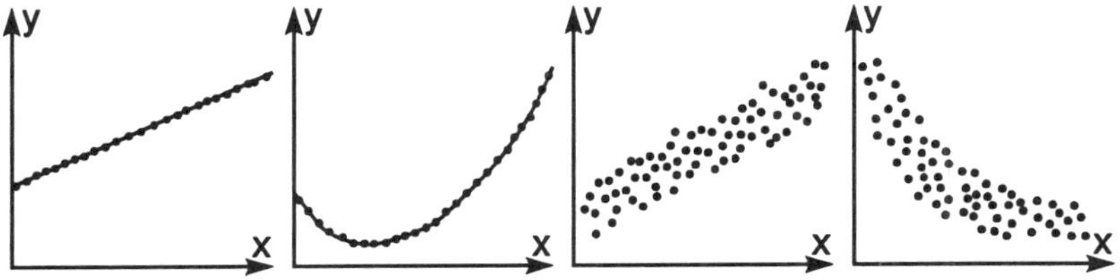

F 4.2.9 *Eindeutige und mehrdeutige Zusammenhänge*

Für den Begriff der statistischen Abhängigkeit ist folgendes zu beachten (siehe D 4.2.7):
Maßgebend für das Vorliegen einer statistischen Abhängigkeit des Merkmals Y vom Merkmal X ist nicht, daß zu wenigstens einem x_j mehrere y_k beobachtet werden, sondern daß mehrere y_k m ö g l i c h sind.

Die Existenz einer statistischen Abhängigkeit ergibt sich aus dem **Sachzusammenhang**. Ohne eine Kenntnis bzw. Analyse der sachlich-inhaltlichen Hintergründe eines Problems ist es nicht möglich, die Frage des Zusammenhangs von Merkmalen zu erörtern. Die Beobachtungswerte der gemeinsamen Verteilung der Merkmale X und Y können z. B. zu einem Ergebnis, wie in F 4.2.10 dargestellt, führen. Aus den Beobachtungen allein bzw. dem Bild kann durchaus auf einen eindeutigen Zusammenhang geschlossen werden, der anschaulich durch die Verbindungslinie der Beobachtungspunkte dargestellt werden kann. Tatsächlich kann es sich hier aber auch nur um einen **quasieindeutigen Zusammenhang** handeln, bei dem die **möglichen** Ausprägungen Y zu jedem x_j um die eingezeichnete Gerade streuen.

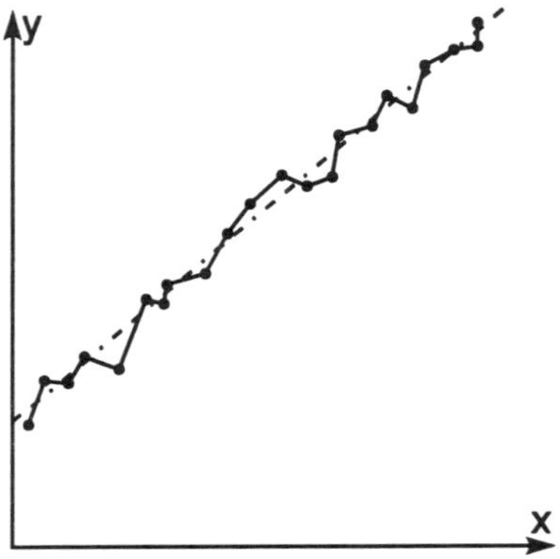

F 4.2.10 *Quasieindeutiger Zusammenhang*

Die scheinbare Eindeutigkeit der Abhängigkeit ergibt sich aus der begrenzten Anzahl von Beobachtungen. Bei metrisch meßbaren Merkmalen ergibt sich ein **statistischer Zusammenhang** mitunter nicht aus dem Sachproblem, sondern durch **Mängel bei der Beobachtung**. So bestehen z. B. bei manchen physikalischen, chemischen oder technischen Prozessen eindeutige Abhängigkeiten, die jedoch nur beobachtet werden können bei Konstanthaltung aller anderen Einflußgrößen und unendlicher Meßgenauigkeit – ein Idealfall, der praktisch nicht verwirklicht werden kann. Durch Unzulänglichkeiten der Meßinstrumente, Irrtümer beim Erfassen der Daten und durch die Einwirkung zusätzlicher Einflußgrößen wird man auch bei solchen – theoretisch eindeutigen – Abhängigkeiten nur eine statistische Abhängigkeit beobachten können. So z. B. bei dem Zusammenhang zwischen Geschwindigkeit eines PKW und der Länge des Bremsweges (siehe B 4.2.8).

Bei zweidimensionalen Verteilungen abhängiger Merkmale, bei denen wenigstens ein Merkmal **nicht** metrisch meßbar ist, wird in diesem Kapitel 4 nur der Frage nachgegangen, wie ausgeprägt ein Zusammenhang ist (Abschnitte 4.6 und 4.7).

e) Abhängigkeit metrisch meßbarer Merkmale

Bei metrisch meßbaren Merkmalen besteht bei der Untersuchung der gemeinsamen Verteilung zweier Merkmale im allgemeinen die Aufgabe nicht nur darin, festzustellen, ob Abhängigkeit vorliegt oder nicht und wie ausgeprägt diese gegebenenfalls ist, sondern auch in der Beschreibung der Form des Zusammenhangs bzw. der Tendenz des Zusammenhangs. Es geht also darum, für eine statistische Abhängigkeit des Merkmals Y vom Merkmal X eine Funktion $y = g(x)$ zu bestimmen, die die Tendenz des Zusammenhangs möglichst gut beschreibt. F 4.2.11 verdeutlicht dieses Problem. Die eingezeichneten Geraden bzw. Kurven beschreiben den in den Streuungsdiagrammen zum Ausdruck kommenden Zusammenhang. Mit der Bestimmung von Funktionen $y = g(x)$ zur Beschreibung der **Tendenz einer statistischen Abhängigkeit** beschäftigt sich der nächste Abschnitt.

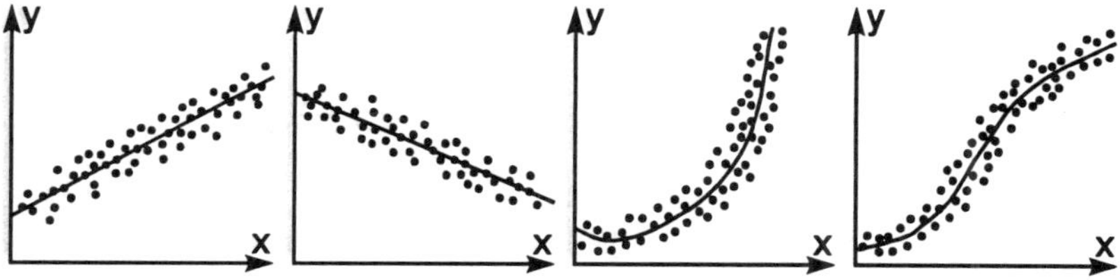

F 4.2.11 *Unterschiedliche statistische Abhängigkeiten*

4.3 Regressionsfunktionen für zwei metrisch meßbare Merkmale

a) Aufgabenstellung der Regressionsrechnung

Es wird die gemeinsame Verteilung zweier metrisch meßbarer Merkmale X und Y betrachtet, bei der Y statistisch von X abhängt. Zu wenigstens einer Ausprägung x_j von X gibt es dann mehrere mögliche Ausprägungen von Y. Die allgemeine Aufgabe der Regressionsrechnung besteht nun darin, die Tendenz oder den durchschnittlichen Verlauf der Abhängigkeit des Merkmals Y vom Merkmal X durch eine dem Sachzusammenhang angemessene, möglichst einfache Funktion

$\hat{y} = g(x)$ ($\hat{y}$ lies: "y Dach")

zu beschreiben. Durch $\hat{y}$ wird dabei symbolisiert, daß die Regressionsfunktion einem beobachteten x-Wert nicht den oder die zugehörigen beobachteten y-Werte zuordnet, sondern einen auf der Regressionsfunktion liegenden "durchschnittlichen" oder "mittleren" Wert $\hat{y}$ (siehe hierzu die Bilder in F 4.2.11).

D 4.3.1

> Gegeben sei die zweidimensionale Verteilung der metrisch meßbaren Merkmale X und Y. Y sei statistisch abhängig von X. Eine Funktion $\hat{y} = g(x)$, die die Tendenz oder den durchschnittlichen Verlauf der Abhängigkeit beschreibt, heißt **Regressionsfunktion**.

Durch eine Regressionsfunktion wird bei der Untersuchung des Zusammenhangs zwischen zwei Merkmalen die Tendenz der Abhängigkeit des einen Merkmals vom anderen Merkmal beschrieben. Daraus ergibt sich folgende Unterscheidung.

D 4.3.2

> Gegeben sei die zweidimensionale Verteilung der metrisch meßbaren, statistisch abhängigen Merkmale X und Y.
> Die Regressionsfunktion, die die Tendenz der Abhängigkeit des Merkmals Y vom Merkmal X beschreibt, heißt ***y-x*-Regressionsfunktion** oder **Regression von *y* auf *x***.
> Die Regressionsfunktion, die die Tendenz der Abhängigkeit des Merkmals X vom Merkmal Y beschreibt, heißt ***x-y*-Regressionsfunktion** oder **Regression von *x* auf *y***.

Auf Einzelheiten wird weiter unten noch eingegangen. Bei der Bestimmung einer Regressionsfunktion geht man üblicherweise wie folgt vor:

Der Typ der Regressionsfunktion wird vorgegeben, d. h. man legt fest, ob der Zusammenhang zwischen den quantitativen Merkmalen durch eine

Gerade:	$y = a + bx$
Parabel:	$y = a + bx + cx^2$
Potenzfunktion:	$y = ax^b$
Exponentialfunktion:	$y = ab^x \quad , b > 0$
Logistische Funktion:	$y = \dfrac{k}{1 + e^{a+bx}} \quad , b < 0$

oder durch einen anderen Funktionstyp beschrieben werden soll.

Der Funktionstyp ergibt sich dabei entweder aus den Beobachtungsdaten bzw. dem Streuungsdiagramm (siehe hierzu z. B. F 4.1.4 und F 4.2.11) oder aus dem Sachzusammenhang.

B 4.3.3 *Für die Untersuchung der statistischen Abhängigkeit der Länge des Bremsweges Y eines PKW in m von der Geschwindigkeit X in m/s ist aufgrund physikalischer Gesetze bei konstanter Bremskraft eine Parabel anzusetzen.*

Mit der Vorgabe eines Funktionstyps ist das Problem der Bestimmung einer Regressionsfunktion aber noch nicht gelöst, da dazu auch die Werte der Koeffizienten (*a*, *b* usw.) ermittelt werden müssen. Diese Koeffizienten sind so zu bestimmen, daß die Regressionsfunktion den Zusammenhang möglichst gut beschreibt.

b) Das Kriterium der Kleinsten Quadrate (KQ-Kriterium)

Die Bestimmung einer Regressionsfunktion bzw. der numerischen Werte ihrer Koeffizienten geschieht in den meisten Fällen nach folgendem Kriterium:

R 4.3.4

Kriterium der Kleinsten Quadrate (KQ-Kriterium)
Die Koeffizienten einer Regressionsfunktion $\hat{y} = g(x)$ zur Beschreibung des Zusammenhangs zwischen den Merkmalen X und Y werden so bestimmt, daß die **Summe der quadrierten Abweichungen der Beobachtungswerte** y_i ($i = 1,...,n$) von den zugehörigen Werten auf der Regressionsfunktion $\hat{y}_i = g(x_i)$, also $\sum_{i=1}^{n}(y_i - \hat{y}_i)^2$, zu einem **Minimum** wird.
Die so bestimmte Regressionsfunktion heißt **Kleinste-Quadrate-Regressionsfunktion** oder kurz **KQ-Regressionsfunktion**.

F 4.3.5 veranschaulicht das Kriterium der Kleinsten Quadrate. Mit y bzw. y_i werden Koordinaten von Beobachtungswerten bezeichnet, mit $\hat{y}$ bzw. $\hat{y}_i$ die zugehörigen Werte auf der Regressionsfunktion.

Minimiere: $\sum_{i=1}^{n} u_i^2 = \sum_{i=1}^{n} (y_i - \hat{y}_i)^2$; **A**: $(x_i; \hat{y}_i = g(x_i))$; **B**: $(x_i; y_i)$

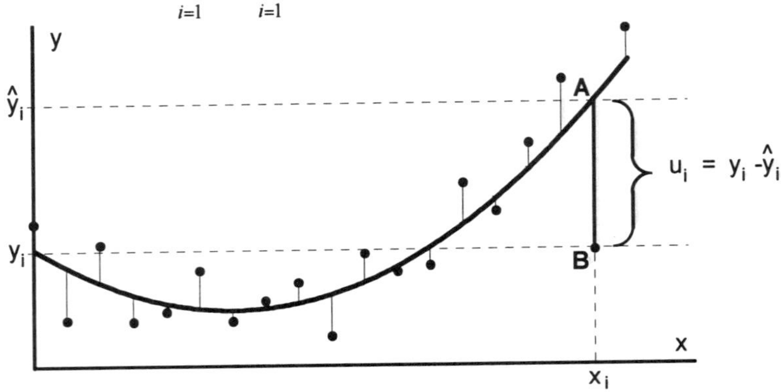

F 4.3.5 *Veranschaulichung zum Kriterium der Kleinsten Quadrate*

Für die wichtigsten Funktionstypen wird die Anwendung des Kriteriums der Kleinsten Quadrate in den folgenden Unterabschnitten beschrieben.

c) Bestimmung einer linearen KQ-Regressionsfunktion

Für den Fall einer linearen *y*-*x*-Regressionsfunktion besagt das Kriterium der Kleinsten Quadrate, daß die Koeffizienten *a* und *b* der linearen *y*-*x*-Regressionsfunktion $\hat{y} = a + bx$ so zu bestimmen sind, daß die Summe der Quadrate der Abweichungen der *y*-Koordinaten y_i der beobachteten Wertepaare $(x_i; y_i)$ von den durch die Regressionsfunktion bestimmten Koordinaten $\hat{y}_i = a + bx_i$ ein Minimum wird. Wenn insgesamt *n* Wertepaare vorliegen, bestimmt man also *a* und *b* so, daß die Funktion

$$S(a,b) = \sum_{i=1}^{n} (y_i - \hat{y}_i)^2 = \sum_{i=1}^{n} (y_i - a - bx_i)^2$$

ein Minimum wird. Notwendige Bedingung für ein Minimum der Summe der quadrierten Abweichungen ist das Verschwinden der partiellen Ableitung erster Ordnung von *S*(*a*,*b*) nach *a* und *b*. Für die partiellen Ableitungen ergibt sich

$$\frac{\partial S(a,b)}{\partial a} = \sum_{i=1}^{n} 2(y_i - a - bx_i)(-1) \text{ und}$$

$$\frac{\partial S(a,b)}{\partial b} = \sum_{i=1}^{n} 2(y_i - a - bx_i)(-x_i).$$

Diese Ableitungen werden null gesetzt, und man erhält die sogenannten Normalgleichungen.

R 4.3.6

Normalgleichungen
zur Bestimmung der Koeffizienten einer linearen Kleinste-Quadrate-Regressionsfunktion $\hat{y} = a + bx$

I. Normalgleichung: $\sum_{i=1}^{n} y_i = na + b\sum_{i=1}^{n} x_i$

II. Normalgleichung: $\sum_{i=1}^{n} y_i x_i = a\sum_{i=1}^{n} x_i + b\sum_{i=1}^{n} x_i^2$

Löst man das System der Normalgleichungen nach a und b auf, so erhält man die

R 4.3.7

Bestimmungsgleichungen für die Regressionskoeffizienten a und b einer linearen Kleinste-Quadrate-Regressionsfunktion $\hat{y} = a + bx$

$$a = \frac{\sum_{i=1}^{n} x_i^2 \sum_{i=1}^{n} y_i - \sum_{i=1}^{n} x_i \sum_{i=1}^{n} x_i y_i}{n\sum_{i=1}^{n} x_i^2 - (\sum_{i=1}^{n} x_i)^2} \quad \text{und}$$

$$b = \frac{n\sum_{i=1}^{n} x_i y_i - \sum_{i=1}^{n} x_i \sum_{i=1}^{n} y_i}{n\sum_{i=1}^{n} x_i^2 - (\sum_{i=1}^{n} x_i)^2}.$$

Man beachte, daß die Quotienten zur Berechnung von a und b denselben Nenner haben. Auf die Angabe der Summationsindizes wird im folgenden verzichtet, da Mißverständnisse ausgeschlossen sind.
Auf eine Untersuchung der 2. Ableitung, durch die nachgewiesen werden kann, daß $S(a,b)$ für die in R 4.3.7 angegebenen Werte tatsächlich ein Minimum annimmt, wird verzichtet.

Für die Bestimmung der Regressionskoeffizienten werden die Summen $\sum x_i, \sum x_i^2, \sum y_i, \sum x_i y_i$ benötigt, die man sich bei manueller Bestimmung am besten mit einer Tabelle wie in dem folgenden Beispiel berechnet.

B 4.3.8 *Gegeben sind folgende Beobachtungswerte* $(x_i; y_i)$*:* (1;2), (2;3), (3;5), (4;4), (4;6), (5;4), (6;8), (7;7), (9;8). *Die Werte sind in* F 4.3.9 *dargestellt.*

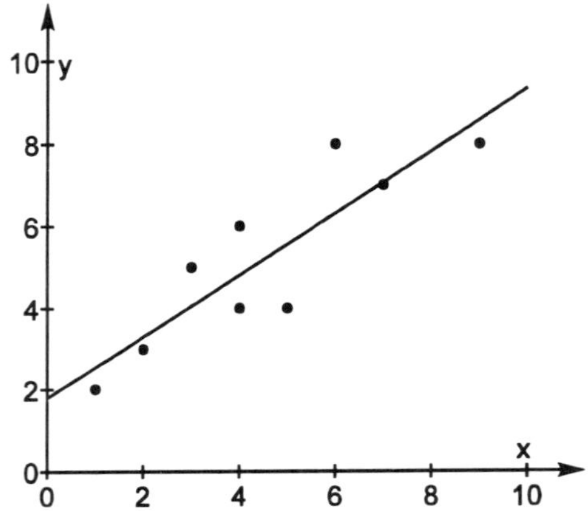

F 4.3.9 *Lineare Kleinste-Quadrate-Regression*

Die Berechnung der Hilfssummen geschieht in folgender Tabelle:

x_i	y_i	x_i^2	$x_i y_i$
1	2	1	2
2	3	4	6
3	5	9	15
4	4	16	16
4	6	16	24
5	4	25	20
6	8	36	48
7	7	49	49
9	8	81	72
41	47	237	252

Mit den Hifssummen ergibt sich:

$$a = \frac{\sum x_i^2 \sum y_i - \sum x_i \sum x_i y_i}{n\sum x_i^2 - (\sum x_i)^2} = \frac{237 \cdot 47 - 41 \cdot 252}{9 \cdot 237 - 41^2} = 1,79$$

und

$$b = \frac{n\sum x_i y_i - \sum x_i \sum y_i}{n\sum x_i^2 - (\sum x_i)^2} = \frac{9 \cdot 252 - 41 \cdot 47}{9 \cdot 237 - 41^2} = 0,75.$$

Die lineare KQ-Regressionsfunktion (Regressionsgerade) lautet somit $\hat{y} = 1,79 + 0,75x$. *Sie ist ebenfalls in* F 4.3.9 *dargestellt.*

Für die Berechnung einer linearen Regressionsfunktion ergeben sich aus den folgenden Überlegungen häufig Rechenvereinfachungen.
Dividiert man beide Seiten der I. Normalgleichung (siehe R 4.3.6) durch n, so erhält man

$$\frac{\sum y_i}{n} = a + b\frac{\sum x_i}{n}$$

oder, da

$$\frac{\sum y_i}{n} = \bar{y} \text{ und } \frac{\sum x_i}{n} = \bar{x} \text{ ist,}$$

$$\bar{y} = a + b\bar{x}.$$

Die Berechnung von $\bar{y}$ und $\bar{x}$ bereitet, da $\sum y$ und $\sum x$ sowieso berechnet werden müssen, keine besonderen Schwierigkeiten. Hat man den Koeffizienten b berechnet, kann man a mit Hilfe der Gleichung $\bar{y} = a + b\bar{x}$ leicht berechnen.
Die Gleichung $\bar{y} = a + b\bar{x}$ besagt außerdem, daß eine lineare Regressionsfunktion durch den Punkt $(\bar{x}; \bar{y})$ verläuft.
Es wird die folgende Regel festgehalten.

R 4.3.10

> Für eine lineare KQ-Regressionsfunktion $\hat{y} = a + bx$ der Merkmale Y und X mit den arithmetischen Mittelwerten $\bar{y}$ und $\bar{x}$ gilt $\bar{y} = a + b\bar{x}$.

B 4.3.11 *In* B 4.3.8 *ist* $\bar{x} = 41/9 = 4,56$ *und* $\bar{y} = 47/9 = 5,22$. *Damit gilt unter Anwendung von* R 4.3.10 $a = \bar{y} - b\bar{x} = 5,22 - 0,75 \cdot 4,56 = 1,80$. *In* B 4.3.8 *wurde* $a = 1,79$ *berechnet. Die Differenz ist auf Abweichungen durch Rundung zurückzuführen.*

Erweitert man die Quotienten in den Formeln zur Bestimmung der Regressionskoeffizienten (siehe R 4.3.7) mit $\frac{1}{n^2}$, so erhält man für a:

$$a = \frac{\frac{1}{n^2}\left(\sum x_i^2 \sum y_i - \sum x_i \sum x_i y_i\right)}{\frac{1}{n^2}\left(n\sum x_i^2 - \left(\sum x_i\right)^2\right)} = \frac{\frac{\sum x_i^2}{n}\frac{\sum y_i}{n} - \frac{\sum x_i}{n}\frac{\sum x_i y_i}{n}}{\frac{\sum x_i^2}{n} - \left(\frac{\sum x_i}{n}\right)^2}.$$

Der Nenner ist die Varianz des Merkmals X (siehe R 3.3.14), so daß sich ergibt

R 4.3.12

$$a = \frac{\frac{\sum x_i^2}{n}\overline{y} - \overline{x}\frac{\sum x_i y_i}{n}}{s_X^2}.$$

Für b erhält man

$$b = \frac{\frac{1}{n^2}(n\sum x_i y_i - \sum x_i \sum y_i)}{\frac{1}{n^2}(n\sum x_i^2 - (\sum x_i)^2)} = \frac{\frac{\sum x_i y_i}{n} - \frac{\sum x_i}{n}\frac{\sum y_i}{n}}{\frac{\sum x_i^2}{n} - (\frac{\sum x_i}{n})^2}.$$

Für den Nenner ergibt sich auch hier die Varianz von X (s. o.) und somit

$$b = \frac{\frac{1}{n}\sum x_i y_i - \overline{x}\,\overline{y}}{s_X^2}.$$

Der Zähler dieses Quotienten ist die Kovarianz der gemeinsamen Verteilung von X und Y (siehe R 4.1.21 bzw. D 4.1.19), so daß sich schließlich ergibt

R 4.3.13

$$b = \frac{\text{COV}(X,Y)}{s_X^2}.$$

Die in R 4.3.12 und R 4.3.13 gegebenen Formeln können mitunter zu erheblichen Rechenvereinfachungen führen.

Für eine lineare x-y-Regressionsfunktion nach dem Kriterium der Kleinsten Quadrate $\hat{x} = a' + b'y$ erhält man folgende Berechnungsformeln (siehe hierzu auch R 4.3.7, R 4.3.10, R 4.3.12 und R 4.3.13).

R 4.3.14

Bestimmungsgleichungen für die Regressionskoeffizienten einer linearen KQ-Regressionsfunktion $\hat{x} = a' + b'y$

$$a' = \frac{\sum y_i^2 \sum x_i - \sum y_i \sum x_i y_i}{n\sum y_i^2 - (\sum y_i)^2} = \frac{\frac{\sum y_i^2}{n}\overline{x} - \overline{y}\frac{\sum x_i y_i}{n}}{s_Y^2} \quad \text{und}$$

$$b' = \frac{n\sum x_i y_i - \sum x_i \sum y_i}{n\sum y_i^2 - (\sum y_i)^2} = \frac{\text{COV}(X,Y)}{s_Y^2}.$$

Es gilt $\overline{x} = a' + b'\overline{y}$.

In dem folgenden Beispiel ist für zwei Merkmale die lineare y-x- und die lineare x-y-Regressionsfunktion berechnet worden.

B 4.3.15 *In der folgenden Tabelle sind* 8 *Beobachtungswerte* $(x_i; y_i)$ *der Merkmale X und Y wiedergegeben. Außerdem sind die zur Berechnung der Regressionskoeffizienten notwendigen Hilfssummen bestimmt.*

x_i	y_i	x_i^2	y_i^2	$x_i y_i$
1	2	1	4	2
1	4	1	16	4
2	4	4	16	8
3	3	9	9	9
4	6	16	36	24
6	5	36	25	30
7	9	49	81	63
8	8	64	64	64
32	41	180	251	204

Es ist $\overline{x} = \frac{32}{8} = 4$ *und* $\overline{y} = \frac{41}{8} = 5{,}125$ *sowie*

$$s_X^2 = \frac{180}{8} - 4^2 = 6{,}5 \text{ und } s_Y^2 = \frac{251}{8} - 5{,}125^2 = 5{,}11.$$

Ferner gilt $\mathrm{COV}(X,Y) = \frac{204}{8} - 4 \cdot 5{,}125 = 5.$

Für die Regressionskoeffizienten der beiden Regressionsfunktionen ergibt sich damit nach R 4.3.12, R 4.3.13 *und* R 4.3.14

$$a = \frac{\frac{180}{8} \cdot 5{,}125 - 4 \cdot \frac{204}{8}}{6{,}5} = 2{,}05 \quad ; \quad b = \frac{5}{6{,}5} = 0{,}77;$$

$$a' = \frac{\frac{251}{8} \cdot 4 - 5{,}125 \cdot \frac{204}{8}}{5{,}11} = -1{,}02 \quad ; \quad b' = \frac{5}{5{,}11} = 0{,}98.$$

Die Regressionsfunktionen lauten also

$$\hat{y} = 2{,}05 + 0{,}77x \text{ und } \hat{x} = -1{,}02 + 0{,}98y.$$

Sie sind zusammen mit den Beobachtungswerten in F 4.3.16 *dargestellt.*

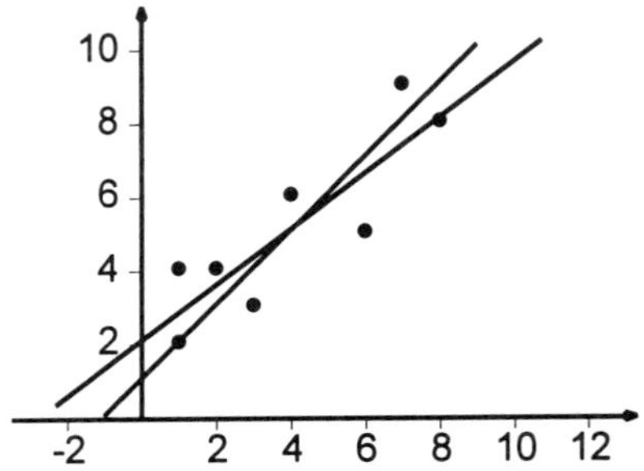

F 4.3.16 *y-x- und x-y-Regression*

Das Beispiel veranschaulicht folgende Regel:

R 4.3.17

Gegeben sei die zweidimensionale Verteilung der metrisch meßbaren, abhängigen Merkmale X und Y. Sofern nicht alle Beobachtungswerte auf einer Geraden liegen, stimmen die nach dem Kriterium der Kleinsten Quadrate bestimmte lineare *y-x*-Regressionsfunktion und *x-y*-Regressionsfunktion **nicht** überein.

Man hüte sich deshalb davor, die lineare *x-y*-Regressionsfunktion als (mathematische) Umkehrfunktion der *y-x*-Regressionsfunktion aufzufassen und zu berechnen. Die Umkehrung einer Regressionsbeziehung hat **nichts** mit der Umkehrung einer funktionalen Beziehung zu tun.

Aus R 4.3.10 und R 4.3.14 ergibt sich unmittelbar folgende Regel (vgl. dazu auch B 4.3.15):

R 4.3.18

Lineare *y-x*- und *x-y*-Regressionsfunktionen schneiden sich im Punkt $(\overline{x};\overline{y})$.

d) Interpretation einer linearen KQ-Regressionsfunktion

Für die Interpretation einer linearen KQ-Regressionsfunktion $\hat{y} = a + bx$ gilt folgendes:

- Die Regressionsfunktion beschreibt die **Tendenz** des Zusammenhangs oder den **durchschnittlichen Zusammenhang**. Zu gegebenem x_i liefert die Regressionsfunktion den Durchschnittswert $\hat{y}_i$ für das Merkmal Y.

- Im allgemeinen liegen nicht alle (in vielen Fällen gar keine) Beobachtungswerte auf der Regressionsfunktion. Die **Beobachtungswerte streuen um die Regressionsfunktion.**
- Der Regressionskoeffizient b gibt an, um wieviel Einheiten sich der Wert des Merkmals Y durchschnittlich ändert, wenn man den Wert des Merkmals X um eine Einheit ändert.

B 4.3.19 14 *Haushalte werden nach ihrem monatlichen Einkommen und den monatlichen Konsumausgaben befragt. Man erhält folgendes Ergebnis:*

Haushalt		1	2	3	4	5	6	7
Einkommen	*Y*	1000	2500	2000	2500	1500	1000	2000
Konsumausgaben	*C*	1000	2000	1800	2200	1200	800	1600

Haushalt		8	9	10	11	12	13	14
Einkommen	*Y*	1500	1200	1800	1700	1300	2300	2200
Konsumausgaben	*C*	1400	1060	1540	1460	1140	1940	1860

Für diese Beobachtungswerte erhält man als lineare KQ-Regressionsfunktion $\hat{c} = 100 + 0{,}8y$.

Die Beobachtungswerte und die Regressionsgerade sind in F 4.3.20 *gezeichnet. Man sieht, daß nicht alle Beobachtungswerte auf der Geraden liegen. Mit Hilfe der Regressionsfunktion kann man bestimmen, wie hoch die* ***durchschnittlichen*** *Konsumausgaben* $\hat{c}_i$ *zu einem vorgegebenen Einkommen* y_i *sind. Der Regressionskoeffizient* $b = 0{,}8$ *besagt, daß sich die durchschnittlichen Konsumausgaben um* 0,8 *Einheiten ändern, wenn man das Einkommen um eine Einheit ändert.*

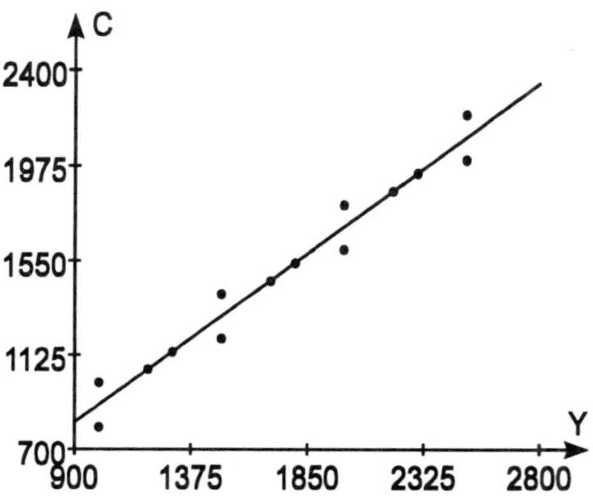

F 4.3.20 *Beobachtungswerte und lineare KQ-Regressionsfunktion*

Für die Interpretation einer linearen KQ-Regressionsfunktion sind ferner die folgenden beiden Punkte zu beachten.

- Die Koeffizienten einer linearen KQ-Regressionsfunktion geben **keine** Auskunft darüber, wie ausgeprägt der Zusammenhang ist. Sie gibt "nur" die Tendenz des Zusammenhangs an. Die **Ausgeprägtheit** eines linearen Zusammenhangs wird mit der Korrelationsrechnung untersucht.
- Eine lineare KQ-Regressionsfunktion kann (näherungsweise) darüber Auskunft geben, ob die Beobachtungswerte der Merkmale X und Y annähernd proportional zueinander sind. Bei genau proportionalen Werten müssen alle Punkte auf einer Ursprungsgeraden (Gerade durch den Koordinatenursprung) liegen. Gilt $a = 0$ (oder ist a klein im Vergleich zu den beobachteten x-Werten), kann man davon ausgehen, daß y der Tendenz nach (annähernd) proportional zu x ist. Eine Verdopplung, Verdreifachung usw. von x führt dann (annähernd) zu einer Verdopplung, Verdreifachung usw. des Durchschnittswertes von Y.

B 4.3.21 *In den Bildern A und B von* F 4.3.22 *sind unterschiedlich stark ausgeprägte Zusammenhänge mit übereinstimmenden linearen KQ-Regressionsfunktionen dargestellt. In Bild C ist ein annähernd proportionaler Zusammenhang zwischen X und Y wiedergegeben.*

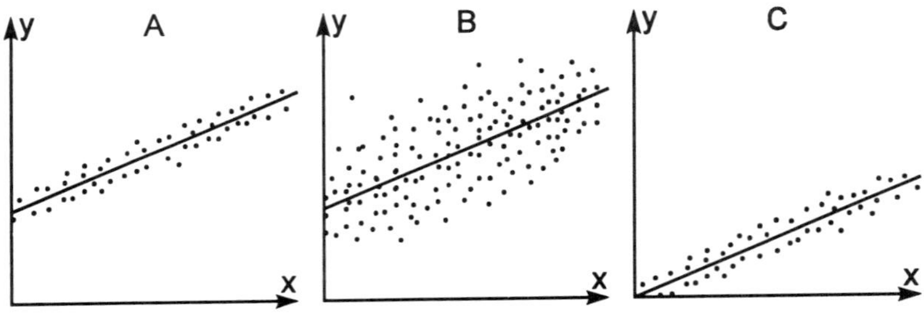

F 4.3.22 *Unterschiedliche lineare Zusammenhänge*

e) Nichtlineare Regressionsfunktionen

Für nichtlineare Regressionen gelten prinzipiell die gleichen Überlegungen wie für eine lineare Regression.

Parabel $y = a + bx + cx^2$

Das Kriterium der Kleinsten Quadrate besagt, daß die Koeffizienten der Regressionsfunktion $\hat{y} = a + bx + cx^2$ so zu bestimmen sind, daß die Summe der Abweichungsquadrate der y-Koordinaten der beobachteten Werte von denen der Regressionsfunktion ein Minimum wird. Es wird also die Minimierung der Funktion

$$S(a,b,c) = \sum (y_i - \hat{y}_i)^2 = \sum (y_i - a - bx_i - cx_i^2)^2$$

verlangt. Notwendige Bedingung für ein Minimum dieser Funktion ist das Verschwinden der drei partiellen Ableitungen 1. Ordnung nach den Variablen *a*, *b* und *c*. Man erhält für die partiellen Ableitungen:

$$\frac{\partial S(a,b,c)}{\partial a} = \sum 2(y_i - a - bx_i - cx_i^2)(-1);$$

$$\frac{\partial S(a,b,c)}{\partial b} = \sum 2(y_i - a - bx_i - cx_i^2)(-x_i);$$

$$\frac{\partial S(a,b,c)}{\partial c} = \sum 2(y_i - a - bx_i - cx_i^2)(-x_i^2).$$

Setzt man diese Ableitungen null, ergeben sich folgende Normalgleichungen:

R 4.3.23

Normalgleichungen
zur Bestimmung der Koeffizienten einer KQ-Regressionsfunktion $\hat{y} = a + bx + cx^2$

I. Normalgleichung: $\sum y_i = na + b\sum x_i + c\sum x_i^2$

II. Normalgleichung: $\sum x_i y_i = a\sum x_i + b\sum x_i^2 + c\sum x_i^3$

III. Normalgleichung: $\sum x_i^2 y_i = a\sum x_i^2 + b\sum x_i^3 + c\sum x_i^4$

B 4.3.24 *Bei einem physikalischen Versuch, bei dem für einen frei fallenden Körper die Zeit t (in Sekunden) und die zurückgelegte Strecke s (in Meter) gemessen wurde, ergaben sich folgende Beobachtungswerte:*

t_i	0,14	0,20	0,29	0,35	0,40	0,45	0,50	0,55	0,64	0,70
s_i	0,1	0,2	0,4	0,6	0,8	1,0	1,2	1,5	2,0	2,4

Es soll eine Regressionsfunktion $\hat{s} = a + bt + ct^2$ bestimmt werden. Die erforderlichen Hilfssummen (siehe R 4.3.23*) lauten:*

$$\sum t_i = 4{,}22; \quad \sum t_i^2 = 2{,}0808; \quad \sum t_i^3 = 1{,}12965; \quad \sum t_i^4 = 0{,}652547;$$

$$\sum s_i = 10{,}2; \quad \sum s_i t_i = 5{,}535; \quad \sum s_i t_i^2 = 3{,}19655.$$

Die Normalgleichungen lauten:

I. $10{,}2 = 10a + 4{,}22b + 2{,}0808c$

II. $5{,}535 = 4{,}22a + 2{,}0808b + 1{,}12966c$

III. $3{,}19655 = 2{,}0808a + 1{,}12966b + 0{,}65255c$

Die Auflösung des Gleichungssystems ergibt[1]

$a = 0{,}00168$; $b = 0{,}00228$ *und* $c = 4{,}88927$.

Die KQ-Regressionsfunktion lautet somit

$$\hat{s} = 0{,}00168 + 0{,}00228t + 4{,}88927t^2.$$

(Anmerkung: Nach den Fallgesetzen würde sich im Idealfall (keine Meßfehler, kein Luftwiderstand etc.) $s = \frac{1}{2} g\, t^2$ *ergeben, mit der Erdbeschleunigung* $g \approx 9{,}81$. *Da die Regressionskoeffizienten a und b gegenüber c vernachlässigbar klein sind, zeigt sich eine außerordentlich gute Übereinstimmung.)*

Das Beispiel läßt erkennen, daß die Bestimmung nichtlinearer Regressionen einen erheblichen Rechenaufwand erfordert.

Ganze rationale Funktion *r*-ten Grades $y = \sum_{k=0}^{r} a_k\, x^k$

Für eine ganze rationale Funktion r-ten Grades

$$\hat{y} = a_0 + a_1 x + a_2 x^2 + a_3 x^3 + \ldots + a_{r-1} x^{r-1} + a_r x^r = \sum_{k=0}^{r} a_k\, x^k$$

erhält man die Normalgleichungen als Bestimmungsgleichungen für die Berechnung der Koeffizienten a_k ($k = 0,\ldots,r$), indem man das Minimum von

$$S(a_0, a_1, \ldots, a_r) = \sum_{i=1}^{n} (y_i - \hat{y}_i)^2 = \sum_{i=1}^{n} (y_i - a_0 - a_1 x_i - a_2 x_i^2 - \ldots - a_r x_i^r)^2$$

$$= \sum_{i=1}^{n} (y_i - \sum_{k=0}^{r} a_k\, x_i^k)^2$$

durch partielle Differentiation nach a_k ($k = 0,\ldots,r$) ermittelt. Es ergeben sich $r + 1$ partielle Ableitungen erster Ordnung

$$\frac{\partial S(a_0,\ldots,a_r)}{\partial a_k} = \sum_{i=1}^{n} 2(y_i - a_0 - a_1 x_i - a_2 x_i^2 - \ldots - a_r x_i^r)(-x_i^k) \quad \text{für } k = 0,\ldots,r.$$

---

1 Man beachte, daß sich je nach Rechengenauigkeit unterschiedliche Werte ergeben können.

Daraus ergeben sich die

R 4.3.25

Normalgleichungen zur Bestimmung der Koeffizienten einer KQ-Regressionsfunktion der Form

$$\hat{y} = a_0 + a_1 x + a_2 x^2 + \ldots + a_r x^r = \sum_{k=0}^{r} a_k x^k$$

I. $\sum y_i = n a_0 + a_1 \sum x_i + \ldots + a_r \sum x_i^r$

II. $\sum y_i x_i = a_0 \sum x_i + a_1 \sum x_i^2 + \ldots + a_r \sum x_i^{r+1}$

III. $\sum y_i x_i^2 = a_0 \sum x_i^2 + a_1 \sum x_i^3 + \ldots + a_r \sum x_i^{r+2}$

...

(r + 1). $\sum y_i x_i^r = a_0 \sum x_i^r + a_1 \sum x_i^{r+1} + \ldots + a_r \sum x_i^{2r}$

Man erhält also ein System von $r + 1$ linearen Gleichungen zur Bestimmung der $r + 1$ Koeffizienten. Für das in R 4.3.25 angegebene Gleichungssystem kann man auch kürzer schreiben

$$\sum y_i x_i^k = a_0 \sum x_i^k + a_1 \sum x_i^{k+1} + \ldots + a_r \sum x_i^{k+r} \quad \text{für } k = 0,\ldots,r$$

bzw.

$$\sum y_i x_i^k = \sum_{j=0}^{r} a_j \sum x_i^{k+j} \quad \text{für } k = 0,\ldots,r.$$

A 4.3.26 Hat man für die gemeinsam auftretenden metrisch meßbaren Merkmale X und Y n Paare von Beobachtungswerten erhoben und gehören zu gleichen x-Werten niemals verschiedene y-Werte, dann liegen auf einer KQ-Regressionsfunktion der Form $\hat{y} = a_0 + a_1 x + a_2 x^2 + \ldots + a_{n-1} x^{n-1}$, d. h. einer ganzen rationalen Funktion (n-1)-ten Grades, alle Paare von Beobachtungswerten $(x_i; y_i)$.
F 4.3.27 zeigt hierzu ein Beispiel.
Bei einer statistischen Abhängigkeit, bei der Schwankungen der Beobachtungswerte um eine Regressionsfunktion als "normal" anzusehen sind, ist ein solcher Ansatz in der Regel jedoch nicht angemessen.

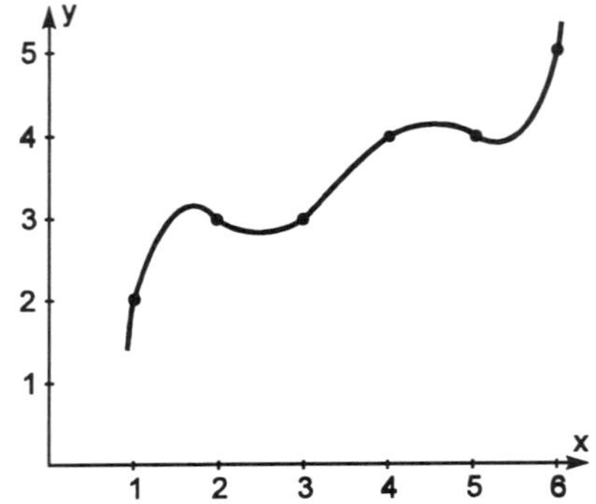

F 4.3.27 *Zeichnung zu* A 4.3.26

Potenzfunktion $y = ax^b$

Bei einer Potenzfunktion $\hat{y} = ax^b$, bei der b beliebige reelle Werte annehmen kann und a > 0 und $x > 0$ gilt, bereitet die Anwendung des Kriteriums der Kleinsten Quadrate rechnerische Schwierigkeiten, da sich nicht wie bisher lineare Normalgleichungen (d. h. linear in den Koeffizienten) ergeben. Man hilft sich dann dadurch, daß man die **Potenzfunktion durch eine geeignete Transformation linearisiert**. Dies erreicht man durch Logarithmieren der Gleichung. Aus

$\hat{y} = ax^b$ ergibt sich $\log \hat{y} = \log a + b \log x$.

Mit log wird der Dekadische Logarithmus (zur Basis 10) bezeichnet. Die Linearisierung ist jedoch auch mit jedem anderen Logarithmus möglich.
Auf die durch die logarithmische Transformation linearisierte Potenzfunktion wendet man dann das Kriterium der Kleinsten Quadrate an.

R 4.3.28

Für die Bestimmung einer **KQ-Regressionsfunktion $\hat{y} = ax^b$** wendet man das Kriterium der Kleinsten Quadrate auf die **durch Logarithmierung linearisierte Funktion**

$\log \hat{y} = \log a + b \log x$ an.

Die Bestimmungsgleichungen für die Koeffizienten log a und b der linearisierten Funktion lauten (vgl. R 4.3.7):

$$\log a = \frac{\sum(\log x_i)^2 \sum \log y_i - \sum \log x_i \sum \log x_i \log y_i}{n\sum(\log x_i)^2 - (\sum \log x_i)^2} \quad \text{und}$$

$$b = \frac{n\sum \log x_i \log y_i - \sum \log x_i \sum \log y_i}{n\sum(\log x_i)^2 - (\sum \log x_i)^2}.$$

B 4.3.29 *Ein Unternehmer hat in fünf aufeinanderfolgenden Jahren, in denen ein starker Anstieg des allgemeinen Preisniveaus stattgefunden hat, folgende Preise und Absatzmengen eines Gutes beobachtet:*

Jahr i	*Preisniveau (Jahr 1=100)*	*Preis* p_i *DM pro Einheit*	*Absatzmenge* m_i
1	100	30	610
2	125	45	460
3	130	52	395
4	140	63	330
5	160	80	280

Es soll nach dem Kriterium der Kleinsten Quadrate eine Preisabsatzfunktion konstanter Preiselastizität bestimmt werden. Diese Funktion hat die allgemeine Form:

$$\hat{m} = a\,p^b .$$

Durch Logarithmierung ergibt sich

$$\log \hat{m} = \log a + b \log p .$$

Die Koeffizienten dieser linearen Funktion sind log *a und b. Die Formeln zur Bestimmung dieser Koeffizienten einer KQ-Regression lauten:*

$$\log a = \frac{\sum(\log p_i)^2 \sum \log m_i - \sum \log p_i \sum \log p_i \log m_i}{n\sum(\log p_i)^2 - (\sum \log p_i)^2} \quad \textit{und}$$

$$b = \frac{n\sum \log p_i \log m_i - \sum \log p_i \sum \log m_i}{n\sum(\log p_i)^2 - (\sum \log p_i)^2} .$$

Es ergibt sich im vorliegenden Fall jedoch folgendes zusätzliches Problem: Die Wertepaare $(p_i;m_i)$ *wurden zu verschiedenen Zeitpunkten beobachtet. In dem Beobachtungszeitraum hat, wie aus der Aufgabe hervorgeht, ein starker Anstieg des Preisniveaus stattgefunden. Das bedeutet, daß die Beobachtungswerte den Zusammenhang zwischen Preisen und Mengen nur ungenau wiedergeben, da in den Preisen die Preiserhöhung enthalten ist. Der Zusammenhang wird durch die Überlagerung der Preisniveauverschiebung verfälscht. Man muß deshalb den Einfluß der Preisniveauverschiebung eliminieren und bereinigte Preise* $\tilde{p}$ *ermitteln. Das geschieht nach folgender Formel:*

$$\tilde{p} = p \frac{100}{\textit{Preisniveau}} .$$

Mit Hilfe dieser vom Einfluß der Preisniveauverschiebung bereinigten Preise wird dann die gesuchte Preisabsatzfunktion ermittelt. Statt p muß es im folgenden dann $\tilde{p}$ *heißen, da mit bereinigten Preisen gerechnet wird.*

Für diese Durchführung der Berechnung legt man sich zweckmäßigerweise wieder ein Rechenschema an und erhält:

Jahr	1	2	3	4	5	
Preisniveau	100	125	130	140	160	
Preis p_i	30	45	52	63	80	
bereinigter Preis $\tilde{p}_i$	30	36	40	45	50	
log $\tilde{p}_i$	1,48	1,56	1,60	1,65	1,70	Σ=7,99
Menge m_i	610	460	395	330	280	
log m_i	2,79	2,66	2,60	2,52	2,45	Σ=13,02
log $\tilde{p}_i$ *log* m_i	4,13	4,15	4,16	4,16	4,17	Σ=20,77
$(\log \tilde{p}_i)^2$	2,19	2,43	2,56	2,72	2,89	Σ=12,79

Zur Reduzierung des Rechenaufwands wurden alle Zwischenergebnisse auf zwei Nachkommastellen gerundet.

Es ist $n = 5$ *und* $(\sum \log \tilde{p}_i)^2 = 63,84$. *Setzt man diese Werte und die errechneten Zwischensummen in die obigen Formeln ein, so ergibt sich*

$\log a = 5{,}22$ *oder* $a = 165.959$ *und* $b = -1{,}64$.

Die Preisabsatzfunktion konstanter Preiselastizität (die Elastizität ist $b = -1{,}64$*) lautet somit*

$$\hat{m} = 165.959\,\tilde{p}^{-1,64}.$$

Exponentialfunktion $y = ab^x$

Für die Exponentialfunktion $\hat{y} = ab^x$ gilt ähnliches, wie für die soeben behandelte Potenzfunktion.

R 4.3.30

Für die Bestimmung einer **KQ-Regressionsfunktion** $\hat{y} = ab^x$ $(a, b > 0)$ wendet man das Kriterium der Kleinsten Quadrate auf die durch **Logarithmierung linearisierte Funktion** $\log \hat{y} = \log a + x \log b$ an. Die Bestimmungsgleichungen für die Koeffizienten log a und log b der linearisierten Funktion lauten (vgl. R 4.3.7):

$$\log a = \frac{\sum x_i^2 \sum \log y_i - \sum x_i \sum x_i \log y_i}{n \sum x_i^2 - (\sum x_i)^2} \quad \text{und}$$

$$\log b = \frac{n \sum x_i \log y_i - \sum x_i \sum \log y_i}{n \sum x_i^2 - (\sum x_i)^2}.$$

Logistische Funktion $y = \frac{k}{1+e^{a+bx}}$ **($b < 0$)**

Die logistische Funktion $\hat{y} = \frac{k}{1+e^{a+bx}}$ ist eine Verallgemeinerung der Exponentialfunktion. Sie hat einen typischen Verlauf wie in F 4.3.31. Für $x \to \infty$ konvergiert die logistische Funktion gegen eine Parallele zur Abszisse im Abstand k. Verwendet wird die logistische Funktion vor allem zur Beschreibung von Wachstumsprozessen im Zeitablauf. Die Konstante k gibt die Sättigungsgrenze des Wachstumsprozesses an. Die Bestimmung einer logistischen Funktion mit den 3 Parametern k, a und b nach dem Kriterium der Kleinsten Quadrate ist im allgemeinen sehr aufwendig und wird deshalb hier nicht behandelt.

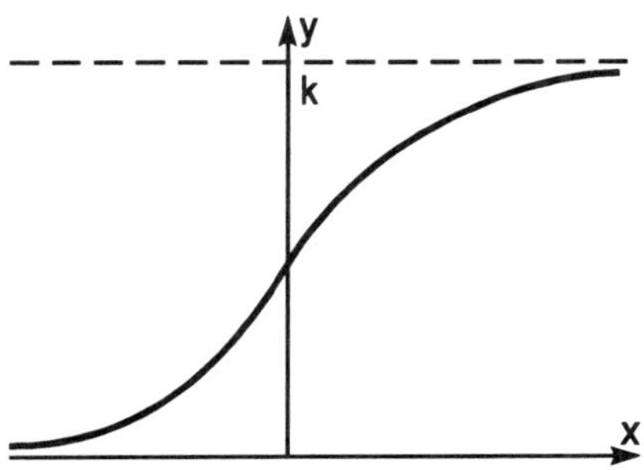

F 4.3.31 *Logistische Funktion*

Kennt man die Sättigungsgrenze k, dann kann man das Kriterium der Kleinsten Quadrate über die folgende Transformation anwenden.
Es ist $\hat{y} = \frac{k}{1+e^{a+bx}}$ und somit $1+e^{a+bx} = \frac{k}{\hat{y}}$. Daraus folgt $e^{a+bx} = \frac{k}{\hat{y}} - 1$ und nach Anwendung des natürlichen Logarithmus ln (zur Basis e)

$$\ln(e^{a+bx}) = a + bx = \ln(\frac{k}{\hat{y}} - 1).$$

Man erhält also die lineare Funktion

$\ln(\frac{k}{\hat{y}} - 1) = a + bx$ mit der abhängigen Variablen $\ln(\frac{k}{\hat{y}} - 1)$, deren Werte man aus den Beobachtungswerten y_i bei gegebenen k ausrechnen kann.

R 4.3.32

Für die Bestimmung der Koeffizienten der **KQ-Regressionsfunktion** $\hat{y} = \dfrac{k}{1+e^{a+bx}}$ mit bekanntem k wendet man auf die **transformierte Funktion** $\ln(\frac{k}{\hat{y}} - 1) = a + bx$ das Kriterium der Kleinsten Quadrate an. Die Bestimmungsgleichungen für die Koeffizienten a und b lauten (vgl. R 4.3.7):

$$a = \frac{\sum x_i^2 \sum \ln(\frac{k}{y_i} - 1) - \sum x_i \sum x_i \ln(\frac{k}{y_i} - 1)}{n\sum x_i^2 - (\sum x_i)^2} \quad \text{und}$$

$$b = \frac{n\sum x_i \ln(\frac{k}{y_i} - 1) - \sum x_i \sum \ln(\frac{k}{y_i} - 1)}{n\sum x_i^2 - (\sum x_i)^2}.$$

Ein Beispiel dazu wird bei der Behandlung von Zeitreihen vorgestellt (vgl. B 5.3.20). Auf weitere nichtlineare Regressionen wird nicht eingegangen. Es wird auf Spezialliteratur dazu verwiesen.

f) Residuen und Residualvarianz

Für die nähere Untersuchung von Zusammenhängen spielen die Abweichungen der Beobachtungswerte y_i von den zugehörigen Werten der Regressionsfunktion $\hat{y}_i$ eine Rolle.

D 4.3.33

Gegeben seien die metrisch meßbaren, abhängigen Merkmale X und Y und eine zur Beschreibung ihrer Abhängigkeit bestimmte KQ-Regressionsfunktion $\hat{y} = f(x)$. Die Differenz $u_i = y_i - \hat{y}_i$ heißt **Residuum** (des i-ten Beobachtungswertes).

Das Kriterium der Kleinsten Quadrate entspricht einer Minimierung der Summe der Residuenquadrate (siehe R 4.3.4).

Für eine lineare KQ-Regressionsfunktion folgt aus der I. Normalgleichung (siehe R 4.3.6):

$$\sum y_i - na - b\sum x_i = 0 \text{ bzw. } \sum (y_i - a - bx_i) = 0$$

oder auch

$$\sum (y_i - \hat{y}_i) = \sum u_i = 0.$$

R 4.3.34

Für eine lineare KQ-Regressionsfunktion ist die Summe der Residuen gleich Null: $\sum u_i = 0$.

Diese Aussage kann verallgemeinert werden. Für eine KQ-Regressionsfunktion $\hat{y} = a + f^*(x)$, wobei $f^*(x)$ keine additive Konstante mehr hat, fordert das Kriterium der Kleinsten Quadrate die Minimierung von

$$S(a,\ldots) = \sum u_i^2 = \sum (y_i - \hat{y}_i)^2 = \sum (y_i - a - f^*(x))^2.$$

Partielle Differentation nach a ergibt

$$\frac{\partial S}{\partial a} = \sum 2(y_i - a - f^*(x))(-1).$$

Setzt man diese Ableitung gleich Null, so ergibt sich

$$\sum (y_i - a - f^*(x)) = \sum u_i = 0.$$

R 4.3.35

Für jede KQ-Regressionsfunktion mit additiver Konstante verschwindet die Summe der Residuen, d. h. es gilt: $\sum u_i = 0$.

Aus R 4.3.35 folgt wegen $\bar{u} = \frac{1}{n}\sum u_i$ unmittelbar:

R 4.3.36

Für jede KQ-Regressionsfunktion mit einer additiven Konstanten ($\hat{y} = a + f^*(x)$) verschwindet das arithmetische Mittel der Residuen, d. h. es gilt: $\bar{u} = 0$.

Der Leser möge das für B 4.3.8 und 4.3.15 selbst überprüfen.

Für die Varianz der Residuen s_u^2 gilt wegen $\bar{u} = 0$ (siehe R 3.3.14)

R 4.3.37

$$s_u^2 = \frac{1}{n}\sum u_i^2.$$

Da $\frac{1}{n}$ für eine gegebene zweidimensionale Verteilung eine Konstante ist, folgt daraus in Verbindung mit R 4.3.36:

R 4.3.38

> Das **Kriterium der Kleinsten Quadrate** entspricht bei einer Regressionsfunktion ($\hat{y} = a + f^*(x)$) mit einer additiven Konstante einer **Minimierung der Varianz der Residuen**.

Damit kann das Kriterium der Kleinsten Quadrate für Regressionsfunktionen der Form $\hat{y} = a + f^*(x)$ wie folgt interpretiert werden: Gesucht ist die Regressionsfunktion eines gegebenen Typs, bei der die als Varianz gemessene Streuung der Residuen minimal wird.

g) Andere Kriterien zur Bestimmung von Regressionsfunktionen

Das Kriterium der Kleinsten Quadrate in der beschriebenen Form liefert nicht den einzigen Ansatz zur Bestimmung von Regressionsfunktionen. Zur Erläuterung einiger anderer Ansätze bzw. Kriterien wird von folgender Überlegung ausgegangen:

Um statistische Zusammenhänge zu analysieren und in einfacher Form zu beschreiben, geht man davon aus, daß zu einer gegebenen Ausprägung des einen Merkmals für das andere Merkmal eine (bekannte) Häufigkeitsverteilung existiert. Betrachtet man die gemeinsame Verteilung der beiden Merkmale, so handelt es sich hier um bedingte Häufigkeitsverteilungen.
Aufgabe der **Regressionsrechnung** ist es nun, eine **eindeutige Aussage über die Tendenz** eines Zusammenhangs zu machen. Zur Ermittlung einer solchen eindeutigen Zuordnung kann man nun jeder Ausprägung des einen Merkmals einen charakteristischen Wert (meistens einen Lageparameter) der zugehörigen bedingten Verteilung des anderen Merkmals eindeutig zuordnen. In diesem Zusammenhang interessieren insbesondere folgende drei Möglichkeiten:

(1) Zuordnung des **arithmetischen Mittels** (der bedingten Verteilungen). Eine solche Regression besitzt die folgenden Eigenschaften:
- Die Summe der einfachen Abweichungen der Beobachtungswerte von den zugehörigen Regressionswerten, also die Summe der Residuen, wird Null (siehe R 4.3.34).
- Die Summe der quadratischen Abweichungen der Beobachtungswerte von den zugehörigen Regressionswerten wird zu einem Minimum, d. h. sie ist kleiner als bei jeder anderen Regression. Dies ergibt sich aus der in A 3.3.21 erläuterten Eigenschaft des arithmetischen Mittels. Die so bestimmte punktweise Regression erfüllt also auch das Kriterium der Kleinsten Quadrate.

B 4.3.39 *In* F 4.3.40 *sind für die auf der y-Achse und auf der x-Achse gekennzeichneten Klassen bedingte arithmetische Mittelwerte der x-Werte (Kreuze) und der y-Werte (Kreise) gezeichnet und eingetragen und gradlinig miteinander verbunden worden.*

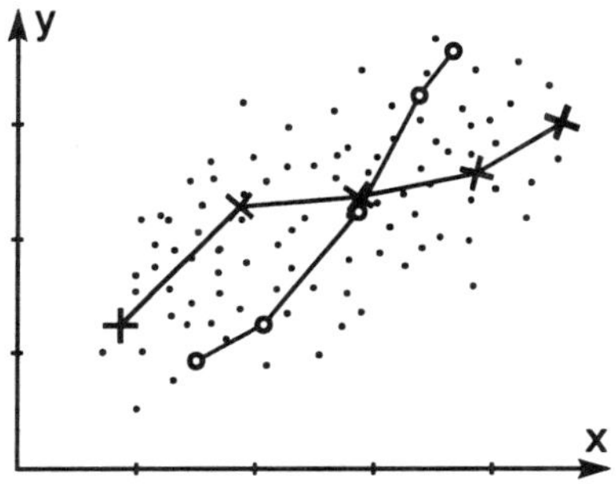

F 4.3.40 *y-x- und x-y-Regression durch bedingte Mittelwerte*

Die Bestimmung von bedingten Mittelwerten empfiehlt sich immer dann, wenn bei der Bestimmung einer KQ-Regression Unklarheit oder Unsicherheit über den angemessenen Funktionstyp besteht. Aus den bedingten Mittelwerten (vor allem ihrer grafischen Darstellung) erhält man oft wichtige Anhaltspunkte zur Festlegung eines geeigneten Funktionstyps.

Neben der Zuordnung von bedingten arithmetischen Mittelwerten können Regressionen auch bestimmt werden durch:

(2) Zuordnung des **dichtesten** oder **häufigsten Wertes** der bedingten Verteilungen. Man erhält dann die **Maximale-Häufigkeits-Regression** oder **Maximum-Likelihood-Regression**.

(3) Zuordnung des **Zentralwerts** oder **Medians** der bedingten Verteilungen. Man erhält dann die **Zentralwert-Regression**. Sie besitzt folgende Eigenschaft:
- Die Summe der absoluten Abweichungen der Beobachtungswerte von den zugehörigen Regressionswerten wird zu einem Minimum, d. h. sie ist kleiner als bei jeder anderen Regression.

Für den Zentralwert wurde diese Eigenschaft in A 3.3.9 erläutert.

Auf die Maximum-Likelihood-Regression und die Zentralwert-Regression wird hier nicht weiter eingegangen.

4.4 Zusammenhangsmaße für zwei metrisch meßbare Merkmale

a) Aufgabenstellung der Korrelationsrechnung

Ebenso wie in Abschnitt 4.3 wird die gemeinsame Verteilung zweier metrisch meßbarer Merkmale X und Y betrachtet. In Abschnitt 4.3 wurde davon ausgegangen, daß Y statistisch von X abhängt, und es wurde gezeigt, wie man eine Regressions**funktion** bestimmen kann, die beschreibt, wie Y von X "durchschnittlich" oder "tendenziell" abhängt. Eine solche Regressionsfunktion gibt **keine** Auskunft darüber, wie ausgeprägt ein Zusammenhang ist. Für die drei in F 4.4.1 dargestellten Streuungsdiagramme ergeben sich z. B. übereinstimmende Regressionsfunktionen, obwohl sich die Zusammenhänge voneinander unterscheiden (siehe hierzu auch die Beispiele in F 4.1.5 und 4.3.22). Im Bild B liegt offensichtlich nur ein sehr schwacher statistischer Zusammenhang vor, in Bild A ist der (lineare) Zusammenhang deutlich zu erkennen und in Bild C liegt ein eindeutiger Zusammenhang vor, denn alle Beobachtungswerte liegen auf der Geraden. Die dargestellten Zusammenhänge sind **unterschiedlich stark ausgeprägt**. Zur Erfassung bzw. Analyse von Unterschieden in der Ausgeprägtheit eines Zusammenhangs ist die Regressionsrechnung nicht in der Lage. **Die Messung der Stärke bzw. Ausgeprägtheit eines statistischen Zusammenhangs zweier metrisch meßbarer Merkmale ist Aufgabe der Korrelationsrechnung.**

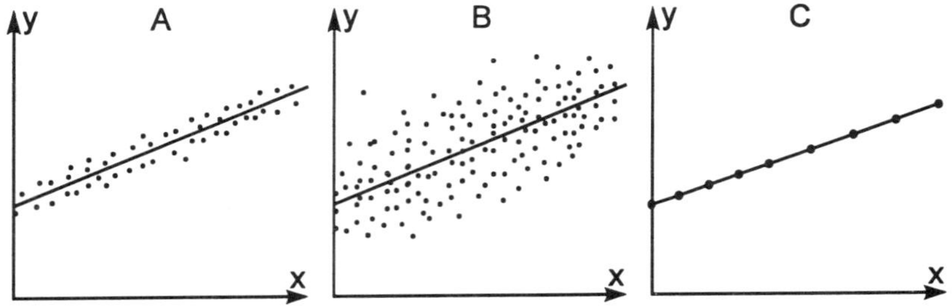

F 4.4.1 *Unterschiedlich stark ausgeprägte Zusammenhänge mit übereinstimmenden Regressionsfunktionen*

b) Korrelationskoeffizient eines linearen Zusammenhangs

Ist es sinnvoll, die Tendenz eines statistischen Zusammenhangs durch eine lineare Funktion zu beschreiben, dann ergibt sich eine Maßzahl zur Bestimmung der Stärke des linearen Zusammenhangs unter Verwendung der Kovarianz. Sie wurde als Parameter der gemeinsamen Variabilität zweier Merkmale in Abschnitt 4.1 f) eingeführt (siehe D 4.1.19).

D 4.4.2

Gegeben sei die gemeinsame Verteilung zweier metrisch meßbarer Merkmale X und Y. Ferner seien die Kovarianz COV (X,Y) und die Standardabweichungen s_X und s_Y gegeben.
$r_{XY} = \dfrac{\text{COV}(X,Y)}{s_X s_Y}$ heißt **Korrelationskoeffizient** und ist ein Maß für die Ausgeprägtheit des linearen Zusammenhangs von X und Y. Es gilt $-1 \leq r_{XY} \leq 1$.

Nach dem englischen Statistiker PEARSON wird r manchmal auch als PEARSONscher Korrelationskoeffizient bezeichnet. Sofern keine Mißverständnisse entstehen können, schreibt man meist nur r ohne Angabe der Merkmale.

B 4.4.3 *Es wird auf die Daten und Ergebnisse aus* B 4.3.15 *zurückgegriffen (siehe auch* F 4.3.16*). Dort wurde berechnet* COV$(X,Y) = 5$, $s_X^2 = 6{,}5$ *und* $s_Y^2 = 5{,}11$. *Für den Korrelationskoeffizienten erhält man somit*

$$r_{XY} = \frac{5}{\sqrt{6{,}5}\sqrt{5{,}11}} = 0{,}87.$$

Liegen alle Beobachtungswerte auf einer Geraden, so gilt

$$y_i = a + bx_i \text{ für } i = 1,...,n.$$

Aus R 4.1.21 folgt dann in Verbingung mit R 3.2.37 und R 3.3.14

$$\begin{aligned}\text{COV}(X,Y) = \text{COV}(X, a+bX) &= \frac{1}{n}\sum_{i=1}^{n} x_i(a+bx_i) - \bar{x}(a+b\bar{x}) \\ &= \frac{a}{n}\sum_{i=1}^{n} x_i + \frac{b}{n}\sum_{i=1}^{n} x_i^2 - a\bar{x} - b\bar{x}^2 \\ &= a\bar{x} - a\bar{x} + b(\frac{1}{n}\sum_{i=1}^{n} x_i^2 - \bar{x}^2) \\ &= bs_X^2.\end{aligned}$$

Weiterhin gilt dann (siehe R 3.3.27)

$$s_Y^2 = s_{a+bX}^2 = b^2 s_X^2 \text{ bzw. } s_{a+bX} = |b| s_X.$$

(Es ist $|b|$ zu wählen, da zur Bestimmung der Standardabweichung immer die positive Wurzel zu nehmen ist, b aber negativ sein kann.)

Damit ergibt sich

$$r_{XY} = \frac{\mathrm{COV}(X, a+bX)}{s_X s_{a+bX}} = \frac{b s_X^2}{s_X\, |b|\, s_X} = sign\,(b) \cdot 1$$

(*sign* (*b*) bedeutet: Vorzeichen von *b*).

R 4.4.4

> Gegeben sei die gemeinsame Verteilung zweier metrisch meßbarer Merkmale *X* und *Y*. Liegen alle Beobachtungswerte auf einer Geraden, dann gilt $|\boldsymbol{r}| = \mathbf{1}$.
> Bei einer steigenden Geraden gilt $r = +1$, bei einer fallenden Geraden $r = -1$.

Für unabhängige Merkmale *X* und *Y* gilt COV(*X*,*Y*) = 0. Damit ergibt sich:

R 4.4.5

> Sind die metrisch meßbaren Merkmale *X* und *Y* **unabhängig**, so gilt $\boldsymbol{r} = \mathbf{0}$.

Die Umkehrung dieser Aussage ist nicht zulässig, d. h. **aus $\boldsymbol{r} = \mathbf{0}$ kann nicht gefolgert werden, daß *X* und *Y* unabhängig sind**.

B 4.4.6 *Es sei folgende relative Häufigkeitsverteilung gegeben:*

	$y_1 = 2$	$y_2 = 4$	$y_3 = 6$	
$x_1 = 2$	0,2	0	0,2	0,4
$x_2 = 4$	0	0,2	0	0,2
$x_3 = 6$	0,2	0	0,2	0,4
	0,4	0,2	0,4	

Die bedingten Verteilungen der relativen Häufigkeiten von y lauten:

	$y_1 = 2$	$y_2 = 4$	$y_3 = 6$
für $x_1 = 2$:	0,5	0	0,5
für $x_2 = 4$:	0	1	0
für $x_3 = 6$:	0,5	0	0,5

X und Y sind also ***nicht unabhängig*** *(siehe* D 4.2.2*).*

Es ist $\overline{x} = 4$ *und* $\overline{y} = 4$*, und es ergibt sich mit* R 4.1.21*:*

$$\begin{aligned}\mathrm{COV}(X,Y) &= \sum_{j=1}^{3}\sum_{k=1}^{3} x_j y_k f(x_j;y_k) - \bar{x}\bar{y}\\ &= 2\cdot 2\cdot 0{,}2 + 2\cdot 6\cdot 0{,}2 + 4\cdot 4\cdot 0{,}2 + 6\cdot 2\cdot 0{,}2 + 6\cdot 6\cdot 0{,}2 - 4\cdot 4\\ &= 16 - 16\end{aligned}$$

und damit

$$r = \frac{\mathrm{COV}(X,Y)}{s_X s_Y} = \frac{0}{s_X s_Y} = 0.$$

Aus den Formeln R 4.3.13 und R 4.3.14 ergibt sich

R 4.4.7

$$r = sign\,(b)\sqrt{bb'} = b\frac{s_X}{s_Y}.$$

Man beachte, daß der Korrelationskoeffizient r nur dann den Wert +1 oder –1 annimmt, wenn alle Beobachtungspaare auf einer steigenden oder fallenden Geraden liegen. Aus $-1 < r < +1$ kann nicht geschlossen werden, daß kein eindeutiger Zusammenhang vorliegt, sondern nur, daß kein eindeutiger **linearer** Zusammenhang besteht.

B 4.4.8 *Für die beiden eindeutigen Zusammenhänge in* F 4.4.9 *ergeben sich die eingezeichneten Regressionsgeraden und die in die Zeichnung eingetragenen Korrelationskoeffizienten.*

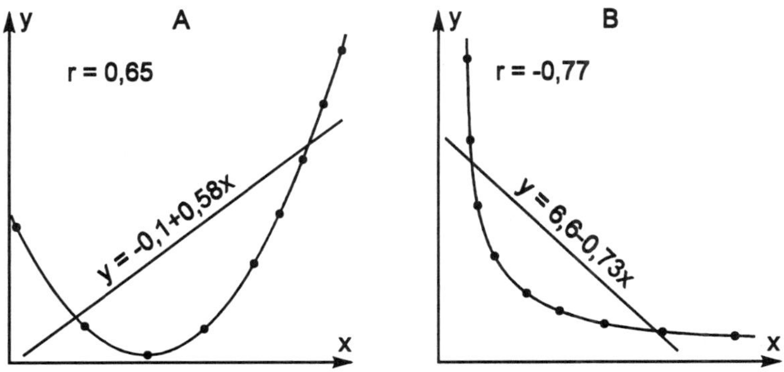

F 4.4.9 *Nichtlineare, eindeutige Zusammenhänge*

Das Beispiel macht deutlich, daß der Korrelationskoeffizient keine Aussagen über das "Maß der Eindeutigkeit" eines Zusammenhangs liefert, sondern nur wie ausgeprägt ein der Tendenz nach **linearer** Zusammenhang ist. Je enger die Beobachtungswerte um eine steigende oder fallende Gerade liegen, desto mehr nähert sich der Korrelationskoeffizient dem Wert +1 oder –1. Die folgende F 4.4.10 zeigt einige Beispiele.

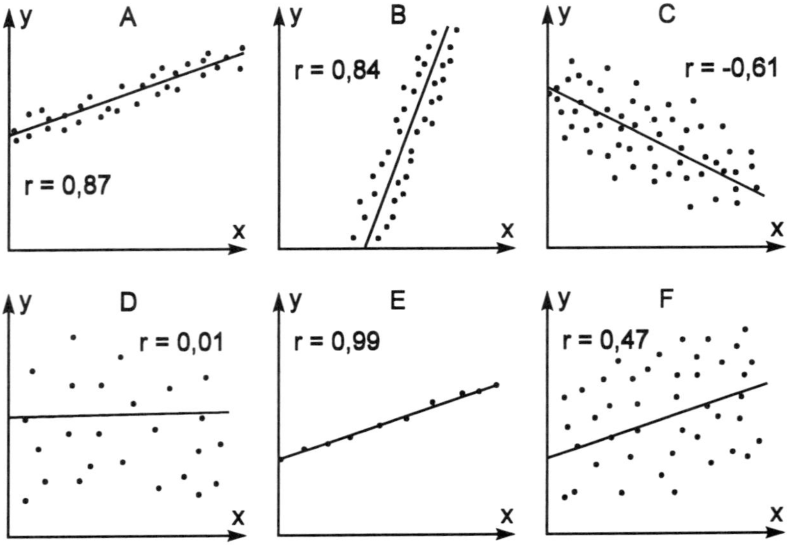

F 4.4.10 *Unterschiedliche Zusammenhänge*

Auf Zusammenhangsmaße bei nichtlinearen Regressionen wird weiter unten eingegangen.

Werden die Merkmale X und Y linear transformiert, d. h. $X' = A + BX$ und $Y' = C + DY$, so ergibt sich für die Kovarianz

$$\begin{aligned} \text{COV}(A+BX, C+DY) &= \frac{1}{n}\sum_{i=1}^{n}(A+Bx_i - A - B\overline{x})(C+Dy_i - C - D\overline{y}) \\ &= \frac{1}{n}\sum_{i=1}^{n} B(x_i - \overline{x})D(y_i - \overline{y}) \\ &= BD\frac{1}{n}\sum_{i=1}^{n}(x_i - \overline{x})(y_i - \overline{y}) = BD\,\text{COV}(X,Y). \end{aligned}$$

Unter Verwendung von R 3.3.27 ergibt sich damit für den Korrelationskoeffizienten

$$r_{X'Y'} = \frac{\mathrm{COV}(X',Y')}{s_{X'}s_{Y'}} = \frac{\mathrm{COV}(A+BX,C+DY)}{s_{A+BX}s_{C+DY}}$$

$$= \frac{BD\,\mathrm{COV}(X,Y)}{|b|\,s_X\,|D|\,s_Y} = sign\,(BD)r_{XY}\,.$$

R 4.4.11

Der für zwei metrisch meßbare Merkmale X und Y berechnete Korrelationskoeffizient ist (bis auf das Vorzeichen) invariant gegen lineare Transformation der Merkmalswerte, d. h. es gilt:

$$|r_{XY}| = |r_{A+BX,C+DY}|.$$

Zur Interpretation des Korrelationskoeffizienten läßt sich zusammenfassend folgendes sagen:

- Der Korrelationskoeffzient sollte **nur** berechnet werden, wenn der untersuchte Zusammenhang **sinnvoll** durch eine **lineare Regressionsfunktion** beschrieben werden kann.
- Der Korrelationskoeffizient nimmt Werte von –1 bis +1 an ($-1 \le r \le +1$). **Je enger die Beobachtungswerte** bei gleichbleibenden x-Koordinaten um eine steigende oder fallende **Gerade** streuen, desto mehr nähert sich r dem Wert +1 oder –1.
- Für **unabhängige Merkmale** gilt $r = 0$. **Aus $r = 0$ kann aber nicht auf Unabhängigkeit geschlossen werden.**
- Der Korrelationskoeffizient sagt **nichts über die Art des Zusammenhangs** aus. In den drei Fällen der F 4.4.12 ergibt sich jedesmal ein Korrelationskoeffizent von $r = 1$.

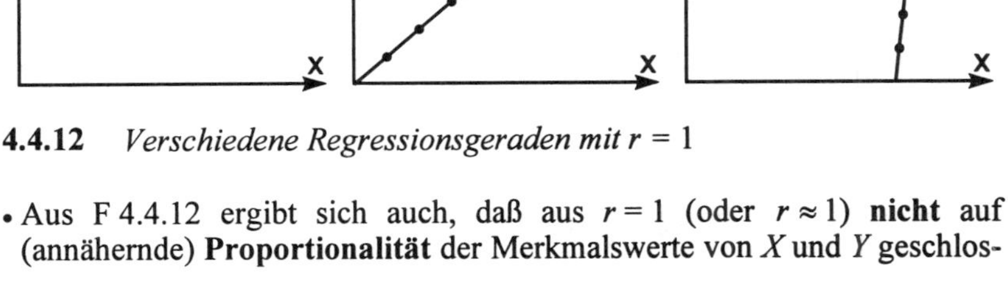

F 4.4.12 *Verschiedene Regressionsgeraden mit $r = 1$*

- Aus F 4.4.12 ergibt sich auch, daß aus $r = 1$ (oder $r \approx 1$) **nicht** auf (annähernde) **Proportionalität** der Merkmalswerte von X und Y geschlossen werden kann, wie manchmal bei Anwendungen behauptet wird. Tendenzielle Proportionalität liegt vor, wenn sich eine Regressionsgerade mit $a = 0$ ergibt (siehe auch Abschnitt 4.3 d).

Der Korrelationskoeffizient ist somit zwar eine nützliche, aber nur begrenzt verwendbare Maßzahl, die immer kritisch verwendet werden sollte.

c) Streuungszerlegung

Ist für zwei Merkmale X und Y eine lineare Regressionsfunktion $\hat{y} = a + bx$ bestimmt worden, dann bezeichnet $\hat{y}_i = a + bx_i$ den zu x_i gehörigen y-Wert auf der Regressionsgeraden, der auch **Regressionswert**, **Regressionsschätzwert** oder **Schätzwert der Regression zu x_i** genannt wird. Es gilt $a + b\overline{x} = \overline{y}$ (vgl. R 3.2.37 und R 4.3.10). Es ist $s_{\hat{Y}}^2 = \frac{1}{n}\sum(\hat{y}_i - \overline{y})^2$ die Varianz der Regressionswerte, und es gilt

$$\frac{1}{n}\sum(\hat{y}_i - \overline{y})^2 = \frac{1}{n}\sum(a + bx_i - a - b\overline{x})^2 = \frac{1}{n}\sum(bx_i - b\overline{x})^2$$

$$= b^2 \frac{1}{n}\sum(x_i - \overline{x})^2 = b^2 s_X^2 \text{, also}$$

R 4.4.13

$$s_{\hat{Y}}^2 = b^2 s_X^2 .$$

Die Varianz der Regressionswerte $\hat{y}$ kann also auf die Varianz des Merkmals X zurückgeführt werden.

In Abschnitt 4.3 f) wurde der Begriff des Residuums (D 4.3.33) und die Varianz der Residuen s_u^2 (R 4.3.37) eingeführt. Wegen $u_i = y_i - \hat{y}_i$ bzw. $y_i = \hat{y}_i + u_i$ gilt nun

$$s_Y^2 = \frac{1}{n}\sum(y_i - \overline{y})^2 = \frac{1}{n}\sum(\hat{y}_i - \overline{y} + u_i)^2$$

$$= \frac{1}{n}\sum((\hat{y}_i - \overline{y})^2 + 2(\hat{y}_i - \overline{y})u_i + u_i^2)$$

$$= \frac{1}{n}\sum(\hat{y}_i - \overline{y})^2 + \frac{1}{n}\sum u_i^2 + \frac{2}{n}\sum(\hat{y}_i - \overline{y})u_i$$

$$= s_{\hat{Y}}^2 + s_u^2 + \frac{2}{n}\sum(a + bx_i - a - b\overline{x})(y_i - a - bx_i)$$

Nun gilt

$$\frac{2}{n}\sum(a+bx_i-a-b\bar{x})(y_i-a-bx_i)$$
$$=\frac{2}{n}b\sum x_i(y_i-a-bx_i)-\frac{2}{n}b\bar{x}\sum(y_i-a-bx_i)=0,$$

denn die beiden Summen entsprechen Ausdrücken, die nach der zweiten bzw. ersten Normalgleichung verschwinden (siehe R 4.3.6). Damit folgt

R 4.4.14

$$s_Y^2=s_{\hat{Y}}^2+s_u^2.$$

Für eine lineare Regression $y = a+bx$ kann die Varianz des Merkmals Y, das der abhängigen Variablen der Regressionsfunktion entspricht, zerlegt werden in die Summe aus Varianz der Regressionswerte und Varianz der Residuen. Nach R 4.4.13 kann die Varianz $s_{\hat{Y}}^2$ der Regressionswerte zurückgeführt werden auf die Varianz von X. Man sagt auch "$s_{\hat{Y}}^2$ **ist der Teil der Varianz von Y, der über die Regressionsfunktion durch die Varianz von X erklärt wird**". Die Varianz der Residuen ist der Teil der Varianz von Y, der über die Regressionsfunktion nicht erklärt werden kann. Es gilt

Gesamte Varianz der abhängigen Variablen		**Varianz** der Regressionswerte, **die** durch die unabhängige Variable **erklärt wird**		**Varianz** der Residuen, **die** durch die unabhängige Variable **nicht erklärt wird.**
s_Y^2	=	$s_{\hat{Y}}^2$	+	s_u^2

Man spricht in diesem Zusammenhang von **Streuungszerlegung**. Es läßt sich zeigen, daß diese Streuungszerlegung nicht nur für lineare Regressionen gilt, sondern auch für solche nichtlinearen Regressionen, die linear in den Regressionskoeffizienten sind.

d) Bestimmtheitsmaß und Bestimmtheitskoeffizient

Da die Streuungszerlegung auch für nichtlineare Regressionen gilt, kann ein sinnvolles Zusammenhangsmaß für lineare und **nichtlineare** Regressionen wie folgt eingeführt werden:

D 4.4.15

Gegeben seien zwei metrisch meßbare Merkmale X und Y, mit einer in den Regressionskoeffizienten linearen Regressionsfunktion $\hat{y} = f(x)$.

$B^2 = \frac{s_{\hat{Y}}^2}{s_Y^2} = 1 - \frac{s_u^2}{s_Y^2}$ heißt **Bestimmtheitsmaß** (der Regressionsfunktion) und gibt den **Anteil der** durch X **erklärten Varianz** von Y an.

Es gilt $0 \le B^2 \le 1$.

$B = \sqrt{B^2}$ heißt **Bestimmtheitskoeffizient**.

Bestimmtheitsmaß (und Bestimmtheitskoeffizient) geben also an, welcher Anteil der Schwankungen bzw. der Variabilität von Y, gemessen durch die Varianz s_Y^2, durch die Regressionsfunktion auf die Variabilität von X, gemessen durch s_X^2, zurückgeführt oder durch sie erklärt werden kann. B^2 gibt den **Erklärungswert** der Regressionsfunktion an.

B 4.4.16 *Für die Angaben aus* B 4.3.24 *erhält man* $s_u^2 = 0{,}0001496$ *und* $s_Y^2 = 0{,}03$.

$$B^2 = 1 - \frac{s_u^2}{s_Y^2} = 1 - \frac{0{,}0001496}{0{,}03} = 0{,}995.$$

Bestimmtheitsmaß und Bestimmtheitskoeffizient sind, wie gesagt, ein geeignetes Zusammenhangsmaß auch für nichtlineare Beziehungen. In B 4.4.8 wurden zwei Fälle dargestellt, bei denen der Korrelationskoeffizient nicht sinnvoll war. Bestimmt man für die gegebenen Werte Regressionsfunktionen, die den Kurven entsprechen, auf denen alle Beobachtungswerte liegen (siehe F 4.4.9), erhält man für beide Fälle $s_u^2 = 0$, $B^2 = 1$ und $B = 1$.

Im Falle einer linearen Regressionsfunktion gilt (siehe R 4.4.7 und 4.4.13):

$$B^2 = \frac{s_{\hat{Y}}^2}{s_Y^2} = \frac{b^2 s_X^2}{s_Y^2} = r^2.$$

R 4.4.17

Für eine lineare Regressionsfunktion stimmen Bestimmtheitsmaß und Quadrat des Korrelationskoeffizienten überein:

$$B^2 = r^2.$$

Für die nichtlinearen Regressionen, die auch in den Regressionskoeffizienten nichtlinear sind, wie z. B. Potenzfunktion und Exponentialfunktion, sollte das Bestimmtheitsmaß nur für die durch entsprechende Transformationen linearisierten Funktionen bestimmt und entsprechend interpretiert werden (siehe u. a. R 4.3.28, R 4.3.30 und R 4.3.32).

Für die Interpretation des Bestimmtheitsmaßes (und teilweise des Bestimmtheitskoeffizienten) gilt folgendes:

- Das Bestimmtheitsmaß setzt eine in den Regressionskoeffizenten (nicht in *X*) lineare Regressionsfunktion voraus und kann **nur zu einer gegebenen Regressionsfunktion bestimmt** werden. Linearität in den Regressionskoeffizienten heißt, daß diese nicht als Exponenten, Basis einer Potenz oder als Produkte vorkommen; in dem Summanden der Regressionsfunktion kommt ein Regressionskoeffizient nur als Faktor vor.
- Das Bestimmtheitsmaß gibt den **Anteil der** durch die unabhängige Variable *X* bzw. durch die Regressionsfunktion **erklärten Varianz an der Gesamtvarianz** von *Y* an.
- Liegen alle Beobachtungswerte auf der Regressionsfunktion, gilt $B^2 = 1$.
- Das Bestimmtheitsmaß gibt an, wie gut der Zusammenhang zwischen den beiden Merkmalen durch die Regressionsfunktion beschrieben wird.

e) Andere Zusammenhangsmaße für metrisch meßbare Merkmale

Korrelationskoeffizient und Bestimmtheitsmaß sind die üblichen Zusammenhangsmaße für metrisch meßbare Merkmale. Es lassen sich jedoch auch andere Maßzahlen bestimmen, die angeben, wie ausgeprägt ein Zusammenhang ist. So können die für nicht metrisch meßbare Merkmale definierten Zusammenhangsmaße (siehe Abschnitte 4.6 und 4.7) auch für metrisch meßbare verwendet werden.
Ein sehr einfaches (und grobes) Maß ergibt sich wie folgt:

D 4.4.18

Gegeben sei die gemeinsame Verteilung zweier metrisch meßbarer Merkmale *X* und *Y*, und es sei n^+ die Anzahl der Beobachtungen mit $(x_i - \bar{x})(y_i - \bar{y}) > 0$ und n^- die Anzahl der Beobachtungen mit $(x_i - \bar{x})(y_i - \bar{y}) < 0$.
Für jedes Beobachtungspaar mit $(x_i - \bar{x})(y_i - \bar{y}) = 0$ wird zu n^+ und n^- je 0,5 addiert.

$k = \dfrac{n^+ - n^-}{n^+ + n^-}$ heißt **Korrelationsindex**.

Grafisch läßt sich der Korrelationsindex einfach bestimmen, indem man in das Streuungsdiagramm bei $\overline{x}$ und $\overline{y}$ Parallelen zu den Koordinatenachsen zeichnet (siehe F 4.4.20). In den Feldern links unten und rechts oben liegen die zu n^+ gehörigen Werte und in den beiden Feldern links oben und rechts unten die zu n^- gehörigen Beobachtungswerte.

B 4.4.19 *Für die in* F 4.4.20 *eingezeichneten Beobachtungen (die Strich-Punkt-Linien entsprechen* $\overline{x}$ *und* $\overline{y}$*) ergibt sich* $n^+ = 8$ *und* $n^- = 14$*. Als Korrelationsindex erhält man*

$$k = \frac{n^+ - n^-}{n^+ + n^-} = \frac{8-14}{22} = -\frac{6}{22} = -0{,}27.$$

Für den Korrelationskoeffizienten erhält man $r = -0{,}47$.

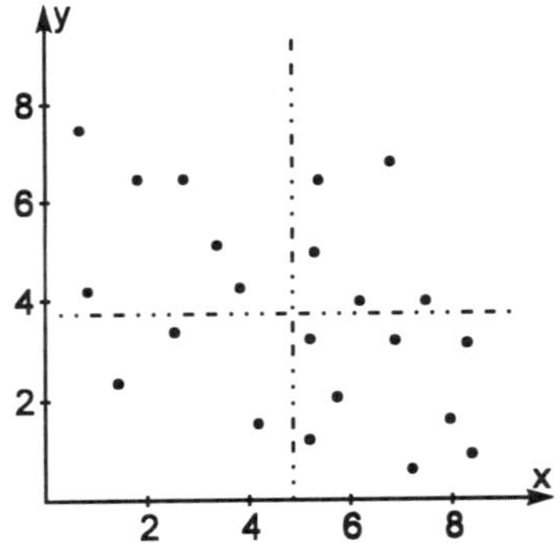

F 4.4.20 *Beispiel zum Korrelationsindex*

f) Scheinkorrelationen

Man hüte sich unbedingt davor, einen für gegebene Daten errechneten Zusammenhang zu verallgemeinern. Im Bereich der deskriptiven Statistik beziehen sich alle Aussagen immer nur auf das vorliegende Datenmaterial. Darauf wurde bereits an früherer Stelle hingewiesen (siehe Kapitel 1).

Zum Abschluß sei hier noch einmal auf das Problem der häufig vorhandenen Diskrepanz zwischen Formallogik und Sachlogik hingewiesen. In Abschnitt 1.3 wurden Beispiele behandelt (B 1.3.1b) und c) sowie F 1.3.2 und F 1.3.3), bei denen bereits anhand eines Streuungsdiagramms ein deutlicher Zusammenhang zwischen zwei Merkmalen zu erkennen war. Bei näherer Betrachtung hatte sich dann herausgestellt, daß ein sachlicher Zusammenhang zwischen den Merkmalen kaum sinnvoll erscheint.

Die Gefahr, sachlich nicht zusammenhängende Merkmale miteinander in Beziehung zu bringen, entsteht sehr häufig. Man spricht in diesem Zusammenhang manchmal von sogenannten "Scheinkorrelationen". Das Problem der Scheinkorrelationen entsteht auf folgende Weise: Mit Hilfe statistischer Verfahren wird Datenmaterial verarbeitet. Wenn nun Paare von Beobachtungswerten gegeben sind, dann kann das Datenmaterial so beschaffen sein, daß zwischen den Daten in den Beobachtungspaaren ein **statistischer** Zusammenhang errechnet werden kann. Ob dann auch ein **kausaler** Zusammenhang zwischen den sich hinter den Daten bzw. Zahlen verbergenden Sachverhalten besteht, ist damit keineswegs sichergestellt. Bei Anwendungen der Statistik und insbesondere bei der Untersuchung von Zusammenhängen zwischen Merkmalen ist deshalb immer besonders auf die sachliche Seite der jeweiligen Fragestellung zu achten, um Fehler zu vermeiden.

4.5 Zusammenhänge bei mehr als zwei metrischen Merkmalen

a) Gemeinsame Häufigkeitsverteilungen von drei und mehr Merkmalen

In den vorhergehenden Abschnitten wurden Zusammenhänge zweier metrisch meßbarer Merkmale untersucht. Bei manchen Fragestellungen interessierte auch das gemeinsame Auftreten von mehr als zwei Merkmalen, wobei es auch dabei in erster Linie um die Untersuchung statistischer Abhängigkeiten bzw. Zusammenhänge geht.

B 4.5.1 *a) In einem Walzwerk werden (vereinfacht ausgedrückt) Rohmaterialblöcke zu Blechen gewalzt. Die Walzzeit hängt u. a. ab vom Blockgewicht, von der Kantenlänge des Endquerschnitts, auf den man auswalzt, und von der Art des Walzgutes. Um den Zusammenhang zwischen diesen Merkmalen zu untersuchen, müssen alle vier Merkmale (Walzzeit, Blockgewicht, Kantenlänge und Walzgut) erhoben werden.*

b) Der Rindfleischverbrauch pro Jahr und Kopf der Bevölkerung hängt u. a. ab vom Einkommen in DM pro Jahr und Kopf, vom Rindfleischpreis in DM/kg und vom Schweinefleischpreis in DM/kg. Durch eine Erhebung aller Merkmale kann der Zusammenhang statistisch untersucht werden.

Die Merkmale werden i. allg. mit X, Y, Z oder mit X_1, X_2,...,X_p bezeichnet. Bei drei Merkmalen werden Merkmalstripel (x_i,y_i,z_i), bei vier Merkmalen Merkmalsquadrupel $(x_{1i},x_{2i},x_{3i},x_{4i})$ und allgemein bei p Merkmalen Merkmals-p-tupel $(x_{1i},x_{2i},...,x_{pi})$ erhoben. Die erhobenen Merkmals-p-tupel werden sinnvollerweise lexikographisch geordnet (siehe Abschnitt 4.1 b)).

Bei p Merkmalen erhält man eine ***p*-dimensionale Häufigkeitsverteilung**. Eine **grafische Darstellung** ist für drei und mehr Merkmale **unmöglich** (siehe hierzu Abschnitt 4.1 c)). Eine tabellarische Darstellung ist schwierig. Für drei Merkmale enthält B 2.5.3 ein Beispiel. Auf weitere Einzelheiten wird hier nicht eingegangen.

Die p-tupel $(x_{1i},x_{2i},\ldots,x_{pi})$ $(i = 1,\ldots,n)$ der n Beobachtungen kann man in einer $p \times n$-Matrix darstellen. Von dieser Matrizenschreibweise wird weiter unten Gebrauch gemacht.

$$\begin{pmatrix} x_{11} & x_{12} & \cdots & x_{1i} & \cdots & x_{1n} \\ x_{21} & x_{22} & \cdots & x_{2i} & \cdots & x_{2n} \\ \vdots & \vdots & \cdots & \vdots & \cdots & \vdots \\ x_{j1} & x_{j2} & \cdots & x_{ji} & \cdots & x_{jn} \\ \vdots & \vdots & \cdots & \vdots & \cdots & \vdots \\ x_{p1} & x_{p2} & \cdots & x_{pi} & \cdots & x_{pn} \end{pmatrix}$$

b) Abhängigkeiten zwischen mehr als zwei metrisch meßbaren Merkmalen

Es wird an die Ausführungen in den Abschnitten 4.1 a) und 4.2 angeknüpft. Bei der Untersuchung von Abhängigkeiten zwischen zwei Merkmalen wurde mit Hilfe der Regressionsrechnung eine Funktion bestimmt, die die Tendenz der Abhängigkeit der Werte des Merkmals Y von den Werten des Merkmals X beschreibt. Bei mehr als zwei Merkmalen ist eine Funktion gesucht, die beschreibt, wie die Werte eines Merkmals Y tendenziell oder durchschnittlich von den Werten der anderen Merkmale $(X_1,\ldots,X_p)$, die gemeinsam mit Y erhoben wurden, abhängt. Die Bestimmung einer solchen **Mehrfachregression** wird im nächsten Unterabschnitt behandelt.

Man kann sich auch dafür interessieren, wie ausgeprägt ein bestehender Zusammenhang ist. Dafür kann man einen multiplen Korrelationskoeffizienten bestimmen. Darauf wird im Unterabschnitt d) eingegangen.

Nachfolgend können nur die Grundzüge der statistischen Verfahren zur Untersuchung von Abhängigkeiten zwischen mehr als zwei Merkmalen behandelt werden. Für eine detaillierte Darstellung wird auf die im Anhang angeführte Literatur verwiesen.

c) Mehrfachregression

Es werden zunächst drei Merkmale X, Y und Z betrachtet und es wird davon ausgegangen, daß Y statistisch von X und Z abhängt. Die Tendenz dieser Abhängigkeit soll durch eine lineare Funktion beschrieben werden. Es ist also eine Regressionsfunktion $\hat{y} = a + bx + cz$ zu bestimmen. Dazu wird das Kriterium der Kleinsten Quadrate angewendet (siehe Abschnitt 4.3b), d. h. die Regressionskoeffizienten *a*, *b* und *c* sind so zu bestimmen, daß

$$S(a,b,c) = \sum_{i=1}^{n}(y_i - \hat{y}_i)^2 = \sum_{i=1}^{n}(y_i - a - bx_i - cz_i)^2$$

zu einem Minimum wird.

Notwendige (nicht hinreichende) Bedingung dafür ist das Verschwinden der partiellen Ableitungen 1. Ordnung dieser Funktion nach *a*, *b* und *c*. Man erhält dafür

$$\frac{\partial S(a,b,c)}{\partial a} = \sum 2(y_i - a - bx_i - cz_i)(-1)$$

$$\frac{\partial S(a,b,c)}{\partial b} = \sum 2(y_i - a - bx_i - cz_i)(-x_i)$$

$$\frac{\partial S(a,b,c)}{\partial c} = \sum 2(y_i - a - bx_i - cz_i)(-z_i)$$

Durch Nullsetzen dieser partiellen Ableitungen erhält man die Normalgleichungen.

R 4.5.2

Normalgleichungen
zur Bestimmung der Koeffizienten einer linearen KQ-Regressionsfunktion $\hat{y} = a + bx + cz$:

I. Normalgleichung: $\sum y_i = na + b\sum x_i + c\sum z_i$

II. Normalgleichung: $\sum y_i x_i = a\sum x_i + b\sum x_i^2 + c\sum x_i z_i$

III. Normalgleichung: $\sum y_i z_i = a\sum z_i + b\sum x_i z_i + c\sum z_i^2$

Die Normalgleichungen ergeben ein lineares Gleichungssystem mit den drei Unbekannten *a*, *b* und *c*. Auf die Lösung linearer Gleichungssysteme wird hier nicht weiter eingegangen. Die zur Aufstellung der Normalgleichungen berechneten Hilfssummen werden zweckmäßigerweise in einer Tabelle berechnet.

B 4.5.3 *In den USA wurden von 20 Bauernhöfen die bewirtschaftete Fläche X (in 10 acres; 1 acre = 0,40467 ha), die Anzahl Z der unterhaltenen Milchkühe und das erzielte Jahreseinkommen Y (in 10 Dollar) ermittelt. Die Daten stammen aus den späten 20-er Jahren. Man erhielt folgendes Ergebnis:*

z	18	0	14	6	1	9	6	12	7	2
x	6	22	18	8	12	10	17	11	16	23
y	96	83	126	61	59	90	82	88	86	76

z	17	15	7	0	12	16	2	6	12	15
x	7	12	24	16	9	11	22	11	16	8
y	102	108	96	70	80	113	76	74	98	80

Der (vermutete) Zusammenhang zwischen Einkommen Y auf der einen Seite und bewirtschafteter Fläche X und Anzahl der Kühe Z auf der anderen Seite soll durch eine nach dem Kriterium der Kleinsten Quadrate zu bestimmende lineare Regressionsfunktion $\hat{y} = a + bx + cz$ *beschrieben werden.*
Für die Hilfssummen ergibt sich

$$\sum x_i = 279; \qquad \sum z_i = 177; \qquad \sum y_i = 1744;$$
$$\sum x_i^2 = 4499; \qquad \sum z_i^2 = 2243; \qquad \sum x_i z_i = 2075;$$
$$\sum x_i y_i = 24343; \qquad \sum y_i z_i = 16795.$$

Unter Verwendung dieser Hilfssummen erhält man folgendes lineare Gleichungssystem mit den 3 Unbekannten a, b und c:

$$\begin{aligned} 20a &+ 279b + 177c = 1744 \\ 279a &+ 4499b + 2075c = 24343 \\ 177a &+ 2075b + 2243c = 16795. \end{aligned}$$

Die Auflösung dieses linearen Gleichungssystems ergibt
$a = 28{,}546;\ b = 2{,}138;\ c = 3{,}257.$
Die gesuchte Regressionsfunktion lautet also
$\hat{y} = 28{,}546 + 2{,}138x + 3{,}257z.$

Im Hinblick auf die sachliche Seite dieses Beispiels erscheint folgende Anmerkung notwendig: In der angegebenen Form kann die Analyse nur zu groben Ergebnissen führen, denn erstens ist eine globale Berücksichtigung der bewirtschafteten Fläche wenig zweckmäßig, ebenso wie die summarische Erfassung der Kühe, und zweitens werden durch die beiden Faktoren "bewirtschaftete Fläche" und "Anzahl der unterhaltenen Milchkühe" nicht alle einkommensbildenden Komponenten erfaßt.
Eine Verbesserung der Analyse kann man dadurch erzielen, daß man
(1) die bewirtschaftete Fläche nach Nutzarten aufteilt, z. B.: Weideland, Anbaufläche für Kartoffeln, Weizen, Rüben usw. Für die verschiedenen Nutzarten werden sich nämlich unterschiedliche Erträge ergeben.
(2) die Milchkühe nach ihrem Alter unterscheidet, da die Milchproduktion einer Kuh altersabhängig ist.
(3) bei der Analyse weitere einkommensbildende Faktoren erfaßt, wie z. B. Schlachtviehverkauf, Haltung anderer Tiere (Schweine, Hühner) usw.

Für die Interpretation einer Mehrfachregression und der Regressionskoeffizienten ist folgendes wichtig:

Der Regressionskoeffizient b einer einfachen linearen Regressionsfunktion der Form $\hat{y} = a + bx$ gibt an, wie sich der Durchschnittswert von y ändert, wenn x um eine Einheit geändert wird. In entsprechender Weise kann man auch die Koeffizienten b und c einer Regressionsfunktion $\hat{y} = a + bx + cz$ interpretieren. b gibt an, wie sich der Durchschnittswert von y bei konstantem z ändert, wenn x um eine Einheit geändert wird. c gibt entsprechend für konstantes x die durchschnittliche Änderung von y bei Änderung von z um eine Einheit an.

B 4.5.4 *Die Koeffizienten der in* B 4.5.3 *berechneten Regressionsfunktion besagen, daß sich für die gegebenen Daten das Durchschnittseinkommen bei fester Anzahl der Kühe um* 21,38 $ *ändert, wenn die Fläche um* 10 *acres geändert wird. Bei fester Fläche ändert sich das Einkommen um* 32,57 $, *wenn die Anzahl der Kühe um* 1 *variiert wird.*

Die Interpretation des Regressionskoeffizienten bezieht sich immer auf eine bestimmte Regressionsfunktion. Da sich die Werte der Regressionskoeffizienten ändern, wenn man die Anzahl der Variablen (Einflußgrößen) ändert, ist deshalb Vorsicht bei der Interpretation geboten.

B 4.5.5 *Wenn man für die Aufgabe aus* B 4.5.3 *zwei lineare Einfachregressionen berechnet, erhält man*

$$\hat{y} = 86{,}8736 + 0{,}0234x \quad \textit{und}$$

$$\hat{y} = 69{,}4019 + 2{,}011119z.$$

Die Koeffizienten dieser Regressionsfunktionen weichen stark von denen der linearen Zweifachregression ab:

$$\hat{y} = 28{,}546 + 2{,}138x + 3{,}257z.$$

Das Beispiel zeigt, daß für Mehrfachregressionen berechnete Regressionskoeffizienten nur für den betreffenden Ansatz, aber nicht mehr bei Weglassen einzelner Variablen (Einflußgrößen) gelten.

Werden allgemein $p + 1$ Merkmale $Y, X_1, X_2, \ldots, X_p$ erhoben und geht man davon aus, daß Y statistisch von den übrigen Merkmalen linear abhängt, dann kann die Tendenz der Abhängigkeit durch die lineare Regressionsfunktion

$$\hat{y} = b_0 + b_1x_1 + b_2x_2 + \ldots + b_px_p = b_0 + \sum_{j=1}^{p} b_jx_j$$

beschrieben werden.

Um zu einer einfachen Schreibweise zu gelangen, führt man eine Scheinvariable X_0 mit $x_0 \equiv 1$ ein. Damit ergibt sich dann

$$\hat{y} = \sum_{j=0}^{p} b_j x_j .$$

Sind $(x_{0i}, x_{1i}, x_{2i}, \ldots, x_{pi})$, $i = 1,2,\ldots,n$, die n Beobachtungen und y_i die zugehörigen y-Werte, dann sind

$$u_i = y_i - \hat{y}_i = y_i - \sum_{j=0}^{p} b_j x_{ji} \qquad i = 1,2,\ldots,n$$

die Abweichungen zwischen beobachteten und geschätzten y-Werten. Das Kriterium der Kleinsten Quadrate verlangt, die Koeffizienten b_0, b_1, b_2, ..., b_p so zu bestimmen, daß die Summe

$$\sum_{i=1}^{n} u_i^2 = \sum_{i=1}^{n} (y_i - \sum_{j=0}^{p} b_j x_{ji})^2$$

ein Minimum wird. Zur Bestimmung des Minimums wird nach den b_j $(j = 0,1,2,\ldots,p)$ partiell differenziert.
In der Summe über i wird jeder Summand einzeln differenziert. Es ist dann für $k = 0,1,\ldots,p$

$$\frac{\partial}{\partial b_k} \sum_{i=1}^{n} (y_i - \sum_{j=0}^{p} b_j x_{ji})^2 = \sum_{i=1}^{n} 2(y_i - \sum_{j=0}^{p} b_j x_{ji})(-x_{ki})$$

$$= \sum_{i=1}^{n} (-2)(y_i x_{ki} - \sum_{j=0}^{p} b_j x_{ji} x_{ki})$$

$$= \sum_{i=1}^{n} (-2)(y_i x_{ki} - b_0 x_{0i} x_{ki} - b_1 x_{1i} x_{ki} - \ldots - b_p x_{pi} x_{ki})$$

Notwendige Bedingung für ein Minimum ist das Verschwinden dieser p partiellen Ableitungen erster Ordnung. Setzt man die Ableitungen gleich Null, erhält man folgende $p + 1$ Normalgleichungen.

R 4.5.6

Normalgleichungen
zur Bestimmung der Koeffizienten einer KQ-Regressionsfunktion $\hat{y} = b_0 + b_1 x_1 + b_2 x_2 + \ldots + b_p x_p$ (in den Summen wird jeweils über i von 1 bis n summiert):

$$\begin{array}{ccccccccc} n b_0 & + & b_1 \sum x_{1i} & + & \cdots & + & b_p \sum x_{pi} & = & \sum y_i \\ b_0 \sum x_{1i} & + & b_1 \sum x_{1i}^2 & + & \cdots & + & b_p \sum x_{pi} x_{1i} & = & \sum y_i x_{1i} \\ \ldots & & \ldots & & \ldots & & \ldots & & \ldots \\ b_0 \sum x_{pi} & + & b_1 \sum x_{1i} x_{pi} & + & \cdots & + & b_p \sum x_{pi}^2 & = & \sum y_i x_{pi} \end{array}$$

Dieses System der Normalgleichungen kann man auch unter Verwendung von Matrizen schreiben. Es werden dabei folgende Matrizen bzw. Vektoren verwendet

$$\boldsymbol{y}' = \begin{pmatrix} y_1 \\ y_2 \\ \vdots \\ y_n \end{pmatrix}; \quad \boldsymbol{b} = \begin{pmatrix} b_0 \\ b_1 \\ \vdots \\ b_p \end{pmatrix}; \quad \boldsymbol{X} = \begin{pmatrix} 1 & 1 & \cdots & 1 \\ x_{11} & x_{12} & \cdots & x_{1n} \\ \vdots & \vdots & \cdots & \vdots \\ x_{p1} & x_{p2} & \cdots & x_{pn} \end{pmatrix}$$

Als Produkt der Matrix $\boldsymbol{X}$ mit ihrer Transponierten $\boldsymbol{X}'$ erhält man die Matrix der Produktsummen der x_{ji}, die man für die Beschreibung des Gleichungssystems benötigt

$$\boldsymbol{XX}' = \begin{pmatrix} n & \sum x_{1i} & \sum x_{2i} & \cdots & \sum x_{pi} \\ \sum x_{1i} & \sum x_{1i}^2 & \sum x_{1i}x_{2i} & \cdots & \sum x_{1i}x_{pi} \\ \vdots & \vdots & \vdots & \cdots & \vdots \\ \sum x_{pi} & \sum x_{pi}x_{1i} & \sum x_{pi}x_{2i} & \cdots & \sum x_{pi}^2 \end{pmatrix}$$

Weiter ist

$$\boldsymbol{Xy}' = \begin{pmatrix} \sum y_i \\ \sum x_{1i}y_i \\ \vdots \\ \sum x_{pi}y_i \end{pmatrix}$$

Unter Verwendung dieser Vektoren bzw. Matrizen erhält man für die Normalgleichungen

$$\boldsymbol{XX}'\boldsymbol{b}' = \boldsymbol{Xy}'.$$

Die Auflösung dieses Gleichungssystems ergibt

$$\boldsymbol{b}' = (\boldsymbol{XX}')^{-1}\boldsymbol{Xy}'.$$

Bei größeren Gleichungssystemen kann die Matrixinversion zu rechentechnischen Schwierigkeiten führen und ist ohne entsprechende Software kaum durchführbar.

B 4.5.7 *Gegeben sind folgende Beobachtungswerte*

i	1	2	3	4	5	6	7	8
x_1	1	1	1	1	3	3	3	3
x_2	2	2	4	4	4	4	6	6
y	3	5	4	6	6	8	7	9

Es ist eine Regressionsfunktion $\hat{y} = b_0 + b_1x_1 + b_2x_2$ *zu bestimmen. Für die Hilfssummen zur Anwendung von* R 4.5.2 *erhält man*

i	x_1	x_2	y	x_1^2	x_2^2	x_1x_2	x_1y	x_2y
1	1	2	3	1	4	2	3	6
2	1	2	5	1	4	2	5	10
3	1	4	4	1	16	4	4	16
4	1	4	6	1	16	4	6	24
5	3	4	6	9	16	12	18	24
6	3	4	8	9	16	12	24	32
7	3	6	7	9	36	18	21	42
8	3	6	9	9	36	18	27	54
	16	32	48	40	144	72	108	208

Die Normalgleichungen lauten

$$\begin{array}{rcrcrcl} 8b_0 & + & 16b_1 & + & 32b_2 & = & 48 \;\textit{bzw.}\; b_0 + 2b_1 + 4b_2 = 6 \\ 16b_0 & + & 40b_1 & + & 72b_2 & = & 108 \;\textit{bzw.}\; 4b_0 + 10b_1 + 18b_2 = 27 \\ 32b_0 & + & 72b_1 & + & 144b_2 & = & 208 \;\textit{bzw.}\; 4b_0 + 9b_1 + 18b_2 = 26 \end{array}$$

Unter Verwendung von Matrizen erhält man

$$\boldsymbol{y} = (3;5;4;6;6;8;7;9)$$

$$\boldsymbol{X} = \begin{pmatrix} 1 & 1 & 1 & 1 & 1 & 1 & 1 & 1 \\ 1 & 1 & 1 & 1 & 3 & 3 & 3 & 3 \\ 2 & 2 & 4 & 4 & 4 & 4 & 6 & 6 \end{pmatrix}$$

$$\boldsymbol{XX'} = \begin{pmatrix} 1 & 1 & 1 & 1 & 1 & 1 & 1 & 1 \\ 1 & 1 & 1 & 1 & 3 & 3 & 3 & 3 \\ 2 & 2 & 4 & 4 & 4 & 4 & 6 & 6 \end{pmatrix} \cdot \begin{pmatrix} 1 & 1 & 2 \\ 1 & 1 & 2 \\ 1 & 1 & 4 \\ 1 & 1 & 4 \\ 1 & 3 & 4 \\ 1 & 3 & 4 \\ 1 & 3 & 6 \\ 1 & 3 & 6 \end{pmatrix} = \begin{pmatrix} 8 & 16 & 32 \\ 16 & 40 & 72 \\ 32 & 72 & 144 \end{pmatrix}$$

$$\boldsymbol{X}\boldsymbol{y}' = \begin{pmatrix} 1 & 1 & 1 & 1 & 1 & 1 & 1 & 1 \\ 1 & 1 & 1 & 1 & 3 & 3 & 3 & 3 \\ 2 & 2 & 4 & 4 & 4 & 4 & 6 & 6 \end{pmatrix} \cdot \begin{pmatrix} 3 \\ 5 \\ 4 \\ 6 \\ 6 \\ 8 \\ 7 \\ 9 \end{pmatrix} = \begin{pmatrix} 48 \\ 108 \\ 208 \end{pmatrix}$$

Damit ergibt sich für $\boldsymbol{XX}'\boldsymbol{b}' = \boldsymbol{Xy}'$

$$\begin{pmatrix} 8 & 16 & 32 \\ 16 & 40 & 72 \\ 32 & 72 & 144 \end{pmatrix} \cdot \begin{pmatrix} b_o \\ b_1 \\ b_2 \end{pmatrix} = \begin{pmatrix} 48 \\ 108 \\ 208 \end{pmatrix} \qquad \textit{und}$$

$$\begin{pmatrix} b_0 \\ b_1 \\ b_2 \end{pmatrix} = \begin{pmatrix} 8 & 16 & 32 \\ 16 & 40 & 72 \\ 32 & 72 & 144 \end{pmatrix}^{-1} \cdot \begin{pmatrix} 48 \\ 108 \\ 208 \end{pmatrix} = \begin{pmatrix} \frac{9}{8} & 0 & -\frac{1}{4} \\ 0 & \frac{1}{4} & -\frac{1}{8} \\ -\frac{1}{4} & -\frac{1}{8} & \frac{1}{8} \end{pmatrix} \cdot \begin{pmatrix} 48 \\ 108 \\ 208 \end{pmatrix} = \begin{pmatrix} 2 \\ 1 \\ 0{,}5 \end{pmatrix}$$

Die Regressionsfunktion lautet $\hat{y} = 2 + x_1 + 0{,}5x_2$.

d) Multiple Korrelation

Auch bei mehr als zwei metrisch meßbaren Merkmalen kann man die Ausgeprägtheit eines statistischen Zusammenhangs untersuchen. Dafür eignet sich das in D 4.4.15 eingeführte **Bestimmtheitsmaß**.

D 4.5.8

Für eine Mehrfachregression heißt

$B^2 = \dfrac{s_{\hat{Y}}^2}{s_Y^2}$ **multiples Bestimmtheitsmaß**.

Im vorhergehenden Unterabschnitt wurde nur auf lineare Mehrfachregressionen eingegangen. Für diese gilt speziell:

D 4.5.9

Für eine lineare Mehrfachregression $y = b_0 + b_1 x_1 + \ldots + b_p x_p$ ist der **multiple Korrelationskoeffizient** wie folgt definiert:

$$r_{Y,X_1,\ldots,X_p} = \sqrt{B^2} = \frac{s_{\hat{Y}}}{s_Y}\ , \text{ mit } 0 \le r_{Y,X_1,\ldots,X_p} \le 1 .$$

B 4.5.10 *Für das Problem in* B 4.5.7 *ergibt sich* $s_{\hat{Y}}^2 = 2{,}5$ *und* $s_Y^2 = 3{,}5$ *und damit* $r_{Y,X_1,X_2}^2 = \frac{2{,}5}{3{,}5} = 0{,}71$ *bzw.* $r_{Y,X_1,X_2} = 0{,}85$.

e) Ergänzungen

In diesem Abschnitt wurden nur die Grundzüge der statistischen Untersuchung von Zusammenhängen zwischen mehr als zwei Merkmalen behandelt. Die Statistik stellt hierfür jedoch ein umfangreiches Instrumentarium zur Verfügung, zu dem der Leser auf die weiterführende Literatur im Anhang verwiesen sei. Zu den weiteren Analyseverfahren gehören z. B.:

- **nichtlineare Mehrfachregression**;
- **schrittweise Regressionsrechnung**, bei der die Einflußgrößen (d. h. Merkmale X_j) nacheinander in einen Regressionsansatz nach ihrem Erklärungswert, den man durch den einfachen Korrelationskoeffizienten messen kann, einbezogen werden, wobei Merkmale mit geringem Erklärungswert unberücksichtigt bleiben;
- Bestimmung **partieller Korrelationskoeffizienten**, die den Zusammenhang zweier Merkmale bei Konstanz der übrigen Merkmale messen.

4.6 Zusammenhangsmaße für ordinal meßbare Merkmale

a) Grafische Darstellung von Zusammenhängen ordinal meßbarer Merkmale

Bei zwei metrisch meßbaren Merkmalen können Zusammenhänge meistens sofort anhand von Streuungsdiagrammen erkannt werden (siehe dazu z. B. F 4.1.5 und F 4.4.10). Für ordinal meßbare Merkmale ist diese Darstellungsform wegen des Fehlens eines festen Maßstabs unzweckmäßig, da eine Ordinalskala zwar eine Reihenfolge der Skalenwerte vorschreibt, aber keine Abstände. Liegen nur wenige Beobachtungen vor, dann gibt es jedoch eine verhältnismäßig einfache Form der grafischen Darstellung für ordinal meßbare Merkmale, die Aussagen über einen eventuellen Zusammenhang liefert. Man ordnet die x_i und y_i der Beobachtungspaare (x_i,y_i) getrennt und zeichnet sie als gleichabständige Punkte auf parallelen Geraden. Die zum Paar (x_i,y_i) $(i = 1,...,n)$ gehörigen Punkte verbindet man dann geradlinig.

B 4.6.1 *a) Die Leistungen von sechs Schülern in Mathematik und Englisch werden von Lehrer wie folgt eingeschätzt (Festlegung einer* ***Rangfolge****):*

Schüler	1	2	3	4	5	6
Mathematik	2.	3.	1.	4.	5.	6.
Englisch	3.	2.	1.	4.	5.	6.

Die grafische Darstellung zeigt F 4.6.2.

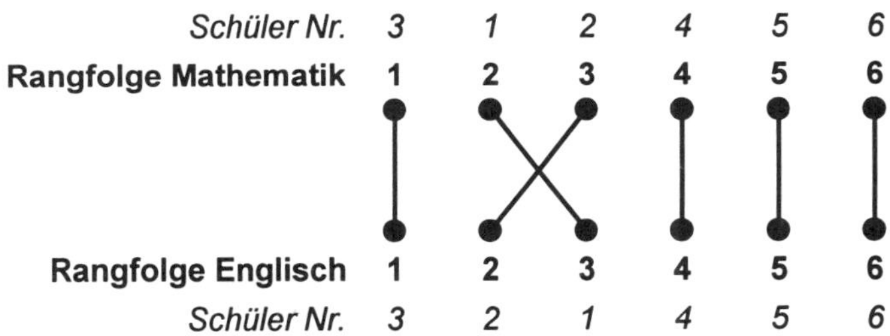

F 4.6.2 *Zusammenhang ordinal meßbarer Merkmale*

b) 5 *Personen sollen ein Sympathieurteil über die Politiker A und B durch "Noten" von* 1 *(sehr sympatisch) bis* 8 *(äußerst unsympatisch) abgeben:*

Person	1	2	3	4	5
Politiker A	8	2	7	1	6
Politiker B	1	7	4	8	5

Grafisch ergibt sich F 4.6.3.

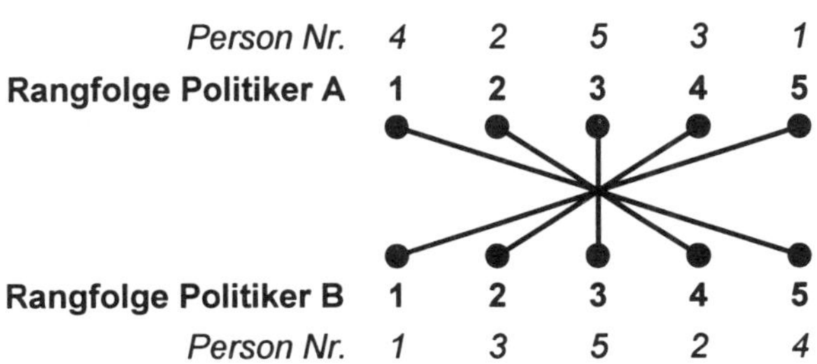

F 4.6.3 *Zusammenhang ordinal meßbarer Merkmale*

F 4.6.2 *zeigt einen Zusammenhang mit einer annähernd übereinstimmenden Rangordnung. Jede Übereinstimmung in der Rangordnung drückt sich in einer senkrechten Verbindungslinie aus. In* F 4.6.3 *liegen dagegen völlig entgegengesetzte Rangordnungen vor. Alle Verbindungslinien schneiden sich in einem Punkt.*

c) In F 4.6.4 *ist ein Fall dargestellt, bei dem ein ausgeprägter Zusammenhang nicht erkennbar ist.*

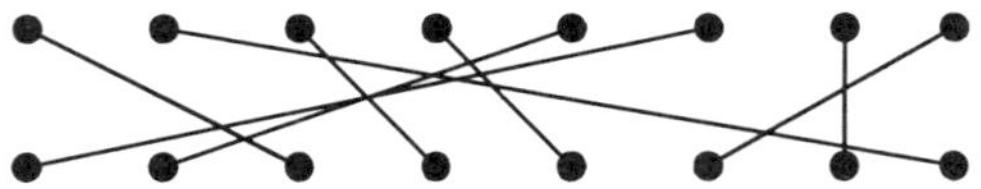

F 4.6.4 *Zusammenhang ordinal meßbarer Merkmale*

Bei vielen Beobachtungen wird die grafische Darstellung jedoch unpraktikabel. Hinzu kommen Schwierigkeiten bei übereinstimmenden Beobachtungswerten. Die praktische Bedeutung ist deshalb sehr gering.

b) Rangkorrelation

Bei ordinal meßbaren Merkmalen gibt es eine einfache Möglichkeit, eine Maßzahl für die Ausgeprägtheit eines Zusammenhangs zu bestimmen: Man ersetzt die Beobachtungen (x_i,y_i) durch Paare von Rangzahlen (x_i^*, y_i^*) die man durch fortlaufende Numerierung der x- bzw. y-Werte ihrer Größe nach erhält und berechnet für diese Rangzahlenpaare den Korrelationskoeffizienten.

B 4.6.5 *Die Studienfreunde Klaus B. aus N. (genannt Anek), Werner B. aus Ü. (genannt Voss), Heino J. aus B. (genannt Oma), Paul J. aus W. (genannt Paule) und Hagen T. aus H. (genannt Huber) treffen sich alljährlich zum Wandern. Bei ihrem letzten Treffen haben sie festgestellt, wer der beste Wanderer und wer der beste Biertrinker ist. Es ergaben sich folgende Plazierungen:*

	Anek	*Voss*	*Oma*	*Paule*	*Huber*
Wandern	4.	5.	2.	3.	1.
Biertrinken	2.	3.	4.	1.	5.

Die Beobachtungswerte sind hier unmittelbar in Form von Rangzahlen gegeben. Die Berechnung des Korrelationskoeffizienten (siehe D 4.4.2*) ergibt:*

$$r = \frac{\mathrm{COV}(X,Y)}{s_X s_Y} = \frac{-1{,}2}{\sqrt{2}\cdot\sqrt{2}} = -0{,}6.$$

Man beachte, daß hierbei nur die Reihenfolge in Form der Rangzahlen (1,2,...,5) berücksichtigt wird und diese Rangzahlen als metrisch meßbare Merkmale aufgefaßt werden.

Für die Bestimmung von Rangzahlen gilt:

R 4.6.6

> Gegeben seien die n geordneten Beobachtungswerte x_i ($i = 1,...,n$) eines ordinal oder metrisch meßbaren Merkmals X mit $x_i < x_{i+1}$ bei aufsteigender bzw. $x_i > x_{i+1}$ bei absteigender Ordnung ($i = 1,...,n$-1). Durch Numerierung der geordneten Beobachtungswerte von 1 bis n erhält man zu jedem Beobachtungswert x_i seine **Rangzahl** $x_i^* = i$ ($i = 1,...,n$). Gilt
> $x_{i-1} < x_i = x_{i+1} = \ldots = x_{i+k} < x_{i+k+1}$ bzw.
> $x_{i-1} > x_i = \ldots = x_{i+k} > x_{i+k+1}$, dann wird den Werten $x_i,...,x_{i+k}$ dieselbe Rangzahl $x_{i+j}^* = \frac{1}{k+1}\sum_{h=i}^{i+k} h$, ($j = 0,...,k$) zugeordnet.

Rangzahlen können also für ordinal und für metrisch meßbare Merkmale bestimmt werden. Der zweite Teil von R 4.6.6 besagt, daß übereinstimmenden Beobachtungswerten das arithmetische Mittel der diesen Werten zuzuordnenden Nummern als Rangzahl zugeordnet wird.

B 4.6.7 *Beim Eiskunstlauf werden für* 9 *Läufer A- und B-Noten festgehalten. Es ergeben sich dafür die angegebenen Rangzahlen.*

Läufer	1	2	3	4	5	6	7	8	9
A-Note	5,3	5,6	5,0	5,3	4,9	4,6	5,3	5,0	5,2
Rangzahl	3	1	6,5	3	8	9	3	6,5	5
B-Note	5,4	5,4	5,1	5,2	5,0	4,5	5,5	4,8	5,1
Rangzahl	2,5	2,5	5,5	4	7	9	1	8	5,5

Um, wie oben angegeben, aus Rangzahlenpaaren einen Korrelationskoeffizienten zu berechnen, kann man nun eine vereinfachte Formel benutzen, bei der man berücksichtigt, daß die Rangzahlen x_i^* und y_i^* die Werte von 1 bis n durchlaufen. Für den Korrelationskoeffizienten gilt

$$r = \frac{\frac{1}{n}\sum x_i^* y_i^* - \bar{x}^* \bar{y}^*}{\sqrt{\sum \frac{1}{n} x_i^{*2} - \bar{x}^{*2}} \sqrt{\sum \frac{1}{n} y_i^{*2} - \bar{y}^{*2}}}.$$

Für die n Beobachtungen gilt nun

$$\bar{x}^* = \bar{y}^*\ ,\quad s^2_{X^*} = s^2_{Y^*}$$

$$\sum_{i=1}^{n} x_i^* = \sum_{i=1}^{n} y_i^* = \sum_{i=1}^{n} i = \frac{1}{2}n(n+1)$$

sowie

$$\sum_{i=1}^{n} x_i^{*2} = \sum_{i=1}^{n} y_i^{*2} = \sum_{i=1}^{n} i^2 = \frac{1}{6}n(n+1)(2n+1).$$

Für den Nenner der Formel des Korrelationskoeffizienten folgt damit:

$$\begin{aligned}\sqrt{\frac{1}{n}\sum x_i^{*2} - \bar{x}^{*2}}\sqrt{\frac{1}{n}\sum x_i^{*2} - \bar{x}^{*2}} &= \frac{1}{n}\sum x_i^{*2} - \bar{x}^{*2} = \frac{1}{n}\sum x_i^{*2} - (\frac{\sum x_i^*}{n})^2 \\ &= \frac{1}{n}\frac{1}{6}n(n+1)(2n+1) - (\frac{1}{n}\frac{1}{2}n(n+1))^2 \\ &= \frac{1}{12}(n^2-1).\end{aligned}$$

Für den Zähler erhält man unter Verwendung von

$$\sum(x_i^* - y_i^*)^2 = \sum x_i^{*2} - 2\sum x_i^* y_i^* + \sum y_i^{*2}\ ,$$

woraus durch Auflösung nach $\sum x_i^* y_i^*$ folgt

$$\sum x_i^* y_i^* = \frac{1}{2}\sum x_i^{*2} + \frac{1}{2}\sum y_i^{*2} - \frac{1}{2}\sum(x_i^* - y_i^*)^2\ ,$$

die Beziehung

$$\begin{aligned}\frac{1}{n}\sum x_i^* y_i^* - \bar{x}^*\bar{y}^* &= \frac{1}{n}(\frac{1}{2}\sum x_i^{*2} + \frac{1}{2}\sum y_i^{*2} - \frac{1}{2}\sum(x_i^* - y_i^*)^2) - \frac{\sum x_i^*}{n}\frac{\sum y_i^*}{n} \\ &= \frac{1}{n}\sum x_i^{*2} - \frac{1}{2n}\sum(x_i^* - y_i^*)^2 - (\frac{\sum x_i^*}{n})^2 \\ &= \frac{1}{n}\frac{1}{6}n(n+1)(2n+1) - \frac{1}{2n}\sum(x_i^* - y_i^*)^2 - (\frac{n(n+1)}{2n})^2 \\ &= \frac{1}{12}(n^2-1) - \frac{1}{2n}\sum(x_i^* - y_i^*)^2\ .\end{aligned}$$

Setzt man die Ausdrücke für Zähler bzw. Nenner in die Formel des Korrelationskoeffizienten ein, so erhält man

$$r = \frac{\frac{1}{12}(n^2-1) - \frac{1}{2n}\sum(x_i^* - y_i^*)^2}{\frac{1}{12}(n^2-1)}$$

oder

$$r = 1 - \frac{6\sum(x_i^* - y_i^*)^2}{n(n^2-1)}.$$

Die Differenzen der Rangzahlen bezeichnet man meistens mit

$$d_i = x_i^* - y_i^*,$$

und nennt sie Rangdifferenzen. Mit dieser Formel ist der Korrelationskoeffizient meistens sehr einfach zu berechnen. Er heißt dann Rangkorrelationskoeffizient.

D 4.6.8

Gegeben seien zwei gemeinsam erhobene Merkmale X und Y sowie die Rangzahlen x_i^* und y_i^* der Beobachtungen (x_i, y_i) $(i = 1,...,n)$ und die Rangdifferenzen $d_i = x_i^* - y_i^*$.

$$r_s = 1 - \frac{6\sum d_i^2}{n(n^2-1)}$$

heißt **Rangkorrelationskoeffizient** und ist eine Maß für die Ausgeprägtheit des Zusammenhangs. Es gilt $-1 \le r_s \le 1$.

A 4.6.9 Wird für gleiche Beobachtungswerte eine mittlere Rangzahl vergeben (siehe R 4.6.6), dann liefert r_s nicht exakt den Korrelationskoeffizienten der Rangzahl, sondern es ergibt sich eine – meistens sehr geringe – Abweichung. Als Zusammenhangsmaß wird r_s jedoch auch dann in der in D 4.6.8 angegebenen Form verwendet.

B 4.6.10 *a) Für* B 4.6.5 *erhält man*

	Anek	*Voss*	*Oma*	*Paule*	*Huber*
Wandern	4.	5.	2.	3.	1.
Biertrinken	2.	3.	4.	1.	5.
Rangdifferenz d_i	2	2	–2	2	–4
d_i^2	4	4	4	4	16

Es ist $\sum d_i^2 = 32$ *und* $n = 5$ *und somit*

$$r_s = 1 - \frac{6 \cdot 32}{5(25-1)} = 1 - \frac{192}{120} = -0,6.$$

b) Für die Angaben aus B 4.6.7 *ergibt sich*

Läufer	1	2	3	4	5	6	7	8	9
Rangdifferenz d_i	0,5	–1,5	1	–1	1	0	2	–1,5	–0,5
d_i^2	0,25	2,25	1	1	1	0	4	2,25	0,25

Mit $\sum d_i^2 = 12$ *erhält man dann* $r_s = 1 - \frac{6 \cdot 12}{9(81-1)} = 0,9.$

Gilt für die Rangzahlen $x_i^* = y_i^*$ für $i = 1,\ldots,n$, dann folgt $d_i = 0$ für $i = 1,\ldots,n$ und damit $r_s = 1$.

Gilt $x_i^* = y_{n-i+1}^*$ ($i = 1,..,n$), dann sind die Rangzahlen der beiden Merkmale völlig gegenläufig und es gilt $r_s = -1$.

c) Konkordanz und Diskordanz zweier Paare von Beobachtungswerten

Beim Rangkorrelationskoeffizienten werden anstelle der Beobachtungswerte Rangzahlen verwendet, die dann als Werte eines metrisch meßbaren Merkmals aufgefaßt werden. Darin liegt eine stark einengende Voraussetzung, auf die bei der Interpretation von r_s zu achten ist. Es können nun Zusammenhangsmaße konstruiert werden, die nur die Eigenschaften der Ordinalskala voraussetzen und dabei von der Ordnung je zweier Paare von Beobachtungswerten ausgehen.

Dabei sind für zwei Wertepaare (x_i,y_i) und (x_j,y_j) folgende Fälle denkbar ($x_i < x_j$ usw. bedeutet dabei, daß x_i vor x_j auf der Ordinalskala liegt).

I ($x_i < x_j$ und $y_i < y_j$) oder ($x_i > x_j$ und $y_i > y_j$)
Bezüglich der beiden Merkmale liegt gleiche Ordnung vor.

II ($x_i < x_j$ und $y_i > y_j$) oder ($x_i > x_j$ und $y_i < y_j$)
Bezüglich der beiden Merkmale liegt entgegengesetzte Ordnung vor.

III ($x_i = x_j$ und $y_i > y_j$) oder ($x_i = x_j$ und $y_i < y_j$)
Bezüglich X liegt Gleichheit vor.

IV ($x_i > x_j$ und $y_i = y_j$) oder ($x_i < x_j$ und $y_i = y_j$)
Bezüglich Y liegt Gleichheit vor.

V ($x_i = x_j$ und $y_i = y_j$)
Bezüglich X und Y liegt Gleichheit vor.

Das führt zu folgender Definition:

D 4.6.11

> Gegeben seien zwei Paare von Beobachtungswerten zweier ordinal meßbarer Merkmale. Liegt für die Paare bezüglich beider Merkmale gleiche Ordnung vor, so heißen sie **konkordant**. Liegt verschiedene Ordnung vor, dann heißen sie **diskordant**.

Bei n Paaren von Beobachtungswerten (x_i,y_i) $(i = 1,...,n)$ kann jedes der n Paare mit den $(n-1)$ übrigen Paaren verglichen werden. Dabei wird jeder Paarvergleich doppelt vorgenommen, da (x_i,y_i) mit (x_j,y_j) und (x_j,y_j) mit (x_i,y_i) $(i \neq j)$ verglichen wird. Es gibt also insgesamt $\frac{1}{2}n(n-1)$ verschiedene Vergleiche von Paaren.

Für die Anzahl der verschiedenen Typen von Paarvergleichen werden die folgenden Bezeichnungen verwendet.

- nk Anzahl der konkordanten Paare,
- nd Anzahl der diskordanten Paare,
- nx Anzahl der Paare, die bezüglich des Merkmals X übereinstimmen und bezüglich Y verschieden sind,
- ny Anzahl der Paare, die bezüglich des Merkmals Y übereinstimmen und bezüglich X verschieden sind,
- nxy Anzahl der Paare, die bezüglich beider Merkmale übereinstimmen.

Es gilt: $nk + nd + nx + ny + nxy = \frac{1}{2}n(n-1)$.

B 4.6.12 *Bei 6 Schülern wird gefragt, wie sympathisch sie ihren Mathematiklehrer finden ("Noten" von 1 bis 6) und welche Mathematiknote sie auf dem letzten Zeugnis hatten.*

Schüler	1	2	3	4	5	6
Sympathie (X)	1	4	5	1	3	2
Note (Y)	2	5	3	2	2	3

Es gibt 6 Beobachtungen und $\frac{1}{2}\cdot 6\cdot(6-1) = 15$ *Paarvergleiche:*

Schüler	*Beobachtungswerte*	*die Paare sind*
1 2	(1;2) (4;5)	*konkordant*
1 3	(1;2) (5;3)	*konkordant*
1 4	(1;2) (1;2)	*gleich bezüglich X und Y*
1 5	(1;2) (3;2)	*gleich bezüglich Y*
1 6	(1;2) (2;3)	*konkordant*
2 3	(4;5) (5;3)	*diskordant*
2 4	(4;5) (1;2)	*konkordant*

Fortsetzung nächste Seite

Schüler	*Beobachtungswerte*	*die Paare sind*
2 5	(4;5) (3;2)	*konkordant*
2 6	(4;5) (2;3)	*konkordant*
3 4	(5;3) (1;2)	*konkordant*
3 5	(5;3) (3;2)	*konkordant*
3 6	(5;3) (2;3)	*gleich bezüglich Y*
4 5	(1;2) (3;2)	*gleich bezüglich Y*
4 6	(1;2) (2;3)	*konkordant*
5 6	(3;2) (2;3)	*diskordant*

Es ist also

$$nk = 9;\ nd = 2;\ nx = 0;\ ny = 3;\ nxy = 1.$$

Die Anzahl der konkordanten und der diskordanten Paare sowie der Paare mit Übereinstimmungen bezüglich X **oder** Y oder X **und** Y können aus einer Häufigkeitstabelle verhältnismäßig leicht bestimmt werden. Das folgende Beispiel erläutert das Vorgehen.

B 4.6.13 *Bei 200 Berufstätigen wurde ermittelt, welchen Schulabschluß (Haupt- oder Realschule R, Abitur A, Hochschulabschluß H) sie selbst und ihr Vater haben. Das Ergebnis zeigt die folgende Tabelle:*

		Schulabschluß des Befragten (Y)		
		R	*A*	*H*
Schulabschluß	*R*	28	34	17
des Vaters	*A*	12	25	42
(X)	*H*	6	18	18

Es gibt 9 Paare von Merkmalsausprägungen. Die folgende Tabelle zeigt, ob ein Vergleich zu konkordanten (k), diskordanten (d) Paaren oder in X (x) oder Y (y) oder X und Y (xy) übereinstimmenden Paaren führt. Die Anzahl der jeweiligen Paare, die man unter Berücksichtigung der Häufigkeiten erhält, ist in der Tabelle ebenfalls vermerkt. Die Anzahlen bei k, d, x und y erhält man durch Multiplikation der jeweiligen Häufigkeiten. Bei xy erhält man die Anzahl aus $\frac{1}{2}h(x_i;y_j)(h(x_i;y_j)-1)$.

Da die Richtung der Vergleiche nicht von Bedeutung ist, werden nur die Felder im oberen rechten Teil ("Hauptdiagonale" und darüber) betrachtet.

	(R;R)	*(R;A)*	*(R;H)*	*(A;R)*	*(A;A)*	*(A;H)*	*(H;R)*	*(H;A)*	*(H;H)*
(R;R)	*xy* 378	*x* 952	*x* 476	*y* 336	*k* 700	*k* 1176	*y* 168	*k* 504	*k* 504
(R;A)		*xy* 561	*x* 578	*d* 408	*y* 850	*k* 1428	*d* 204	*y* 612	*k* 612
(R;H)			*xy* 136	*d* 204	*d* 425	*y* 714	*d* 102	*d* 306	*y* 306
(A;R)				*xy* 66	*x* 300	*x* 504	*y* 72	*k* 216	*k* 216
(A;A)					*xy* 300	*x* 1050	*d* 150	*y* 450	*k* 450
(A;H)						*xy* 861	*d* 252	*d* 756	*y* 756
(H;R)							*xy* 15	*x* 108	*x* 108
(H;A)								*xy* 153	*x* 324
(H;H)									*xy* 153

Aus den Zahlen der Tabelle folgt $nk = 5806$; $nd = 2807$; $nx = 4400$; $ny = 4264$; $nxy = 2623$. *Die Gesamtzahl der Vergleiche beträgt*

$$\frac{1}{2}n(n-1) = \frac{1}{2}\cdot 200\cdot 199 = 19900.$$

Die Anzahl *nk*, *nd* usw. lassen sich auch unmittelbar aus der Häufigkeitstabelle, also ohne die in dem Beispiel angegebene Hilfstabelle, berechnen. Auf weitere rechentechnische Einzelheiten dazu wird nicht eingegangen.

d) Zusammenhangsmaße, die auf der Konkordanz bzw. Diskordanz von Beobachtungspaaren aufbauen

Es gibt mehrere Zusammenhangsmaße, die auf dem im vorhergehenden Unterabschnitt beschriebenen Ansatz für die Paarvergleiche aufbauen.
Ein einfaches Maß bekommt man, wenn man von der Differenz der konkordanten und diskordanten Paare ausgeht und diese zur Gesamtzahl der Vergleiche in Beziehung setzt.

D 4.6.14

Gegeben sei die Verteilung zweier wenigstens ordinal meßbarer Merkmale X und Y, sowie die Anzahl *nk* der konkordanten bzw. *nd* der diskordanten Paare.

$K = \dfrac{2(nk - nd)}{n(n-1)}$ heißt **Konkordanzkoeffizient** und ist ein Maß für den Zusammenhang der beiden Merkmale.

Liegen **nur konkordante Paare** vor, dann ist $nk = \frac{1}{2}n(n-1)$ und $nd = 0$. Es liegt in diesem Fall bei **allen** Paarvergleichen übereinstimmende Ordnung bezüglich der beiden Merkmale vor, also ein "völlig gleichgerichteter" Zusammenhang, und es gilt $K = 1$. Liegen **nur diskordante Paare** vor, so ist $nk = 0$ und $nd = \frac{1}{2}n(n-1)$. Bei **allen** Paarvergleichen ist die Ordnung bezüglich der beiden Merkmale entgegengesetzt, es liegt ein "völlig gegenläufiger" Zusammenhang vor, und es wird $K = -1$. Stimmt die Anzahl der konkordanten und der diskordanten Paare überein ($nk = nd$), dann ist keine Tendenz der Gleichheit bzw. Ungleichheit der Ordnung bei den Paarvergleichen feststellbar. Es gilt $K = 0$.
Der Konkordanzkoeffizient ist eine normierte Größe mit $-1 \le K \le 1$.

B 4.6.15 *a) Für die Angaben aus* B 4.6.12 *erhält man mit* $nk = 9$, $nd = 2$ *und* $n = 6$

$$K = \frac{2(9-2)}{6(6-1)} = \frac{14}{30} = 0,467.$$

b) Für die Zahlen aus B 4.6.13 *erhält man*

$$K = \frac{2(5806-2807)}{200(200-1)} = 0,151.$$

Eine andere Maßzahl für den Zusammenhang ist

$$K^* = \frac{nk - nd}{nk + nd}.$$

Paarvergleiche, bei denen bezüglich eines oder beider Merkmale Gleichheit festgestellt wurde, bleiben dabei unberücksichtigt.

B 4.6.16 *a) Für* B 4.6.12 *erhält man*

$$K^* = \frac{9-2}{9+2} = 0,636.$$

K^* *ist also größer als* $K = 0,467$ *(siehe* B 4.6.15 a)*).*

b) Für B 4.6.13 *ergibt sich*

$$K^* = \frac{5806-2807}{5806+2807} = 0,348 \text{ gegenüber } K = 0,151 \text{ aus B 4.6.15 b).}$$

Schreibt man $K = \dfrac{nk - nd}{\frac{1}{2}n(n-1)}$ anstelle der Formel in D 4.6.14, dann steht im Nenner von K die Gesamtzahl aller Vergleiche.

Da stets $nk + nd \leq \frac{1}{2}n(n-1)$ gelten muß, folgt $K^* \geq K$.

Weitere Zusammenhangsmaße können wie folgt definiert werden:

$$K_{yx} = \frac{nk - nd}{nk + nd + ny},$$

wobei davon ausgegangen wird, daß das Merkmal Y vom Merkmal X abhängt;

$$K_{xy} = \frac{nk - nd}{nk + nd + nx},$$

wobei angenommen wird, daß X von Y abhängt;

$$K_S = \frac{nk - nd}{nk + nd + \frac{1}{2}(nx + ny)},$$

wobei eine gegenseitige Abhängigkeit unterstellt wird.

Zu Einzelheiten und weiteren Maßzahlen sei auf die weiterführende Literatur verwiesen.

4.7 Zusammenhangsmaße bei nominal meßbaren Merkmalen

a) Das Problem der Zusammenhangsanalyse bei nominal meßbaren Merkmalen

Bei Merkmalen, die "nur" auf einer Nominalskala gemessen werden können, sind die Zusammenhangsmaße der vorhergehenden Abschnitte nicht anwendbar. Es wird immer mindestens vorausgesetzt, daß für die Ausprägungen der untersuchten Merkmale eine natürliche Ordnung existiert. Das ist aber bei einer Nominalskala nicht der Fall. Um durch eine Maßzahl auszudrücken, ob zwischen zwei nominal meßbaren Merkmalen ein Zusammenhang besteht, muß deshalb ein anderer Weg beschritten werden. Grundlage dazu ist die **Kontingenztabelle** (vgl. D 4.1.10) der beiden Merkmale, die sich allgemein in folgender Form darstellen läßt:

	y_1	y_2	…	y_q	Randverteilung für x
x_1	$h(x_1;y_1)$	$h(x_1;y_2)$	…	$h(x_1;y_q)$	$h(x_1)=\sum_{k=1}^{q} h(x_1;y_k)$
x_2	$h(x_2;y_1)$	$h(x_2;y_2)$	…	$h(x_2;y_q)$	$h(x_2)=\sum_{k=1}^{q} h(x_2;y_k)$
…	…	…	…	…	…
x_m	$h(x_m;y_1)$	$h(x_m;y_2)$	…	$h(x_m;y_q)$	$h(x_m)=\sum_{k=1}^{q} h(x_m;y_k)$
Randverteilung für y	$h(y_1)=\sum_{j=1}^{m} h(x_j;y_1)$	$h(y_2)=\sum_{j=1}^{m} h(x_j;y_2)$	…	$h(y_q)=\sum_{j=1}^{m} h(x_j;y_q)$	

Der beobachteten Häufigkeitsverteilung kann man nun die Verteilung gegenüberstellen, die sich für die beiden Merkmale bei denselben Randverteilungen wie bei der beobachteten Häufigkeitsverteilung ergeben würde, wenn sie unabhängig wären (vgl. dazu Abschnitt 4.2 und insbesondere D 4.2.2).

Aus den Randverteilungen der Kontingenztabelle bestimmt man dazu nach R 4.2.5 die sich bei Unabhängigkeit ergebenden Häufigkeiten.

Durch Vergleich der beobachteten Häufigkeiten mit den sich bei Unabhängigkeit ergebenden Häufigkeiten können dann Aussagen über den Zusammenhang getroffen werden.

Eine andere Möglichkeit, den Zusammenhang nominal meßbarer Merkmale zu untersuchen, besteht in der Betrachtung der bedingten Verteilungen. Man kann z. B. für jedes x_j die bedingte Verteilung von Y betrachten und den häufigsten Wert bestimmen. Ergeben sich für die x_j ($j = 1,...,m$) im wesentlichen verschiedene häufigste Werte der bedingten Verteilungen von Y und sind diese häufigsten Werte besonders ausgeprägt (sehr große Häufigkeiten im Vergleich zu den anderen Häufigkeiten der jeweiligen bedingten Verteilung), dann kann daraus auf einen ausgeprägten Zusammenhang geschlossen werden.

Im folgenden wird zunächst die Zusammenhangsanalyse auf der Grundlage des Vergleichs der beobachteten Häufigkeiten mit den sich aus den Randverteilungen bei Unabhängigkeit ergebenden Häufigkeiten eingegangen.

b) Die Hilfsgröße χ^2

Es wird ausgegangen von einer Kontingenztabelle zweier nominal meßbarer Merkmale mit absoluten Häufigkeiten (s. o.). Für jede Kombination der Merkmalsausprägungen wird unter Verwendung von R 4.2.5 mit Hilfe der Randverteilungen errechnet, welche Häufigkeit *he* sich bei Unabhängigkeit der Merkmale ergeben würde:

$$he(x_j;y_k) = \frac{1}{n} h(x_j) h(y_k).$$

Mit den beobachteten absoluten Häufigkeiten $h(x_j;y_k)$ und den sich bei Unabhängigkeit der Merkmale ergebenden absoluten Häufigkeiten $he(x_j;y_k)$ berechnet man die Hilfsgröße χ^2 (Chi-Quadrat).

R 4.7.1

$$\chi^2 = \sum_{j=1}^{m} \sum_{k=1}^{q} \frac{(h(x_j;y_k) - he(x_j;y_k))^2}{he(x_j;y_k)} = \sum_{j=1}^{m} \sum_{k=1}^{q} \frac{\left(h(x_j;y_k) - \frac{h(x_j)h(y_k)}{n}\right)^2}{\frac{h(x_j)h(y_k)}{n}}$$

Die Zähler der Summanden bestehen aus den quadratischen Abweichungen der **beobachteten** absoluten Häufigkeiten von den sich bei Unabhängigkeit ergebenden absoluten Häufigkeiten. Die Division durch die sich bei Unabhängigkeit ergebenden absoluten Häufigkeiten bedeutet, daß man die relativen quadratischen Abweichungen betrachtet.

B 4.7.2 *Eine Befragung von* 100 30-*jährigen Frauen nach Familienstand und Religionszugehörigkeit hat folgendes Ergebnis geliefert:*

	ledig	*verheiratet*	*geschieden*	
ev.	10	25	5	40
kath.	8	40	2	50
sonst.	2	5	3	10
	20	70	10	100

Es gilt:

$$\chi^2 = \frac{(10-\frac{20\cdot 40}{100})^2}{\frac{20\cdot 40}{100}} + \frac{(25-\frac{70\cdot 40}{100})^2}{\frac{70\cdot 40}{100}} + \frac{(5-\frac{10\cdot 40}{100})^2}{\frac{10\cdot 40}{100}}$$

$$+\frac{(8-\frac{20\cdot 50}{100})^2}{\frac{20\cdot 50}{100}} + \frac{(40-\frac{70\cdot 50}{100})^2}{\frac{70\cdot 50}{100}} + \frac{(2-\frac{10\cdot 50}{100})^2}{\frac{10\cdot 50}{100}}$$

$$+\frac{(2-\frac{20\cdot 10}{100})^2}{\frac{20\cdot 10}{100}} + \frac{(5-\frac{70\cdot 10}{100})^2}{\frac{70\cdot 10}{100}} + \frac{(3-\frac{10\cdot 10}{100})^2}{\frac{10\cdot 10}{100}}$$

$$= \frac{4}{8} + \frac{9}{28} + \frac{1}{4} + \frac{4}{10} + \frac{25}{35} + \frac{9}{5} + 0 + \frac{4}{7} + 4 = 8{,}56.$$

Für die Berechnung von χ^2 empfiehlt es sich, neben den beobachteten absoluten Häufigkeiten auch die für Unabhängigkeit errechneten absoluten Häufigkeiten, die Differenz von beiden sowie deren Quadrate direkt in die Kontingenztabelle einzutragen. Dazu können die Felder der Kontingenztabelle wie folgt eingeteilt werden:

$h(x_j;y_k)$	$(h(x_j;y_k) - \frac{h(x_j)h(y_k)}{n})^2$
$h(x_j;y_k) - \frac{h(x_j)h(y_k)}{n}$	$\frac{h(x_j)h(y_k)}{n}$

B 4.7.3 *Die folgende Tabelle enthält Angaben von 50 Personen über Berufsgruppe und Nationalität sowie die Zwischenwerte zur Berechnung von* χ^2.

	Deutsche		*Ausländer*		
Arbeiter	10	25	15	25	25
	-5	15	5	10	
Angestellte	20	25	5	25	25
	5	15	-5	10	
	30		20		50

Es ist dann $\chi^2 = \frac{25}{15} + \frac{25}{15} + \frac{25}{10} + \frac{25}{10} = \frac{5}{3} + \frac{5}{3} + \frac{5}{2} + \frac{5}{2} = 8\frac{1}{3} = 8{,}33.$

Aus der Formel zur Berechnung von χ^2 ergibt sich unmittelbar:

R 4.7.4

Für **unabhängige** Merkmale gilt $\chi^2 = 0$.

Die "Hilfsgröße" χ^2 ist ein Maß dafür, wie stark die beobachtete Verteilung von der sich bei Unabhängigkeit ergebenden Verteilung abweicht. Sie wird als Zusammenhangsmaß jedoch kaum verwendet, da sie nicht auf 1 normiert ist, d. h. es gilt nicht $\chi^2 \leq 1$.
Wegen $h(x_j;y_k) = nf(x_j;y_k)$ und $h(x_j) = nf(x_j)$, $h(y_k) = nf(y_k)$ gilt

$$\chi^2 = \sum_{j=1}^{m} \sum_{k=1}^{q} \frac{(h(x_j;y_k) - he(x_j;y_k))^2}{he(x_j;y_k)}$$

$$= \sum_{j=1}^{m} \sum_{k=1}^{q} \frac{(nf(x_j;y_k) - nf(x_j)f(y_k))^2}{nf(x_j)f(y_k)},$$

also $$\chi^2 = n\sum_{j=1}^{m} \sum_{k=1}^{q} \frac{(f(x_j;y_k) - f(x_j)f(y_k))^2}{f(x_j)f(y_k)}.$$

Je nach Anzahl der Beobachtungen erhält man also für eine Kontingenztabelle gegebener Größe bei gleicher Art der Abhängigkeit (d. h. bei übereinstimmenden relativen Häufigkeiten) unterschiedlich große Werte für χ^2. Vor allem für Vergleichszwecke ist χ^2 damit als Zusammenhangsmaß kaum geeignet.

c) Der Kontingenzkoeffizient

Die folgende, mit Hilfe von χ^2 berechnete Größe kann als Maß für den Zusammenhang zweier nominal meßbarer Merkmale verwendet werden.

D 4.7.5

Gegeben sei die gemeinsame Verteilung zweier nominal meßbarer Merkmale und die Größe χ^2 (R 4.7.1). $C = \sqrt{\frac{\chi^2}{\chi^2 + n}}$ heißt **Kontingenzkoeffizient** und ist ein Maß für den Zusammenhang der beiden Merkmale.

B 4.7.6 *a) Für die Angaben aus* B 4.7.2 *ergibt sich*

$$C = \sqrt{\frac{8{,}56}{8{,}56 + 100}} = 0{,}28.$$

b) Für B 4.7.3 *erhält man* $C = \sqrt{\frac{8{,}33}{8{,}33 + 50}} = 0{,}38$.

Aus D 4.7.5 ist unmittelbar ersichtlich, daß **für unabhängige Merkmale** $C = 0$ gilt, da dann $\chi^2 = 0$ ist. Da der Nenner des Bruches in der Formel für C immer größer ist als der Zähler, gilt stets $C < 1$. Um zu erreichen, daß bei eindeutigem Zusammenhang, bei dem zu jedem y_k nur ein x_j oder zu jedem x_j nur ein y_k vorkommt, der Kontingenzkoeffizient den Wert 1 annimmt, verwendet man häufig einen korrigierten Kontingenzkoeffizienten.

D 4.7.7

Für zwei nominal meßbare Merkmale sei die Kontingenztabelle mit m Zeilen und q Spalten gegeben und es sei $C^* = \min(m;q)$.

$C_{korr} = C\sqrt{\frac{C^*}{C^* - 1}} = \sqrt{\frac{\chi^2}{\chi^2 + n} \cdot \frac{C^*}{C^* - 1}}$ heißt **korrigierter Kontingenzkoeffizient** und es gilt $0 \le C_{korr} \le 1$.

Die Formel für den korrigierten Kontingenzkoeffizienten ergibt sich aus der (hier nicht bewiesenen) Tatsache, daß $0 \le C \le \sqrt{\frac{C^* - 1}{C^*}}$ gilt.

B 4.7.8 *a) Für* B 4.7.2 *bzw.* 4.7.6 a) *ergibt sich* $C^* = \min(3;3) = 3$ *und somit*

$$C_{korr} = 0{,}28\sqrt{\frac{3}{3-1}} = 0{,}34.$$

b) Für B 4.7.3 *bzw.* 4.7.6 b) *erhält man* $C^* = 2$ *und*

$$C_{korr} = 0{,}38\sqrt{\frac{2}{2-1}} = 0{,}54.$$

d) Andere Zusammenhangsmaße unter Verwendung von χ^2

Es gibt verschiedene andere Zusammenhangsmaße, die mit der Hilfsgröße χ^2 berechnet werden können. Es sind dies:

$$C_1 = \sqrt{\frac{\chi^2}{n \min(m-1; q-1)}}; \quad C_2 = \sqrt{\frac{\chi^2}{n(m-1)(q-1)}}; \quad C_3 = \sqrt{\frac{\chi^2}{n}}$$

Diese Maße werden jedoch nur selten verwendet. Zu Einzelheiten wird auf die weiterführende Literatur verwiesen.

e) Ein Maß für den Grad der funktionellen Abhängigkeit

Der in Abschnitt 4.4 d) erörterte Bestimmtheitskoeffizient ist für metrisch meßbare Merkmale ein Maß dafür, wie gut ein Zusammenhang durch die der Berechnung des Bestimmtheitskoeffizienten zugrundeliegende Regressionsfunktion beschrieben wird. Ist $B = 1$, so ist der Zusammenhang eindeutig durch die Regressionsfunktion beschrieben. Alle Beobachtungen liegen auf der Regressionsfunktion $\hat{y} = f(x)$ und zu jeder Ausprägung x_j des Merkmals X gibt es nur genau eine Ausprägung des Merkmals Y. Der Bestimmtheitskoeffizient gibt an, wie gut der Wert von Y mittels der Regressionsfunktion durch den entsprechenden Wert des Merkmals X erklärt wird. Er kann also als Maß der Eindeutigkeit des Zusammenhangs aufgefaßt werden.

Auch bei nominal meßbaren Merkmalen kann man untersuchen wie ausgeprägt die Zuordnung von x-Werten zu y-Werten ist. Dazu werden die bedingten Verteilungen und die Randverteilung von Y betrachtet.
Es sei $\bar{y}_D / x_j$ der häufigste Wert der zu x_j gehörigen bedingten Verteilung von Y. Hängt Y eindeutig von X ab, dann gibt es zu jedem x_j genau eine Ausprägung y_k. Diese entspricht dem häufigsten Wert der zu x_j gehörigen bedingten Verteilung von Y. Da alle anderen Häufigkeiten 0 sind, gilt dann

$$h(\bar{y}_D / x_j) = h(x_j).$$

Hängt Y nicht eindeutig von X ab, dann gibt die Differenz $h(x_j) - h(\bar{y}_D / x_j)$ an, wie stark eine bedingte Verteilung von der eindeutigen Zuordnung abweicht. Aus der Summe dieser Differenzen und der entsprechenden Differenz der Randverteilung von Y kann nun ein Zusammenhangsmaß konstruiert werden.

D 4.7.9

Gegeben sei die gemeinsame Verteilung der beiden nominal meßbaren Merkmale X und Y und die häufigsten Werte $\overline{y}_D / x_j$ ($j = 1,...,m$) der bedingten Verteilungen von Y und $\overline{y}_D$ der Randverteilung.

$$A_{yx} = \frac{\sum_{j=1}^{m} h(\overline{y}_D / x_j) - h(\overline{y}_D)}{n - h(\overline{y}_D)}$$ heißt **Assoziationskoeffizient für die Abhängigkeit des Merkmals** $\boldsymbol{Y}$ **von** $\boldsymbol{X}$ und ist ein Maß für die Eindeutigkeit der Abhängigkeit.

Der Zähler von A_{yx} ergibt sich aus

$$n - h(\overline{y}_D) - \sum_{j=1}^{m}(h(x_j) - h(\overline{y}_D / x_j))$$

$$= n - h(\overline{y}_D) - \sum_{j=1}^{m} h(x_j) + \sum_{j=1}^{m} h(\overline{y}_D / x_j)$$

$$= n - h(\overline{y}_D) - n + \sum_{j=1}^{m} h(\overline{y}_D / x_j) = \sum_{j=1}^{m} h(\overline{y}_D / x_j) - h(\overline{y}_D).$$

Mit $A_1 = n - h(\overline{y}_D)$ und $A_2 = \sum_{j=1}^{m}(h(x_j) - h(\overline{y}_D / x_j))$ kann man A_{yx} auch wie folgt definieren: $A_{yx} = \frac{A_1 - A_2}{A_1}$.

B 4.7.10 *Es wird auf die Angaben aus* B 4.7.2 *zurückgegriffen.*

	x_1 *ledig*	x_2 *verheiratet*	x_3 *geschieden*	
y_1 *ev.*	**10**	25	**5**	40
y_2 *kath.*	8	**40**	2	**50**
y_3 *sonst.*	2	5	3	10
	20	70	10	100

In der Tabelle sind die Häufigkeiten der häufigsten Werte hervorgehoben. Man erhält

$$A_{yx} = \frac{10 + 40 + 5 - 50}{100 - 50} = \frac{5}{50} = 0{,}1.$$

Es ist offensichtlich, daß man auch ein Assoziationsmaß für die Abhängigkeit des Merkmals X von Y definieren kann:

$$A_{xy} = \frac{\sum_{k=1}^{q} h(\bar{x}_D / y_k) - h(\bar{x}_D)}{n - h(\bar{x}_D)}.$$

B 4.7.11 *Für die Kontingenztabelle aus* B 4.7.10 *erhält man*

$$A_{xy} = \frac{25+40+5-70}{100-70} = 0.$$

Das Beispiel bestätigt folgende Regel:

R 4.7.12

> Stimmen die Merkmalsausprägungen der häufigsten Werte aller bedingten Verteilungen überein, dann nimmt der Assoziationskoeffizient A_{xy} bzw. A_{yx} den Wert Null an.

Ferner gilt

R 4.7.13

> Ist in jeder Spalte (bzw. Zeile) einer Kontingenztabelle nur ein Feld besetzt, d. h. ist die Abhängigkeit des Merkmals Y von X (bzw. X von Y) eindeutig, dann gilt $A_{yx} = 1$ (bzw. $A_{xy} = 1$).

Kann man nicht davon ausgehen, daß ein Merkmal vom anderen abhängig ist, dann kann auch ein symmetrisches Maß bestimmt werden.

D 4.7.14

> Gegeben sei die gemeinsame Verteilung der nominal meßbaren Merkmale X und Y.
>
> $$A = \frac{\sum_{j=1}^{m} h(\bar{y}_D / x_j) + \sum_{k=1}^{q} h(\bar{x}_D / y_k) - h(\bar{y}_D) - h(\bar{x}_D)}{2n - h(\bar{y}_D) - h(\bar{x}_D)}$$
>
> heißt **symmetrischer Assoziationskoeffizient**.

B 4.7.15 *Für die Zahlen aus* B 4.7.10 *ergibt sich*

$$A = \frac{10+40+5+25+40+5-50-70}{200-50-70} = \frac{5}{80} = 0{,}0625.$$

4.8 Ergänzende Bemerkungen

a) Beziehungen zwischen Zusammenhangsmaßen und Meßbarkeitseigenschaften der Merkmale

Die Erörterung der Zusammenhangsmaße in den vorhergehenden Abschnitten hat deutlich gemacht, daß die Meßbarkeitseigenschaften der Merkmale einen wesentlichen Einfluß auf die Definition der Maßzahlen ausüben.

Korrelationskoeffizient, Bestimmtheitsmaß und Bestimmtheitskoeffizient sind nur für metrisch meßbare Merkmale verwendbar.

Rangkorrelationskoeffizient und Konkordanzkoeffizient setzen wenigstens ordinale Meßbarkeit voraus. Der Rangkorrelationskoeffizient ist der Korrelationskoeffizient der Rangzahlen. Diese Beziehung ist bei der Interpretation dieses Zusammenhangsmaßes zu beachten.

Die Assoziationskoeffizienten und der Kontingenzkoeffizient können für nominal meßbare Merkmale berechnet werden. Ihre Bestimmung ist unabhängig davon, in welcher Reihenfolge die einzelnen Merkmalsausprägungen bei der Kontingenztabelle aufgeführt werden.

Da eine Ordinalskala auch alle Eigenschaften einer Nominalskala und eine metrische Skala auch alle Eigenschaften einer Ordinal- und einer Nominalskala hat, können für ordinal meßbare Merkmale Kontingenzkoeffizient und Assoziationskoeffizienten berechnet werden. Für metrisch meßbare Merkmale können alle Zusammenhangsmaße berechnet werden.

Werden Merkmale mit unterschiedlichen Meßbarkeitseigenschaften auf Abhängigkeit untersucht, dann ist die jeweils "schwächste" Skala maßgebend. Das bedeutet z. B., daß ein ordinal meßbares und ein metrisch meßbares Merkmal im allgemeinen nicht mit dem Korrelationskoeffizienten, sondern "nur" mit dem Rangkorrelationskoeffizienten auf einen eventuellen Zusammenhang hin untersucht werden können. Dabei sei erwähnt, daß es spezielle Abhängigkeitsmaße für die Untersuchung von Abhängigkeiten zwischen einem metrisch meßbaren und einem ordinal meßbaren Merkmal oder zwischen einem metrisch meßbaren und einem nominal meßbaren Merkmal gibt.

b) Zur Interpretation des numerischen Wertes von Zusammenhangsmaßen

Es wurde bei der Behandlung der Korrelationskoeffizienten darauf verzichtet, die Interpretationsmöglichkeiten des numerischen Wertes eines Korrelationskoeffizienten im einzelnen zu diskutieren. Alle behandelten Zusammenhangsmaße besitzen die Eigenschaft, daß ihr numerischer Wert Null wird, wenn kein Zusammenhang vorliegt. Liegt ein eindeutiger Zusammenhang vor, dann nehmen die Zusammenhangsmaße im allgemeinen den Wert +1 oder –1 an. Je näher der berechnete Wert eines Zusammenhangsmaßes bei + 1 oder –1 liegt, desto ausgeprägter ist der Zusammenhang. Darüber hinausgehende spezielle Aussagen über Interpretationsmöglichkeiten bestimmter numerischer Werte sind nicht möglich. In der Literatur finden sich allerdings gegenteilige Äußerungen, etwa der folgenden Art:

$r = 0$:	kein Zusammenhang,
$0 < \lvert r \rvert \le 0{,}4$:	niedriger Zusammenhang,
$0{,}4 < \lvert r \rvert < 0{,}7$:	mittlerer Zusammenhang,
$0{,}7 \le \lvert r \rvert < 1$:	hoher Zusammenhang,
$\lvert r \rvert = 1$:	vollständiger linearer Zusammenhang.

Die verbalen Attribute "niedrig", "mittel" und "hoch" sind ebenso willkürlich, wie die Grenzen der Bereiche. Man könnte z. B. genausogut zwischen "schwach", "mittel", "stark" und "sehr stark" unterscheiden oder die Grenzen anders setzen. Derartige Klassifikationen erscheinen deshalb wenig sinnvoll.

c) Inhaltliche Interpretation von Zusammenhangsmaßen

Zum Abschluß sei hier noch einmal auf das Problem der häufig vorhandenen Diskrepanz zwischen Formallogik und Sachlogik hingewiesen. In Abschnitt 1.3 wurden bereits mehrere Beispiele behandelt, bei denen anhand eines Streuungsdiagramms ein eindeutiger Zusammenhang zwischen zwei Merkmalen zu erkennen war. Bei näherer Betrachtung hatte sich dann herausgestellt, daß ein sachlicher Zusammenhang zwischen den Merkmalen kaum sinnvoll erscheint. Die Gefahr, sachlich nicht zusammenhängende Merkmale miteinander in Beziehung zu bringen, entsteht sehr häufig. Man spricht in diesem Zusammenhang von "Scheinkorrelationen". Das Problem resultiert daraus, daß mit Hilfe der statistischen Verfahren Zahlenmaterial verarbeitet wird. Wenn nun Paare von Beobachtungswerten gegeben sind, dann kann das Datenmaterial so beschaffen sein, daß zwischen den Daten in den Beobachtungspaaren ein Zusammenhang errechnet werden kann. Ob ein Zusammenhang dann auch zwischen den sich hinter den Daten bzw. Zahlen verbergenden Sachverhalten besteht, ist damit keineswegs sichergestellt. Bei Anwendungen der Statistik und insbesondere bei der Untersuchung von Zusammenhängen zwischen Merkmalen ist deshalb immer ganz besonders auf die sachliche Seite des jeweiligen Problems zu achten, um Fehlanwendungen zu vermeiden.

Im übrigen hüte man sich davor, einen für ein gegebenes Datenmaterial errechneten Zusammenhang zu verallgemeinern. Im Bereich der deskriptiven Statistik beziehen sich alle Aussagen immer nur auf das vorliegende Zahlenmaterial. Darauf wurde bereits an früherer Stelle eingehend hingewiesen. Inwieweit aus einem berechneten Zusammenhangsmaß verallgemeinernde Schlüsse gezogen werden können, ist nur mit Stichprobenverfahren zu beantworten, die in Band 2 der Grundlagen der Statistik behandelt werden.

Übungsaufgaben

Ü 4.1 20 Haushalte (H) werden nach ihrem monatlichen Einkommen (y) und den monatlichen Konsumausgaben (c) befragt. Das Ergebnis lautete:

H	1	2	3	4	5	6	7	8	9	10
y	800	1200	1100	1480	1300	900	1000	1200	800	925
c	700	820	930	1270	1160	840	620	970	680	750

H	11	12	13	14	15	16	17	18	19	20
y	1150	870	1420	950	1350	1280	1040	1470	1220	1120
c	870	870	1050	920	1250	1010	820	1310	1200	980

Stelle die Beobachtungswerte in einer Korrelationstabelle dar. Verwende folgende Klassen: 500 bis unter 700, 700 bis unter 900, 900 bis unter 1100, 1100 bis unter 1300, 1300 bis unter 1500.

Ü 4.2 Prüfe durch Bestimmung der bedingten Verteilungen der relativen Häufigkeiten, bei welcher der beiden angegebenen Verteilungen die Merkmale abhängig sind.

a)	y_1	y_2	y_3
x_1	4	6	10
x_2	5	7	8
x_3	11	7	2

b)	y_1	y_2	y_3	y_4
x_1	20	12	8	4
x_2	10	6	4	2
x_3	5	3	2	1

Ü 4.3 Gegeben sind unabhängige Merkmale X und Y mit den Verteilungen:

x_j	x_1	x_2	x_3
$h(x_j)$	8	40	16

y_k	y_1	y_2	y_3	y_4
$h(y_k)$	8	32	16	8

Bestimme die zweidimensionale Verteilung der absoluten Häufigkeiten.

Ü 4.4 Für die gemeinsam auftretenden Merkmale X und Y wurden folgende Beobachtungswerte $(x_i;y_i)$ ermittelt: (2;5), (2;7), (4;4), (4;6), (5;4,5), (6;3), (6;5), (8;3). Berechne eine lineare KQ-Regressionsfunktion $\hat{y} = a + bx$.

Ü 4.5 Gegeben sind folgende Beobachtungswerte $(x_i;y_i)$: (1;2), (1;6), (3;5), (5;6), (7;6), (7;8). Zeichne ein Streuungsdiagramm, bestimme die linearen KQ-Regressionsfunktionen $\hat{y} = a + bx$ und $\hat{x} = a' + b'y$ und zeichne diese.

Ü 4.6 Bestimme die Normalgleichungen zur Berechnung der Koeffizienten einer KQ-Regressionsfunktion $\hat{y} = a + bx^2$.

Ü 4.7 Es wurden folgende Preise p_i und Absatzmengen m_i beobachtet:

p_i	20	18	15	12	10
m_i	220	260	350	480	600

Berechne eine KQ-Regressionsfunktion $\hat{m} = a p^b$ (mit zweistelligen Logarithmen).

Ü 4.8 Gegeben sind folgende Beobachtungspaare zweier metrisch meßbarer Merkmale *X* und *Y*: (1;3), (1;5), (2;4), (2;6), (4;7), (5;5), (5;8), (6;7), (6;10), (8;7).
a) Zeichne ein Streuungsdiagramm.
b) Berechne den Korrelationsindex.
c) Bestimme eine lineare Regressionsfunktion $\hat{y} = a + bx$.
d) Bestimme den Korrelationskoeffizienten.

Ü 4.9 Folgende 8 Beobachtungen liegen vor:

i	1	2	3	4	5	6	7	8
y	1	3	5	7	3	5	10	12
x_1	1	1	1	1	3	3	4	4
x_2	1	1	3	3	1	1	4	4

Berechne eine KQ-Regressionsfunktion der Form $\hat{y} = b_0 + b_1 x_1 + b_2 x_2$.

Ü 4.10 In einer Fußballiga starten 12 Vereine, die ihren Spielern unterschiedlich hohe Prämien für die Erringung der Meisterschaft in Aussicht stellten. Die folgende Übersicht zeigt Tabellenendstand und Höhe der Prämie. Berechne den Rangkorrelationskoeffizienten.

Verein	K	B	E	A	C	D	L	M	G	H	F	J
Platz	1	2	3	4	5	6	7	8	9	10	11	12
Prämie pro Spieler in 1000 DM	10	180	150	200	120	50	100	80	60	40	30	20

Ü 4.11 Bestimme zu B 4.6.7 die Anzahl konkordanter und diskordanter Paare und die Anzahl der in *X* (=A-Note), *Y* (=B-Note) bzw. *X* und *Y* übereinstimmenden Paare. Berechne den Konkordanzkoeffizienten.

Ü 4.12 200 Personen wurden nach ihrem Berufsstand und dem ihres Vaters gefragt:

Sohn \ Vater	Arbeiter	Angestellter	Beamter	Selbständiger
Arbeiter	40	10	0	0
Angestellter	40	25	5	10
Beamter	10	25	25	0
Selbständiger	0	0	0	10

a) Berechne χ^2.

b) Berechne den Kontingenzkoeffizenten und den korrigierten Kontingenzkoeffizienten.

c) Berechne die Assoziationskoeffizienten A_{yx}, A_{xy} und A.

5 Zeitabhängige Daten

5.1 Aufgaben bei der Untersuchung zeitabhängiger Daten

Unter einer Zeitreihe versteht man eine Reihe von Werten eines Merkmals, die verschiedenen, aufeinanderfolgenden Zeitpunkten oder Zeitintervallen zugeordnet sind (vgl. D 2.4.2). Die Untersuchung zeitabhängiger Daten widmet sich vor allem der Frage, ob sich für die aufeinanderfolgenden Werte einer Zeitreihe irgendeine Gesetzmäßigkeit feststellen läßt. F 5.1.1 enthält die grafische Darstellung von zwei Zeitreihen, in denen Gesetzmäßigkeiten deutlich zu erkennen sind. Die linke Zeichnung zeigt eine Reihe, deren Werte x zunächst mit zunehmenden und danach mit abnehmenden Raten anwachsen. Das Bild legt die Vermutung nahe, daß die Werte der Zeitreihe gegen eine Sättigungsgrenze konvergieren. Ein derartiges Bild erhält man beispielsweise, wenn man den Bestand an Rundfunkgeräten oder an Fernsehgeräten für die Bundesrepublik oder ein anderes mitteleuropäisches Land grafisch darstellt. Die rechte Zeichnung in F 5.1.1 enthält Werte einer Zeitreihe, die eine zunehmende Tendenz aufweisen. Die Entwicklung ist aber nicht gleichmäßig, sondern die Zeitreihenwerte haben außer der zunehmenden Tendenz eine periodische Schwankung, die aus der Zeichnung deutlich zu erkennen ist.

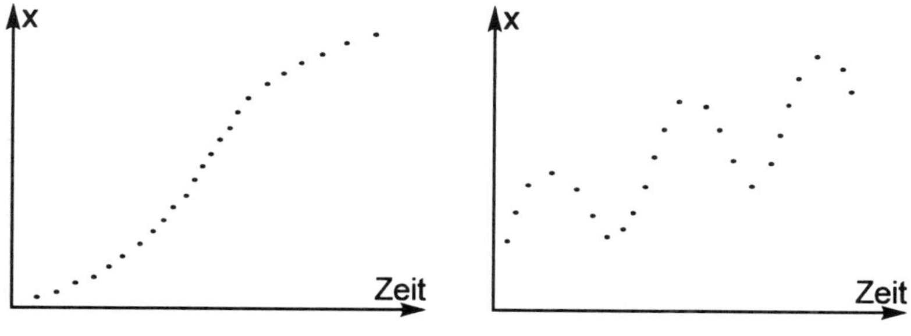

F 5.1.1 *Zeitreihen*

Aufgabe der Zeitreihenanalyse ist es, solche Gesetzmäßigkeiten zu erkennen und durch ein mathematisches Modell auszudrücken. Auf der Basis von Gesetzmäßigkeiten in einer Zeitreihe versucht man dann, zukünftige Entwicklungen der betreffenden Größe zu prognostizieren.

In dieser Einführung in die beschreibende Statistik können nur die elementaren Grundlagen der Zeitreihenanalyse und der Prognosetechniken behandelt werden. Zuvor wird im folgenden Abschnitt ein Spezialbereich der Untersuchung zeitabhängiger Daten behandelt, nämlich die Analyse der zeitlichen Entwicklung von Beständen und damit verbundener Fragen. Die grundlegenden Begriffe für die **Bestandsanalyse** wurden bereits im Abschnitt 2.1 eingeführt. Es wurde bereits dort festgehalten, daß eine Bestandsmasse durch die korrespondierenden Ereignismassen fortgeschrieben werden kann. Diese Bestandsfortschreibung ist eine Aufgabe im Rahmen der Bestandsanalyse. Weitere Fragen, die im folgenden Abschnitt 5.2 behandelt werden, sind:

- Wie viele Einheiten sind dem Bestand in den einzelnen betrachteten Perioden zugegangen, und wie viele Einheiten sind in den einzelnen Perioden aus dem Bestand abgegangen?
- Wie hoch ist der Durchschnittsbestand gewesen?
- Wie lange sind die Einheiten durchschnittlich im Bestand geblieben?
- Wie oft wurde ein Bestand innerhalb eines betrachteten Zeitraums umgeschlagen, bzw. wie oft wurde der Bestand in dem betrachteten Zeitraum erneuert?

Die folgenden beiden Beispiele mögen die Probleme der Bestandsanalyse verdeutlichen.

B 5.1.2 *In einer Fremdenverkehrsgemeinde existiert ein Freibad, das in den letzten Jahren während der Sommermonate häufig überfüllt war. Es wird deshalb erwogen, die Liegewiesen, die Umkleidemöglichkeiten und die Garderoben zu erweitern. Zur Vorbereitung seiner Entscheidung läßt sich der Gemeinderat eine Besucherstatistik für das Schwimmbad anfertigen. Grundlage dieser Statistik sind die täglichen Zählungen der Schwimmbadbesucher. Aus diesen Angaben wurde, getrennt nach Monaten, die durchschnittliche Anzahl der Besucher pro Tag ermittelt.*

	1991	1992	1993	1994
Mai	200	40	300	350
Juni	450	600	500	800
Juli	1100	1500	1850	1800
August	950	1100	1700	1900
September	50	200	250	300
Saisondurchschnitt	554	692	927	1036

Die vorgelegten Zahlen zeigen, daß die durchschnittliche Zahl der täglichen Besucher zugenommen hat. Der Gemeinderat entscheidet sich deshalb für Erweiterungsmaßnahmen.
Später stellt sich heraus, daß trotz der Erweiterung das Schwimmbad im gleichen Maße unter Überfüllung zu leiden hat wie vorher, obwohl sich die durchschnittliche Besucherzahl nicht weiter erhöht hat. Hierfür ist vor allem folgender Grund maßgebend:
Die tägliche Besucherzahl sagt über die tatsächliche Belastung des Schwimmbades nichts aus. Entscheidend ist der **Besucherbestand** *des Schwimmbades. Für den Besucherbestand spielt die Aufenthaltsdauer der Schwimmbadbesucher eine wichtige Rolle. Nehmen wir an, das Schwimmbad hat von* 9.00 *Uhr bis* 19.00 *Uhr geöffnet. Falls morgens um* 9.00 *Uhr* 1000 *Besucher kommen, die das Bad erst um* 19.00 *Uhr wieder verlassen, dazwischen aber keine Besucher ankommen oder das Schwimmbad verlassen, beträgt der Besucherbestand des Schwimmbades während des ganzen Tages* 1000.
Kommen an einem Tag jede Stunde 100 *Besucher, die jeweils genau eine Stunde im Schwimmbad bleiben und es dann wieder verlassen, so beträgt der Besucherbestand im Bad an diesem Tag ständig* 100. *Die Gesamtzahl der Besucher an diesem Tag ist aber ebenso wie in dem vorhergehenden Fall* 1000.
Um seine Entscheidung auf eine solide Grundlage zu stellen, benötigt der Gemeinderat somit eine differenzierte Bestandsanalyse. Die Grundlagen werden im Abschnitt 5.2 behandelt.

B 5.1.3 *Die Einzelhändler Trug und Lug, die beide mit Radiogeräten handeln, unterhalten sich darüber, wessen Geschäft günstiger sei. Beide haben in ihrem Geschäft ein gleich großes Eigenkapital von DM* 500.000 *eingesetzt. Dieses Eigenkapital benutzen sie im wesentlichen dazu, sich einen genügend großen Lagerbestand an Radiogeräten zu halten. Lug behauptet nun, daß er an jedem Gerät* 10% *Gewinn erzielt und Trug nur* 5%, *so daß er doppelt so viel verdient. Trug rechnet dem Lug nun vor, daß seine Radios durchschnittlich nur* 2 *Monate im Lager verweilen. Sein gesamter Lagerbestand erneuert sich also durchschnittlich alle* 2 *Monate. Mit seinem Eigenkapital kann er deshalb den Gewinn von* 5% *sechsmal im Jahr erzielen.*
Die Radios im Lager von Lug haben dagegen eine mittlere Verweildauer von 6 *Monaten. Er schlägt sein Lager im Jahr also nur zweimal um und erzielt die* 10% *Gewinn auf sein Eigenkapital nur zweimal im Jahr. Auf das Jahr bezogen erwirtschaftet also Trug einen Gewinn von* 30% *auf das eingesetzte Eigenkapital und Lug nur von* 20%. *Das liegt daran, daß die Radios bei Trug eine geringere durchschnittliche Verweildauer im Lager haben oder (was das Gleiche bedeutet), daß das Lager von Trug schneller umgeschlagen wird (die Umschlagshäufigkeit ist größer). Auf die Bestimmung von durchschnittlicher Verweildauer und Umschlagshäufigkeit wird ebenfalls im nächsten Abschnitt eingegangen.*

5.2 Bestandsanalyse

a) Grundlegende Begriffe

Im Abschnitt 2.1 wurden die Begriffe Bestandsmasse (D 2.1.10) und Ereignismasse (D 2.1.12) wie folgt definiert:
Eine statistische Masse, deren Einheiten für ein gewisses Zeitintervall der Masse angehören, d. h. zu einem bestimmten Zeitpunkt in die Masse **eintreten** und erst zu einem späteren Zeitpunkt aus der Masse **ausscheiden**, heißt **Bestandsmasse**.
Eine statistische Masse, deren Einheiten Ereignisse sind, die zu bestimmten Zeitpunkten auftreten, heißt **Ereignismasse**.
Zu jeder Bestandsmasse gibt es, wie bereits früher festgestellt wurde, korrespondierende Ereignismassen, nämlich die Zugänge und die Abgänge des Bestandes. Wird ein Bestand fortlaufend um Zugänge und Abgänge ergänzt, dann spricht man von **Fortschreibung** oder **Bestandsfortschreibung**.

Die Analyse von Beständen bezieht sich immer auf einen vorgegebenen Zeitraum. Der Anfangszeitpunkt dieses Betrachtungszeitraums wird mit t_0 und der Endzeitpunkt mit t_m bezeichnet. Um untersuchen zu können, wie sich ein Bestand in dem Betrachtungszeitraum entwickelt hat, wird der Zeitraum von t_0 bis t_m in m Zeitintervalle unterteilt. Als Grenzen dieser Zeitintervalle hat man die Zeitpunkte $t_0, t_1, t_2, \ldots, t_{m-1}, t_m$. Die Zeitpunkte t_j ($j = 0,\ldots,m$) sollten nach Möglichkeit den gleichen Abstand voneinander haben.

Als **Bestand** bezeichnet man die Anzahl ("Häufigkeit") der Einheiten oder den Umfang einer Bestandsmasse zu einem bestimmten Zeitpunkt. Der Bestand zum Zeitpunkt t bzw. t_j wird mit B_t bzw. B_j bezeichnet. B_0 heißt **Anfangsbestand** und B_m **Endbestand**.

D 5.2.1

> Gilt für eine Bestandsmasse $B_t = 0$ für $t \leq t_0$ und $B_t = 0$ für $t \geq t_m$, dann handelt es sich um eine im Zeitintervall (t_0, t_m) **abgeschlossene Bestandsmasse**. Gilt $B_t \neq 0$ für $t \leq t_0$ oder/und $B_t \neq 0$ für $t \geq t_m$, dann liegt eine im Zeitintervall (t_0, t_m) **offene Bestandsmasse** vor.

B 5.2.2 *a) Betrachtet man die Entwicklung des Besucherbestandes in einem Schwimmbad während eines Tages (vgl.* B 5.1.2*) oder die Anzahl der in einem Kaufhaus befindlichen Kunden zu einem Zeitpunkt während eines*

Tages, dann hat man es mit abgeschlossenen Bestandsmassen zu tun, denn vor Öffnungsbeginn und nach Schluß befindet sich kein Besucher im Schwimmbad bzw. kein Kunde im Kaufhaus.

b) Untersucht man die Entwicklung der Bevölkerung in einer Stadt oder in einem Land während eines Jahres oder auch während eines anderen nicht zu großen abgeschlossenen Zeitraums, dann hat man es mit einer offenen Bestandsmasse zu tun, da es immer schon Einwohner vor Beginn des Untersuchungszeitraums gegeben hat und auch nach dem Ende des Untersuchungszeitraums geben wird.

Die Anzahl der Einheiten, die zu einem Bestand im Zeitintervall von t_{j-1} bis t_j hinzukommen, heißt **Zugang** z_j. Die Anzahl der Einheiten, um die ein Bestand im Zeitraum von t_{j-1} bis t_j verringert wird, heißt **Abgang** a_j.

In seltenen Fällen liegen für eine Bestandsanalyse Aufzeichnungen über alle Einheiten eines Bestandes vor, aus denen auch der Zugangszeitpunkt und der Abgangszeitpunkt jeder einzelnen Einheit hervorgeht.

D 5.2.3

Die Differenz zwischen dem Abgangszeitpunkt t_a und dem Zugangszeitpunkt t_z einer Einheit heißt **Verweildauer** $d = t_a - t_z$.

Die grafische Darstellung der Verweildauern der einzelnen Einheiten, die zugleich die zeitliche Entwicklung einer Bestandsmasse wiedergibt, heißt **Verweildiagramm**. In einem Verweildiagramm wird jede Einheit durch eine Strecke parallel zur Zeitachse so dargestellt, daß Anfang und Ende der Strecke den Zeitpunkten von Zugang und Abgang entsprechen. Um die Darstellung zu erleichtern, zeichnet man üblicherweise eine Hilfslinie, die mit der Zeitachse einen Winkel von 45° bildet. Man kann prinzipiell auch einen anderen Winkel wählen. Bei 45° haben die Linien einen Abstand, der dem Zeitabstand des Zugangs der betreffenden Einheiten entspricht.

B 5.2.4 *Im Wartezimmer eines Arztes treffen zwischen* 8.00 *Uhr und* 11.00 *Uhr insgesamt* 7 *Patienten ein. Die Tabelle gibt die Zeitpunkte für Ankunft und Verlassen des Wartezimmers sowie die Verweildauer in Minuten an.*

Patient-Nr.	*Ankunft*	*Verlassen*	*Verweildauer*
1	8.00	9.00	60
2	8.10	9.20	70
3	8.30	8.40	10
4	8.40	9.50	70
5	8.50	9.10	20
6	9.00	10.30	90
7	9.30	10.00	30

Das zu diesen Daten gehörige Verweildiagramm ist in F 5.2.5 *dargestellt.*

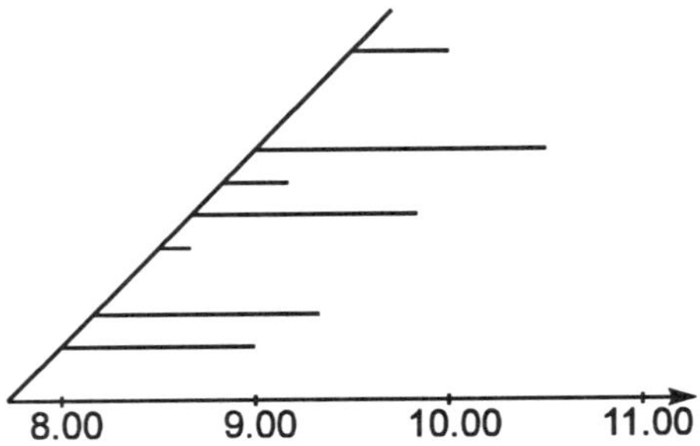

F 5.2.5 *Verweildiagramm*

Die Zuordnung der Bestände zu den jeweiligen Zeitpunkten bezeichnet man manchmal auch als **Bestandsfunktion**. Die grafische Darstellung der Bestandsfunktion ergibt das **Bestandsdiagramm**. Beispiele dazu finden sich weiter unten (vgl. F 5.2.8 und F 5.2.9).

b) Bestandsermittlung

Grundsätzlich kann man einen Bestand B_j zum Zeitpunkt t_j immer dadurch ermitteln, daß man alle Elemente des Bestandes zum Zeitpunkt t_j zählt oder daß man zu diesem Zeitpunkt das Gewicht, die Länge oder das Volumen des Bestandes mißt. In vielen Fällen wird diese Form der Bestandsermittlung jedoch nicht angewendet werden können, weil

- der Arbeitsaufwand zu groß ist oder weil
- die Erhebung zu lange dauert.

Das gilt insbesondere dann, wenn der Bestand in regelmäßigen Zeitabständen zu ermitteln ist, um die zeitliche Entwicklung eines Bestandes zu erfassen.

B 5.2.6 *a) Wenn in einem Industriebetrieb oder einem Handelsbetrieb für die Zwecke der Betriebsabrechnung und der kurzfristigen Erfolgsrechnung monatlich die Lagerbestände zu erfassen sind, dann wird es zu arbeits- oder zu zeitaufwendig, diese Lagerbestände monatlich durch Zählen zu erfassen (Inventur).*

b) Wenn man die Entwicklung des Besucherbestandes in einem Schwimmbad im Verlauf eines Tages erfassen will, dann ist es praktisch unmöglich, den Bestand zu verschiedenen Zeitpunkten durch Zählen zu ermitteln. Die ständigen Bewegungen der Besucher im Schwimmbad würden das unmöglich machen. Außerdem ist dieses Verfahren arbeits- und zeitaufwendig.

Mit den nachfolgend beschriebenen drei Verfahren ist je nach Situation eine einfache Bestandsermittlung möglich.

Bestandsermittlung durch Zählen oder Messen
Es wurde bereits erwähnt, daß man den Bestand B_j zum Zeitpunkt t_j dadurch ermitteln kann, daß man alle Elemente des Bestandes zum Zeitpunkt t_j zählt bzw. daß man den Bestand zu diesem Zeitpunkt mißt (Gewicht, Volumen etc.).

Bestandsermittlung durch Fortschreibung
Auch auf diese Möglichkeit der Bestandsermittlung wurde bereits hingewiesen. Es gilt:

Bestand B_{j-1} zum Zeitpunkt t_{j-1}
\+ Zugang z_j im Zeitintervall (t_{j-1},t_j)
– Abgang a_j im Zeitintervall (t_{j-1},t_j)
= Bestand B_j zum Zeitpunkt t_j

Als Formel erhält man:

$$B_j = B_{j-1} + z_j - a_j.$$

Die Bestandsfortschreibung kann auch so erfolgen, daß man Zugang und Abgang nicht für gegebene Zeitintervalle erfaßt, sondern den Bestand jeweils zum **Zeitpunkt** der Bestandsveränderung durch Zugang und/oder Abgang fortschreibt.

B 5.2.7 *a) Der Geldbestand auf einem Konto wird grundsätzlich durch Fortschreibung ermittelt. Jeder Zugang an Geld und jeder Abgang an Geld wird auf dem Konto verbucht, so daß man jederzeit den aktuellen Bestand kennt.*

b) Ähnlich geht man in der Industrie und oft auch im Handel bei der Ermittlung von Lagerbeständen vor. Ein Anfangsbestand zu Beginn einer Periode wird durch laufendes Erfassen der Zugänge und Abgänge fortgeschrieben, so daß man jederzeit den fortgeschriebenen Lagerbestand kennt.

c) Das gleiche gilt für die Ermittlung der Bevölkerung einer Gemeinde, eines Landes oder der Bundesrepublik Deutschland. Nur bei Volkszählungen erfolgt hier eine vollständige Erhebung des Bestandes durch Zählen. Sonst wird der bei den Volkszählungen ermittelte Bestand durch Erfassen der Zugänge und Abgänge fortgeschrieben.

Wird jede Bestandsveränderung (Zugang oder Abgang) zum genauen Zeitpunkt des Eintretens berücksichtigt, dann ist der Bestand zwischen je zwei aufeinanderfolgenden Zeitpunkten konstant. Das Bestandsdiagramm hat dann grundsätzlich einen Verlauf wie in F 5.2.8, die sich auf die Daten aus B 5.2.4 bezieht.

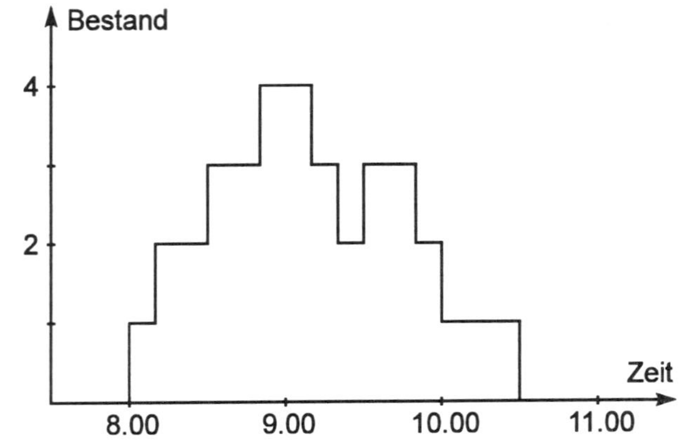

F 5.2.8 *Bestandsdiagramm*

Werden Zugänge und Abgänge für Zeitintervalle erfaßt und die genauen Zeitpunkte der Bestandsveränderungen nicht berücksichtigt, oder wird der Bestand durch Zählen oder Messen ermittelt, dann geht man davon aus, daß sich der Bestand innerhalb der betrachteten Zeitintervalle gleichmäßig verändert. Das Bestandsdiagramm ist dann eine stückweise lineare Kurve und hat prinzipiell ein Aussehen wie in F 5.2.9. Das Bestandsdiagramm in dieser Zeichnung ist eine grafische Darstellung der Tabelle von B 5.2.19.

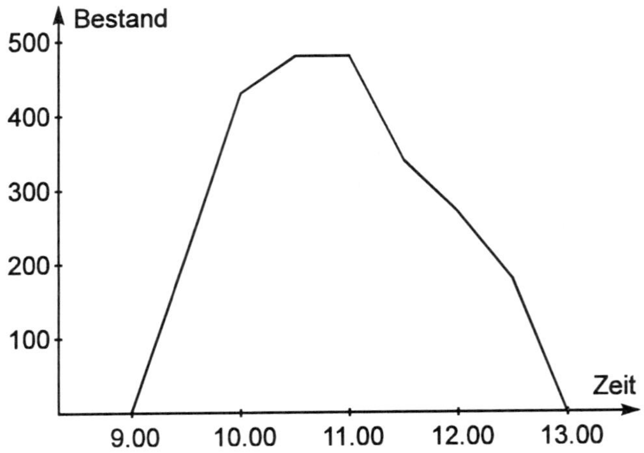

F 5.2.9 *Bestandsdiagramm*

Bestandsermittlung mit Hilfe von Zugangssumme und Abgangssumme
Die Bestandsfortschreibung zeigt, daß sich die gesamte Veränderung eines Bestandes vom Anfang des Betrachtungszeitraums t_0 bis zum Zeitpunkt t_j durch die Summe der Zugänge und die Summe der Abgänge ergibt.

D 5.2.10

Die Summe aller Zugänge von t_0 bis t_j heißt **Zugangssumme**

$$Z_j = \sum_{i=1}^{j} z_i .$$

Die Summe aller Abgänge von t_0 bis t_j heißt **Abgangssumme**

$$A_j = \sum_{i=1}^{j} a_i .$$

Bei einer abgeschlossenen Bestandsmasse mit dem Endzeitpunkt t_m gilt

$$Z_m = A_m = n.$$

n gibt bei einer abgeschlossenen Bestandsmasse die Anzahl der den Bestand "durchlaufenden" Einheiten an.
Den Bestand B_j zum Zeitpunkt t_j kann man unter Verwendung von Zugangs- und Abgangssumme wie folgt ermitteln:

Bestand B_0 zum Anfang des Betrachtungszeitraums
+ Zugangssumme Z_j zum Zeitpunkt t_j
– Abgangssumme A_j zum Zeitpunkt t_j
= Bestand B_j zum Zeitpunkt t_j,

oder kurz:

$$B_j = B_0 + Z_j - A_j.$$

Die Übungsaufgabe 5.2 kann für diese Form der Bestandsermittlung zugleich als Beispiel dienen, da die ersten Schritte der Bestandsermittlung bereits durchgeführt wurden. Dabei handelt es sich um den Spezialfall $B_0 = 0$.

Stellt man Zugangs- und Abgangssumme grafisch dar und ist der Anfangsbestand 0, dann kann man den Bestand grafisch durch den in Richtung der Ordinate gemessenen Abstand von Zugangs- und Abgangssumme ermitteln. F 5.2.11 enthält dafür ein Beispiel.

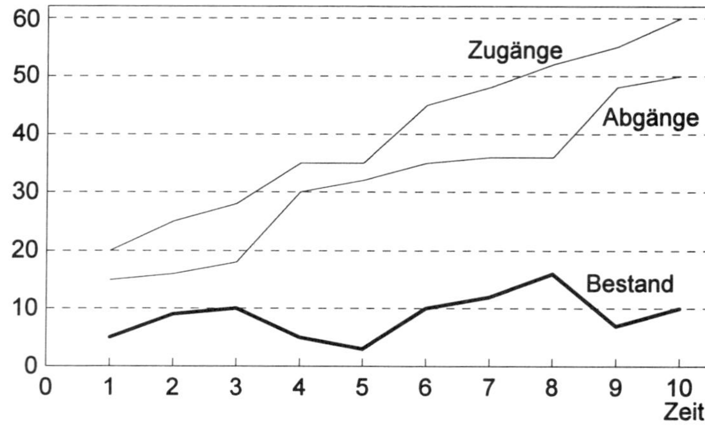

F 5.2.11 *Ermittlung eines Bestands als Differenz aus Zugangs- und Abgangssumme*

c) Kennziffern zur Beschreibung durchschnittlicher Bestandsentwicklungen

Die Kenntnis des Bestandes zu den verschiedenen Zeitpunkten reicht für die Lösung vieler Probleme nicht aus. Das ist bereits in B 5.1.3 deutlich geworden. Dort wurde gezeigt, daß die unterschiedliche Verweildauer der Güter in einem Lager die Rentabilität des im Lager eingesetzten Kapitals beeinflußt.

Es werden deshalb in diesem Unterabschnitt Kennziffern zur Beschreibung durchschnittlicher Entwicklungen eines Bestandes während eines Zeitraums mit dem Anfangszeitpunkt t_0 und dem Endzeitpunkt t_m behandelt.

D 5.2.12

Das arithmetische Mittel der Zugänge z_j bzw. der Abgänge a_j heißt **Zugangsrate** $\bar{z}$ bzw. **Abgangsrate** $\bar{a}$:

$$\bar{z} = \frac{1}{m}\sum_{j=1}^{m} z_j \text{ bzw. } \bar{a} = \frac{1}{m}\sum_{j=1}^{m} a_j .$$

Für viele Anwendungen sind Durchschnittsbestände von Bedeutung. Einen Durchschnittsbestand ermittelt man für einen gegebenen Zeitraum (z. B. Woche, Monat, Jahr) als arithmetisches Mittel aus den einzelnen Bestandszahlen während des Zeitraums. Dabei sind verschiedene Fälle zu unterscheiden, die zu verschiedenen Formeln führen:

(1) Jede Bestandsveränderung wird zum genauen Zeitpunkt ihres Eintretens erfaßt und der Bestand unter Berücksichtigung dieser Änderungen laufend fortgeschrieben. Treten die Bestandsänderungen (Zugänge bzw. Abgänge) zu den Zeitpunkten t_j ($j = 1,...,m$) ein, dann ist der Bestand zwischen t_{j-1} und t_j konstant ($j = 1,...,m$). Den Durchschnittsbestand erhält man dann als gewogenes arithmetisches Mittel aus den Beständen B_{j-1} zu den Zeitpunkten t_{j-1}, wobei mit den Zeitintervallen $(t_j - t_{j-1})$ gewichtet wird ($j = 1,...,m$).

R 5.2.13

> Werden alle Veränderungen eines Bestandes zum genauen Zeitpunkt ihres Eintretens berücksichtigt, dann ist der Bestand zwischen t_{j-1} und t_j ($j = 1,...,m$) konstant, und es gilt für den **Durchschnittsbestand** $\overline{B}$:
>
> $$\overline{B} = \frac{1}{t_m - t_0} \sum_{j=1}^{m} B_{j-1}(t_j - t_{j-1}).$$

B 5.2.14 *Der Student Paul ist bestrebt, immer einen ausreichenden Vorrat an Flaschenbier im Keller zu haben. In diesem Monat verzeichnet er folgende Lagerbewegungen:*

Tag	3	6	10	11	12	16	17	22	25	27	29	30
Zugang	-	40	-	-	-	-	20	-	40	-	-	20
Abgang	5	8	12	6	7	10	3	11	14	9	17	14
Bestand	5	37	25	19	12	2	19	8	34	25	8	14

B_0 *beträgt* 10 *Flaschen, es ist* $t_0 = 0$ *und* $t_m = 30$.

Für den Durchschnittsbestand ergibt sich, wenn man davon ausgeht, daß die Lagerbewegungen im Bierkeller des Studenten Paul jeweils am Ende eines Tages stattfinden,

$$\overline{B} = \frac{1}{30}(10 \cdot 3 + 5 \cdot 3 + 37 \cdot 4 + 25 \cdot 1 + 19 \cdot 1 + 12 \cdot 4 + 2 \cdot 1 + 19 \cdot 5$$
$$+ 8 \cdot 3 + 34 \cdot 2 + 25 \cdot 2 + 8 \cdot 1)$$
$$= \frac{532}{30} = 17{,}7.$$

An Beispiel 5.2.14 läßt sich ein Problem verdeutlichen, das bei der Bestimmung von Durchschnittsbeständen manchmal zu Schwierigkeiten führt: Werden Bestandsveränderungen täglich erfaßt, dann wird im Regelfall (schon wegen des zu hohen Aufwandes) der genaue Zeitpunkt nicht festgehalten. Für die Ermittlung des Durchschnittsbestandes muß dann eine Verabredung getroffen werden, wann die Bestandsveränderungen eingetreten sind (meistens 0.00, 12.00 oder 24.00 Uhr). Dadurch können geringfügige Unterschiede bei den Ergebnissen auftreten.

B 5.2.15 *Für die Angaben aus* B 5.2.14 *erhält man, wenn alle Bestandsänderungen jeweils um* 12.00 *Uhr eintreten*

$$\overline{B} = \frac{1}{30}(10 \cdot 2{,}5 + 5 \cdot 3 + \ldots + 25 \cdot 2 + 8 \cdot 1 + 14 \cdot 0{,}5) = \frac{534}{30} = 17{,}8,$$

und wenn die Änderungen jeweils um 0.00 *Uhr eintreten*

$$\overline{B} = \frac{1}{30}(10 \cdot 2 + 5 \cdot 3 + \ldots + 25 \cdot 2 + 8 \cdot 1 + 14 \cdot 1) = \frac{536}{30} = 17{,}9.$$

Die Formel in R 5.2.13 entspricht anschaulich folgendem: Durch Multiplikation (Gewichtung) der Bestände mit den Zeitintervallen und Bildung der Summe bestimmt man die Fläche unter der Bestandskurve über dem Intervall $t_m - t_0$ (vgl. dazu F 5.2.16 a)). Diese Fläche wird dann durch die Länge des Zeitraums geteilt.

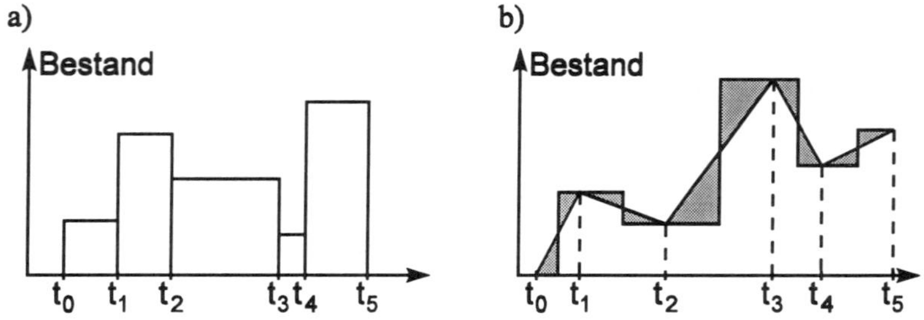

F 5.2.16 *Bestandsdiagramme zur Veranschaulichung der Formeln für den Durchschnittsbestand*

Diese Überlegung ist für das Verständnis des zweiten Falles der Bestandsermittlung hilfreich.

(2) Der Bestand B_j wird zu bestimmten Zeitpunkten t_j ($j = 0,\ldots,m$) ermittelt und es wird angenommen, daß sich der Bestand zwischen diesen Zeitpunkten gleichmäßig verändert (vgl. F 5.2.9). Für jeden Zeitpunkt im Betrachtungszeitraum (von t_0 bis t_m) kann man dann einen anderen Bestand haben. Der Durchschnittsbestand ergibt sich dann aus der Fläche unter der Bestandskurve, dividiert durch die Länge des Zeitintervalles ($t_m - t_0$). Diese Berechnung ist aufwendig und kann wie folgt vereinfacht werden: Es wird angenommen, daß der Bestand B_j von $(t_j + t_{j-1})/2$ bis $(t_{j+1} + t_j)/2$, also von dem

Zeitpunkt in der Mitte zwischen t_{j-1} und t_j bis zu dem in der Mitte zwischen t_j und t_{j+1}, in dieser gleichbleibenden Höhe B_j existiert. An Stelle einer stückweise linear steigenden oder fallenden Bestandskurve erhält man dann eine, die stückweise konstant ist, wie das Beispiel in F 5.2.16 b) veranschaulicht. (Die Gleichheit der Flächen folgt aus der paarweisen Gleichheit benachbarter Dreiecke.)
Aus den Überlegungen folgt, daß der Bestand B_j ($j = 1,...,m-1$) mit der Länge des Zeitintervalls von $(t_j+t_{j-1})/2$ bis $(t_{j+1}+t_j)/2$ zu multiplizieren ist. Dafür ergibt sich folgendes

$$B_j\left[\frac{t_{j+1}+t_j}{2}-\frac{t_j+t_{j-1}}{2}\right]=B_j\frac{t_{j+1}+t_j-t_j-t_{j-1}}{2}=B_j\frac{t_{j+1}-t_{j-1}}{2}.$$

B_0 ist im Intervall von t_0 bis $(t_0+t_1)/2$ konstant, also mit $(t_1-t_0)/2$ zu gewichten und B_m entsprechend mit $(t_m-t_{m-1})/2$. Damit ergibt sich folgende Formel:

R 5.2.17

Wird ein Bestand zu den Zeitpunkten t_j mit B_j ($j = 1,...,m$) gemessen, dann ergibt sich der **Durchschnittsbestand** zu

$$\overline{B}=\frac{1}{t_m-t_0}\Big(B_0\frac{t_1-t_0}{2}+B_1\frac{t_2-t_0}{2}+\ldots+B_j\frac{t_{j+1}-t_{j-1}}{2}+\ldots$$
$$+B_{m-1}\frac{t_m-t_{m-2}}{2}+B_m\frac{t_m-t_{m-1}}{2}\Big).$$

Wenn alle Zeitpunkte den gleichen Abstand haben, vereinfachen sich die Formeln in R 5.2.13 und R 5.2.17 zu

R 5.2.18

Wird der Bestand zu gleichabständigen Zeitpunkten gemessen, gilt für den Durchschnittsbestand

a) $\overline{B}=\frac{1}{m}\sum_{j=0}^{m-1}B_j$ statt R 5.2.13;

b) $\overline{B}=\frac{1}{m}\Big(\frac{1}{2}B_0+\sum_{j=1}^{m-1}B_j+\frac{1}{2}B_m\Big)$ statt R 5.2.17.

B 5.2.19 *In einem Kaufhaus wurde an einem Samstag über Zu- und Abgänge halbstündlich die Anzahl der im Kaufhaus befindlichen Kunden ermittelt.*

j	0	1	2	3	4	5	6	7	8
t_j	9.00	9.30	10.00	10.30	11.00	11.30	12.00	12.30	13.00
B_j	0	210	430	480	480	340	270	180	0

Es ergibt sich folgender Durchschnittsbestand:

$$\overline{B} = \tfrac{1}{8}(0+210+430+480+480+340+270+180+0) = \tfrac{2390}{8} = 298{,}75\,.$$

Die Formel in R 5.2.18 a) gilt, falls alle Bestandsänderungen am Ende der jeweiligen Periode (z. B. Tag) stattfinden. Finden die Bestandsänderungen in der Mitte der Periode (z. B. 12.00 Uhr) statt, ist 5.2.18 b) anzuwenden und wenn die Änderungen am Anfang der Periode (z. B. 0.00 Uhr) liegen, ergibt sich

$$\overline{B} = \frac{1}{m}\sum_{j=1}^{m} B_j\,.$$

Bei vielen Anwendungsproblemen interessiert neben dem Durchschnittsbestand, wie lange eine einzelne Einheit durchschnittlich in einer Bestandsmasse verweilt. Das ist z. B. interessant im Zusammenhang mit der Frage der Alterung von Teilen in einem Bestand. Um darüber Auskunft zu erhalten, bestimmt man die mittlere Verweildauer $\overline{d}$.

R 5.2.20

Für die **mittlere Verweildauer** $\overline{d}$ gilt bei einer geschlossenen Bestandsmasse

a) $\overline{d} = \dfrac{\overline{B}(t_m - t_0)}{n}$

und bei einer offenen Bestandsmasse

b) $\overline{d} = \dfrac{2\overline{B}(t_m - t_0)}{A_m + Z_m}$ oder $\overline{d} = \dfrac{2\overline{B}(t_m - t_0)}{A_{m-1} + Z_{m-1}}$,

wobei die zweite Formel zu b) genau dann anzuwenden ist, wenn z_m und a_m zum Zeitpunkt t_m (nicht in dem Intervall davor) eintreten.

B 5.2.21 *Für die Angaben aus* B 5.2.14 *gilt* $Z_{m-1} = 100$; $A_{m-1} = 102$; $\overline{B} = \dfrac{532}{30}$ *und* $t_m - t_0 = 30$. *Als mittlere Verweildauer ergibt sich somit*

$$\bar{d} = \frac{2\overline{B}(t_m - t_0)}{A_{m-1} + Z_{m-1}} = \frac{2 \cdot \frac{532}{30} \cdot 30}{102 + 100} = \frac{1064}{202} = 5{,}27.$$

Die mittlere Verweildauer gibt für einen Bestand an, wie lange eine einzelne Einheit durchschnittlich im Bestand bleibt. Es ist die durchschnittliche Zeitspanne zwischen Zugang und Abgang einer Einheit. Nimmt man an, daß ein Lager einen konstanten Bestand hat, der dann gleich dem Durchschnittsbestand ist, und daß alle Einheiten die gleiche Verweildauer, haben, die dann gleich der durchschnittlichen Verweildauer ist, dann würde folgendes gelten:

Füllt man das Lager zu einem bestimmten Zeitpunkt mit einer Menge, die dem konstanten Durchschnittsbestand entspricht, auf, dann würde genau nach einer Zeitspanne, die der mittleren Verweildauer entspricht, das Lager wieder leer sein und müßte aufgefüllt werden. Wiederholt sich das in einem Zeitraum der Länge $t_m – t_0$ insgesamt U mal, dann sagt man, der Bestand habe sich im Zeitintervall U-mal umgeschlagen.

R 5.2.22 Die **Umschlagshäufigkeit** U eines Bestandes in einem Zeitintervall $t_m – t_0$ entspricht der mittleren Anzahl von Erneuerungen des Bestandes und wird wie folgt berechnet:

$$U = \frac{t_m - t_0}{\bar{d}} = \frac{n}{\overline{\overline{B}}} \text{ bzw. } U = \frac{A_m + Z_m}{2\overline{B}} \text{ oder } U = \frac{A_{m-1} + Z_{m-1}}{2\overline{\overline{B}}}.$$

Vgl. zur letzten Formel in R 5.2.20 die Anmerkung in R 5.2.22.

B 5.2.23 *Für die Angaben aus* B 5.2.14 *und* B 5.2.24 *ergibt sich*

$$U = \frac{A_{m-1} + Z_{m-1}}{2\overline{B}} = \frac{100 + 102}{2 \cdot \frac{532}{30}} = 5{,}7\,.$$

Die Umschlagshäufigkeit spielt für die Anwendung eine wichtige Rolle. Ihre Bedeutung liegt vor allem im Bereich der Lagerwirtschaft. Die Unterhaltung eines Lagers verursacht bekanntlich Kosten, die z. B. durch das in einem Lager gebundene Kapital entstehen. Die Bewirtschaftung eines Lagers ist nun um so günstiger, je häufiger sich das Lager umschlägt, d. h. je größer die Umschlagshäufigkeit ist.

d) Ergänzende Bemerkungen

In den vorhergehenden Ausführungen wurden die wichtigsten Begriffe und Verfahren für die Analyse von Beständen behandelt. Darüber hinaus gibt es einige Spezialprobleme, auf die im Rahmen dieser Einführung in die Statistik nicht eingegangen wurde, z. B. die Ermittlung einer Altersverteilung für einen Bestand. Dazu muß zu einem gegebenen Zeitpunkt das Alter jeder im Bestand befindlichen Einheit ermittelt werden. Die Häufigkeitsverteilung dieser Altersangaben ergibt dann die Altersverteilung. Ein typisches Beispiel einer solchen Altersverteilung ist die für die Bevölkerung der Bundesrepublik Deutschland.

5.3 Zeitreihenanalyse

a) Komponenten einer Zeitreihe

Die Grundaufgabe der Zeitreihenanalyse ist die Beschreibung des Verlaufs der Beobachtungswerte eines Merkmals für verschiedene Zeitpunkte bzw. Zeitintervalle und die Untersuchung der sich ergebenden Zeitreihe auf Gesetzmäßigkeiten.

In der folgenden Figur ist der monatliche Stromverbrauch einer Stadt für mehrere Jahre dargestellt. Die vertikalen, gestrichelten Linien entsprechen dem Beginn des jeweiligen Jahres.

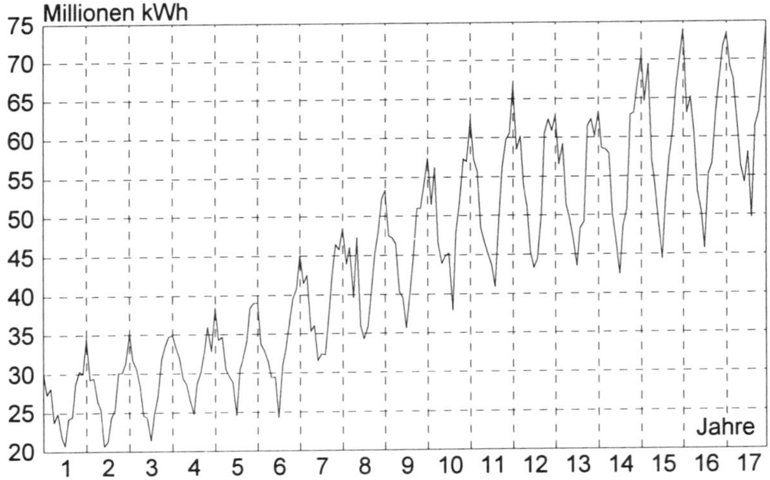

F 5.3.1 *Zeitreihe des monatlichen Stromverbrauchs einer Stadt für mehrere Jahre*

Die grafische Darstellung der Zeitreihe der Stromverbrauchswerte zeigt deutlich verschiedene Gesetzmäßigkeiten:
Einmal ist anhand der Zeichnung zu erkennen, daß der Stromverbrauch eine zunehmende Tendenz hat. Die langfristige Entwicklungstendenz einer Zeitreihe heißt **Trend**.
Die Zeitreihe zeigt aber auch sehr deutlich, daß der Stromverbrauch saisonalen Schwankungen unterliegt. In den Wintermonaten ist der Stromverbrauch höher als in den Sommermonaten. Dies wird an einem vergrößerten Ausschnitt (F 5.3.2) deutlich, der den Stromverbrauch der Jahre 16 und 17 wiedergibt.

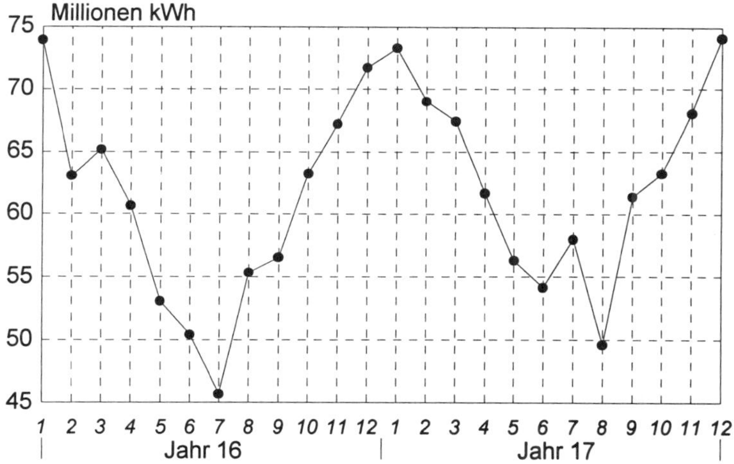

F 5.3.2 *Ausschnitt aus* F 5.3.1

Periodische bzw. zyklische Schwankungen lassen sich bei sehr vielen Zeitreihen beobachten. Bei wirtschaftlichen Größen ergeben sich diese vor allem aus Konjunkturbewegungen und aus Saisoneinflüssen. Deshalb werden die periodischen Schwankungen manchmal auch in die Komponenten "Konjunktur" und "Saison" getrennt. In F 5.3.2 ist zu erkennen, daß es offenbar eine zyklische Schwankung mit der Periodenlänge 12 Monate (1 Jahr) gibt. In vielen Fällen treten periodische Schwankungen jedoch nicht in dieser ausgeprägten und eindeutigen Form auf. Besonders schwierig wird die Analyse dieser periodischen Schwankungen, wenn sich bei einer Zeitreihe mehrere zyklische Schwankungen mit unterschiedlichen Periodenlängen überlagern oder auch die Periodenlängen zeitlichen Schwankungen unterworfen sind.

Trend und periodische Schwankungen einer Zeitreihe werden durchweg noch von einer unregelmäßigen Komponente überlagert, die dazu führt, daß die Gesetzmäßigkeiten nicht in einer ganz klaren Form zutage treten. Diese unregelmäßigen **Restschwankungen** ergeben sich daraus, daß auf eine Zeitreihengröße im allgemeinen sehr viele Einflußfaktoren einwirken, die in ihrem Einfluß und in ihrer Wirkung generell nicht exakt erfaßbar sind.

In den folgenden Ausführungen dieses Abschnitts werden zunächst elementare Verfahren der Trendermittlung behandelt und anschließend Überlegungen zur Ermittlung periodischer Schwankungen angestellt. In Abschnitt 5.4 wird dann noch auf die Möglichkeit eingegangen, durch die Analyse der Zeitreihe einer wirtschaftlichen (oder anderen) Größe Prognosen für die zukünftige Entwicklung dieser Größe zu erstellen.
Bevor auf die erwähnten Verfahren im einzelnen eingegangen wird, muß hier noch auf ein Problem der Zeitreihenanalyse hingewiesen werden: Eine Zeitreihe beschreibt die zeitliche Entwicklung wirtschaftlicher Größen. Wenn man versucht, für diese zeitliche Entwicklung eine Gesetzmäßigkeit festzustellen, dann versucht man die wirtschaftliche Größe als Funktion der Zeit zu beschreiben. Abgesehen von der Wahl einer geeigneten Funktionsform zur Beschreibung der zeitlichen Entwicklung einer wirtschaftlichen Größe entsteht hier das Problem, inwieweit die Zeit überhaupt sinnvoll als erklärende Variable aufgefaßt werden kann. Letztendlich kann die Zeit immer nur eine Hilfsvariable sein, die als vereinfachender Ersatz für alle tatsächlichen Einflüsse verwendet wird. Eine isolierte und autonome Entwicklung ökonomischer Größen in der Zeit ist kaum denkbar. Man unterstellt hier, ohne daß das ausdrücklich gesagt wird, daß die tatsächlichen Einflußgrößen stark mit der Zeit korreliert sind und deshalb eine Zeitreihe zur Beschreibung der zeitlichen Entwicklung einer ökonomischen Größe ausreicht. Bei der Verwendung von Zeitreihen, insbesondere für ökonomische Prognosen, sollte man sich dieses Problems immer bewußt sein.

b) Trendermittlung durch Bestimmung gleitender Durchschnitte

Bei der Trendermittlung besteht die Aufgabe, die grundlegende Tendenz des Zeitreihenverlaufs zu ermitteln. Dazu müssen die periodischen Schwankungen und die irregulären Restschwankungen ausgeschaltet werden. Das einfachste Verfahren der Trendermitttung ist die Bestimmung sogenannter gleitender Durchschnitte. Bei der Bestimmung **gleitender Durchschnitte** berechnet man aus k unmittelbar aufeinanderfolgenden Zeitreihenwerten das arithmetische Mittel und ordnet diesen Mittelwert dem mittleren der bei der Durchschnittsbildung berücksichtigten Zeitpunkte bzw. Zeitintervalle zu. Führt man diese Berechnung gleitender Durchschnitte fortlaufend für eine Zeitreihe durch, so daß außer im Anfangs- und Endbereich (s. u.) jedem Zeitpunkt bzw. jedem Zeitintervall ein Durchschnittswert zugeordnet werden kann, erhält man Trendwerte für die gegebene Zeitreihe.

Die Anzahl k der in die Berechnung eines gleitenden Durchschnitts eingehenden Werte gibt die **Ordnung** des gleitenden Durchschnitts an. Bei der Berechnung gleitender Durchschnitte ist zu unterscheiden, ob eine gerade oder ungerade Anzahl von Zeitreihenwerten in die Durchschnittsbildung einbezogen werden soll, denn bei einer geraden Anzahl von Werten gibt es zwei mittlere Zeitpunkte bzw. Zeitintervalle, denen das berechnete arithmetische Mittel zugeordnet werden kann.

Gleitende Durchschnitte ungerader Ordnung

Bei einem gleitenden Durchschnitt ungerader Ordnung k (k ist ungerade) bestimmt man im ersten Schritt das arithmetische Mittel der ersten k Werte der Zeitreihe. Diesen Durchschnitt ordnet man dem mittleren der k Zeitpunkte bzw. Zeitintervalle zu. Als nächstes berechnet man das arithmetische Mittel aus den Zeitreihenwerten der Perioden bzw. der Zeitpunkte 2 bis k+1. Dann bestimmt man den Durchschnitt aus den Werten Nummer 3 bis k+2 usw. B 5.3.3veranschaulicht die Vorgehensweise für $k = 3$.

B 5.3.3 *In der folgenden Tabelle sind für die gegebene Zeitreihe gleitende Durchschnitte* 3. *Ordnung berechnet worden.*

Periode	*Reihenwert*	*Gleitende Durchschnitte* 3. *Ordnung*
1	10	
2	8	$\frac{10+8+12}{3}=\frac{30}{3}=10$
3	12	$\frac{8+12+12}{3}=\frac{32}{3}=10{,}7$
4	12	$\frac{12+12+10}{3}=\frac{34}{3}=11{,}3$
5	10	$\frac{12+10+14}{3}=\frac{36}{3}=12$
6	14	$\frac{10+14+14}{3}=\frac{38}{3}=12{,}7$
7	14	$\frac{14+14+12}{3}=\frac{40}{3}=13{,}3$
8	12	$\frac{14+12+16}{3}=\frac{42}{3}=14$
9	16	

Die Berechnung von gleitenden Durchschnitten k-ter Ordnung wird für ungerades k nach folgender Formel vorgenommen.

R 5.3.4

Gegeben seien T Werte x_t ($t = 1,...,T$) einer Zeitreihe. Für **ungerades *k*** bestimmt man die **gleitenden Durchschnitte *k*-ter Ordnung** wie folgt:

$$\bar{x}k_t = \frac{1}{k}(x_{t-\frac{k-1}{2}} + x_{t-\frac{k-3}{2}} + ... + x_t + ... + x_{t+\frac{k-3}{2}} + x_{t+\frac{k-1}{2}})$$

$$= \frac{1}{k}\sum_{i=t-\frac{k-1}{2}}^{t+\frac{k-1}{2}} x_i \quad \text{für } t = \frac{k+1}{2},...,T-\frac{k-1}{2}.$$

Jedem Zeitpunkt bzw. jedem Zeitintervall wird durch die Bestimmung der gleitenden Durchschnitte also ein Wert zugeordnet, der als arithmetisches Mittel aus den unmittelbar vor und nach dem betreffenden Zeitpunkt bzw. Zeitintervall liegenden Werten berechnet wird. Das gilt nicht für die ersten (k-1)/2 und die letzten (k-1)/2 Werte der Zeitreihe, für die kein gleitender Durchschnitt berechnet werden kann. Das wird bereits in B 5.3.3 deutlich. Für das Jahr 1 und das Jahr 9 konnte dort kein gleitender Durchschnitt berechnet werden.
Hat man den ersten gleitenden Durchschnitt k-ter Ordnung $\bar{x}k_{(k+1)/2}$ berechnet, dann können alle anderen gleitenden Durchschnitte auch nach folgender Formel berechnet werden:

R 5.3.5

$$\bar{x}k_{t+1} = \bar{x}k_t + \tfrac{1}{k}(x_{t+\frac{k+1}{2}} - x_{t-\frac{k-1}{2}}) \text{ für } t = \tfrac{k+1}{2},\ldots,T-\tfrac{k-1}{2}-1.$$

B 5.3.6 *In der Tabelle auf Seite* 217 *ist die Formel in* R 5.3.5 *für die Berechnung gleitender Durchschnitte* 5. *Ordnung angewendet worden.*

Gleitende Durchschnitte gerader Ordnung

Gleitende Durchschnitte gerader Ordnung lassen sich nicht in so einfacher Form berechnen. Schwierigkeiten ergeben sich, weil es bei gerader Anzahl von Werten zwei mittlere Zeitpunkte bzw. Zeitintervalle gibt. Der berechnete Durchschnittswert müßte einem Zwischenwert zugeordnet werden.

t	x_t	*Gleitende Durchschnitte 5. Ordnung*
1	12	
2	16	
3	13	$\bar{x}5_3 = \frac{1}{5}(12+16+13+12+14) = 13{,}4$
4	12	$\bar{x}5_4 = 13{,}4 + \frac{1}{5}(17-12) = 14{,}4$
5	14	$\bar{x}5_5 = 14{,}4 + \frac{1}{5}(20-16) = 15{,}2$
6	17	$\bar{x}5_6 = 15{,}2 + \frac{1}{5}(18-13) = 16{,}2$
7	20	$\bar{x}5_7 = 16{,}2 + \frac{1}{5}(17-12) = 17{,}2$
8	18	$\bar{x}5_8 = 17{,}2 + \frac{1}{5}(18-14) = 18$
9	17	
10	18	

Man geht hier so vor, daß man entweder aus zwei benachbarten gleitenden Durchschnitten wiederum den Mittelwert bestimmt, den man dann dem betreffenden Zeitpunkt bzw. Zeitintervall zuordnet, oder man bezieht bei geradem k für einen gleitenden Durchschnitt k-ter Ordnung k+1 Werte in die Durchschnittsbildung ein, berücksichtigt aber den ersten und den letzten dieser k+1 Werte nur zur Hälfte. Das folgende Beispiel verdeutlicht die Vorgehensweise.

R 5.3.7

Gegeben seien T Werte x_t ($t = 1,\dots,T$) einer Zeitreihe. Für **gerades k** bestimmt man die **gleitenden Durchschnitte k-ter Ordnung** wie folgt:

$$\bar{x}k_t = \frac{1}{2}\left[\frac{1}{k}\sum_{i=t-\frac{k}{2}}^{t+\frac{k}{2}-1} x_i + \frac{1}{k}\sum_{i=t-\frac{k}{2}+1}^{t+\frac{k}{2}} x_i\right] = \frac{1}{2k}\left[x_{t-\frac{k}{2}} + 2\sum_{i=t-\frac{k}{2}+1}^{t+\frac{k}{2}-1} x_i + x_{t+\frac{k}{2}}\right]$$

$$= \frac{1}{k}\left[\frac{1}{2}x_{t-\frac{k}{2}} + \sum_{i=t-\frac{k}{2}+1}^{t+\frac{k}{2}-1} x_i + \frac{1}{2}x_{t+\frac{k}{2}}\right] \quad \text{für } t = \frac{k}{2}+1,\dots,T-\frac{k}{2}.$$

B 5.3.8

t	x_t	Gleitende Durchschnitte 4. Ordnung: Hilfswerte	Gleitende Durchschnitte 4. Ordnung: Endgültige Werte	Direkte Berechnung
1	4			
2	7	$\frac{4+7+5+3}{4} = 4,75$		
3	5	$\frac{7+5+3+6}{4} = 5,25$	$\frac{4,75+5,25}{2} = 5$	$\frac{\frac{1}{2} \cdot 4+7+5+3+\frac{1}{2} \cdot 6}{4} = 5$
4	3	$\frac{5+3+6+9}{4} = 5,75$	$\frac{5,25+5,75}{2} = 5,5$	$\frac{3,5+5+3+6+4,5}{4} = 5,5$
5	6	$\frac{3+6+9+7}{4} = 6,25$	$\frac{5,75+6,25}{2} = 6$	$\frac{2,5+3+6+9+3,5}{4} = 6$
6	9	$\frac{6+9+7+5}{4} = 6,75$	$\frac{6,25+6,75}{2} = 6,5$	$\frac{1,5+6+9+7+2,5}{4} = 6,5$
7	7			
8	5			

Ähnlich wie für ungerades k kann man sich bei geradem k den Rechenaufwand durch eine zu R 5.3.5 entsprechende Formel reduzieren.

R 5.3.9

$$\bar{x}k_{t+1} = \bar{x}k_t + \frac{1}{2k}\left(x_{t+\frac{k}{2}+1} + x_{t+\frac{k}{2}} - x_{t-\frac{k}{2}+1} - x_{t-\frac{k}{2}}\right)$$

$$\text{für } t = \frac{k}{2}+1,\ldots,T-\frac{k}{2}-1.$$

Gleitende Durchschnitte eignen sich in erster Linie zur Ausschaltung irregulärer Schwankungen. Dabei geht man von folgender Überlegung aus: Wenn die Zeitreihenwerte unregelmäßig um den Trend schwanken, dann muß die Berechnung des arithmetischen Mittels aus "genügend vielen" Zeitreihenwerten den Trendwert ergeben, da die unregelmäßigen Abweichungen vom Trend (nach oben und unten) durch die Mittelwertbildung annähernd ausgeglichen werden. Von welcher Ordnung der gleitende Durchschnitt dabei sein soll, läßt sich generell nicht angeben. Bei zu geringer Ordnung wirken sich die irregulären Schwankungen noch auf die Durchschnitte aus, und außerdem werden Trendbrüche oder Biegungen nicht erfaßt. Bei zu großer Ordnung ist zu beachten, daß dann auch die Randbereiche, für die keine gleitenden Durchschnitte berechnet werden können, entsprechend größer werden.

Gleitende Durchschnitte eignen sich aber auch zur Ausschaltung periodischer Schwankungen. Die Anzahl der in die Durchschnittsbildung einzubeziehenden Werte sollte dabei gerade der Länge einer Periode der periodischen Schwankung entsprechen. Hat man z. B. Monatswerte und liegt bei der Zeitreihe eine jährlich wiederkehrende Saisonschwankung vor, dann empfiehlt sich die Bestimmung gleitender Durchschnitte 12. Ordnung zur Isolierung des Trends.

Die Berechnung gleitender Durchschnitte erfordert zwar einigen Rechenaufwand, ist aber eine sehr einfache und für viele Anwendungsprobleme eine sehr zweckmäßige Methode der Trendermittlung. Es wird im nächsten Unterabschnitt ein Verfahren gezeigt, wie man den Trend durch eine einzige Funktion beschreiben kann. Den Typ der Funktion muß man dabei ähnlich wie bei der Bestimmung einer Regressionsfunktion nach dem Kriterium der Kleinsten Quadrate vorgeben. Ist man unschlüssig darin, welchen Funktionstyp man für eine Trendfunktion vorgeben soll, dann empfiehlt sich immer die Berechnung gleitender Durchschnitte, da aus dem Verlauf dieser Werte in den meisten Fällen detaillierte Rückschlüsse auf den Trendverlauf gezogen werden können. Eine Betrachtung der gleitenden Durchschnittswerte erleichtert dann in vielen Fällen auch die Wahl einer geeigneten Trendfunktion.

B 5.3.10 *Für die Zeitreihe des monatlichen Stromverbrauches aus* F 5.3.1 *wurden gleitende Durchschnitte* 12. *Ordnung berechnet. Die grafische Darstellung des Ergebnisses zeigt* F 5.3.11.
Das Bild zeigt deutlich, daß die zunehmende Tendenz im Trend unterschiedlich ist, so daß es schwierig ist, den Trend durch eine einzige, einfache Funktionsgleichung zu beschreiben. Angemessen könnte eine stückweise lineare Funktion sein. Der im 12. *Jahr im Trend erkennbare Knick fällt mit einer "Energiekrise" zusammen.*

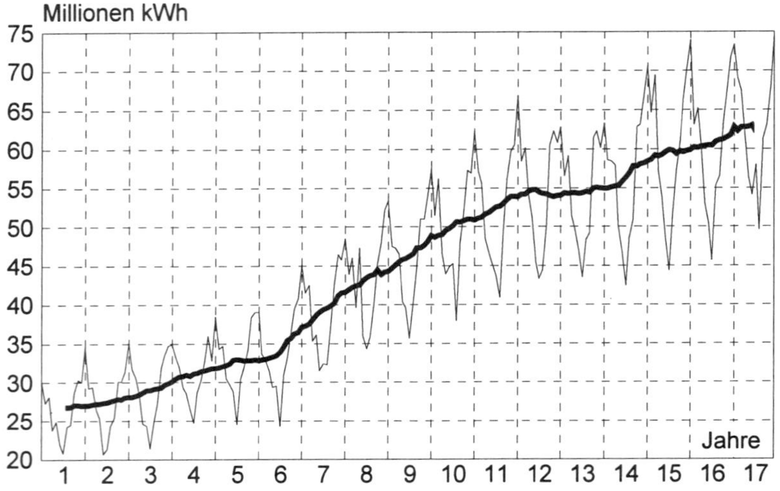

F 5.3.11 *Monatlicher Stromverbrauch einer Stadt mit gleitenden Durchschnitten* 12. *Ordnung*

c) Bestimmung einer Trendfunktion nach dem Kriterium der Kleinsten Quadrate

Typisch für die Trendermittlung mittels gleitender Durchschnitte ist, daß der errechnete Trend im allgemeinen noch (meistens allerdings nur geringfügigen) Schwankungen unterworfen ist. Um einen Trend durch eine einzige Funktionsgleichung beschreiben zu können, bestimmt man im allgemeinen eine **Trendfunktion** nach dem **Kriterium der Kleinsten Quadrate**. Dabei wird ähnlich vorgegangen wie bei der Regressionsrechnung (vgl. Abschnitt 4.3).

D 5.3.12

Eine Funktion $\hat{x} = f(t)$, die den Trend einer Zeitreihe x_t in Abhängigkeit von der Zeit t beschreibt, heißt **Trendfunktion**.

Wird eine Trendfunktion nach dem Kriterium der Kleinsten Quadrate bestimmt (siehe hierzu auch R 4.3.4), wird der Typ der Trendfunktion vorgegeben (z. B. Gerade, Parabel, Exponentialfunktion), und es werden die Koeffizienten dieses Funktionstyps so bestimmt, daß die Summe der quadratischen Abweichungen der Zeitreihenwerte von der Trendfunktion möglichst klein wird.

D 5.3.13

> Eine Trendfunktion $\hat{x} = f(t)$, deren Koeffizienten so bestimmt werden, daß die Summe der quadratischen Abweichungen der Zeitreihenwerte x_t ($t = 1,\ldots,T$) von den zugehörigen Trendwerten $\hat{x}_t$, also $\sum (x_t - \hat{x}_t)^2$, zu einem Minimum wird, heißt **Kleinste-Quadrate-Trendfunktion**, kurz **KQ-Trendfunktion.**

Auf methodische Einzelheiten der Bestimmung einer KQ-Trendfunktion wird an dieser Stelle verzichtet, da grundsätzlich die gleichen Überlegungen gelten, wie sie bereits bei der Bestimmung einer KQ-Regressionsfunktion angestellt wurden (vgl. hierzu Abschnitt 4.3). Die dort entwickelten Ergebnisse können auf die Bestimmung von KQ-Trendfunktionen sinngemäß übertragen werden.

Bevor auf einzelne Trendfunktionen kurz eingegangen wird, ist auf folgendes Problem hinzuweisen:
Vielfach werden die Zeitwerte bei einer Zeitreihe als Jahreszahlen bzw. durch Jahr und Monat angegeben. In solchen Fällen ergeben sich für die Variable t der Trendfunktion außerordentlich unhandliche Werte, die bei der Bestimmung einer Trendfunktion nach dem Kriterium der Kleinsten Quadrate einen großen Rechenaufwand zur Folge haben. In solchen Fällen empfiehlt es sich, die Zeitwerte so zu transformieren, daß ein Zeitwert aus dem Beobachtungszeitraum oder in dessen Nachbarschaft gleich 0 gesetzt wird und alle anderen Zeitwerte dann darauf durch Differenzbildung bezogen werden (vgl. B 5.3.15). Wegen der möglichen Transformation der Zeitwerte, werden im folgenden die n Zeitreihenwerte mit x_i ($i = 1,\ldots,n$) und die Zeitwerte mit t_i ($i = 1,\ldots,n$) bezeichnet.
Die Zeitwerte können, je nach Problem, Zeitpunkte oder Zeitintervalle (z. B. Monate) sein. In letzterem Fall werden sie wie Zeitpunkte behandelt.

Lineare Trendfunktion
Für eine lineare Trendfunktion $\hat{x} = a + bt$ gilt nach R 4.3.7 folgendes:

R 5.3.14

> **Bestimmungsgleichungen für die Koeffizienten** a **und** b **einer linearen KQ-Trendfunktion** $\hat{x} = a + bt$:
>
> $$a = \frac{\sum x_i \sum t_i^2 - \sum t_i \sum t_i x_i}{n \sum t_i^2 - (\sum t_i)^2} \quad \text{und}$$
>
> $$b = \frac{n \sum t_i x_i - \sum x_i \sum t_i}{n \sum t_i^2 - (\sum t_i)^2}.$$

B 5.3.15 *In den Wirtschaftsjahren 1965/66 bis 1973/74 wurden in der Bundesrepublik folgende Mengen an Käse je Einwohner und Jahr verbraucht. Zur Berechnung einer linearen Trendfunktion wird $t_1 = 0$ für das Wirtschaftsjahr 1965/66 gesetzt und für die folgenden Wirtschaftsjahre $t_2 = 1$, $t_3 = 2$ usw.*

Wirtschaftsjahr	t_i	*Käseverbrauch in kg je Einwohner*
1965/66	0	8,7
1966/67	1	9,1
1967/68	2	9,0
1968/69	3	9,4
1969/70	4	9,7
1970/71	5	10,2
1971/72	6	10,7
1972/73	7	11,1
1973/74	8	11,2

Die lineare Trendfunktion lautet $\hat{x} = 8{,}5533 + 0{,}3367t$. F 5.3.16 *zeigt die Zeitreihe und die Trendfunktion.*

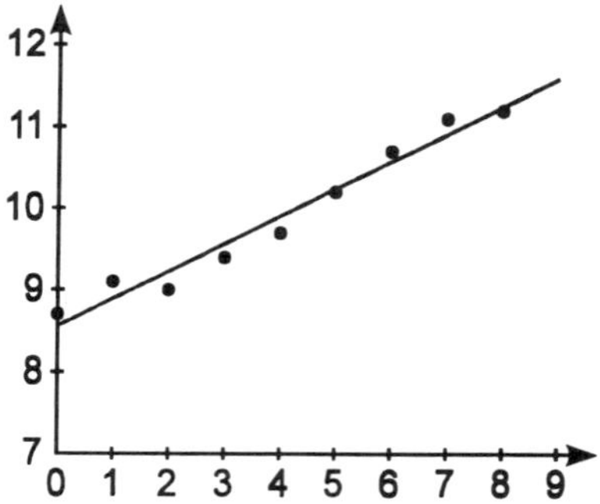

F 5.3.16 *Zeitreihe und lineare Trendfunktion*

Exponentialtrendfunktion

Wachstumsvorgänge lassen sich in vielen Fällen durch Exponentialfunktionen beschreiben. Bei Zeitreihen ökonomischer Wachstumsgrößen liegt es deshalb nahe, den Trend durch eine Exponentialfunktion

$\hat{x} = ab^t$, $a > 0$ und $b > 0$,

zu beschreiben.

Mit $\hat{x}^* = \log \hat{x}$, $a^* = \log a$ und $b^* = \log b$ erhält man aus der Exponentialfunktion durch Logarithmierung die lineare Funktion

$$\hat{x}^* = a^* + b^* t.$$

Für diese lineare Funktion bestimmt man nun die Koeffizienten a^* und b^* nach dem Kriterium der Kleinsten Quadrate (vgl. R 4.3.30).

R 5.3.17

Die **Bestimmungsgleichungen für die Koeffizienten** a und b eines **KQ-Exponentialtrends** $\hat{x} = ab^t$ lauten bei Anwendung des Kriterium der Kleinsten Quadrate auf die durch logarithmisch transformierte Funktion $\log \hat{x} = \log a + t \log b$:

$$\log a = \frac{\sum \log x_i \sum t_i^2 - \sum t_i \sum t_i \log x_i}{n\sum t_i^2 - (\sum t_i)^2} \quad \text{und}$$

$$\log b = \frac{n\sum t_i \log x_i - \sum \log x_i \sum t_i}{n\sum t_i^2 - (\sum t_i)^2}.$$

B 5.3.18 *Der Wasserverbrauch einer Gemeinde hat sich wie folgt entwickelt:*

Jahr	1983	1984	1986	1987	1988	1990	1991	1993
Wasserverbrauch in Mill. m^3	10,0	10,5	11,5	12,2	12,8	14,0	15,0	16,3

Für die zeitliche Entwicklung des Wasserverbrauchs soll ein Exponentialtrend bestimmt werden. Zur Vereinfachung wird für 1983 $t_1 = 1$ *gesetzt.*

t_i	x_i	$x_i^* = \log x_i$	$t_i x_i^*$	t_i^2
1	10,0	1,00000	1,00000	1
2	10,5	1,02119	2,04238	4
4	11,5	1,06070	4,24280	16
5	12,2	1,08636	5,43180	25
6	12,8	1,10721	6,64326	36
8	14,0	1,14613	9,16904	64
9	15,0	1,17609	10,58481	81
11	16,3	1,21219	13,33409	121
46		8,80987	52,44818	348

$$\log a = \frac{8{,}80987 \cdot 348 - 46 \cdot 52{,}44818}{8 \cdot 348 - 2116} = 0{,}977872$$

$$\log b = \frac{8 \cdot 52{,}44818 - 8{,}80987 \cdot 46}{668} = 0{,}021454$$

Der Exponentialtrend lautet also:

$$\hat{x} = 9{,}503247 \cdot 1{,}05064^t .$$

Logistische Trendfunktion

Bei Wachstumsprozessen mit Sättigungsgrenze ist eine Exponentialfunktion $\hat{x} = a b^t$ zur Trendbeschreibung ungeeignet. Hier bietet sich die logistische Funktion

$$\hat{x} = \frac{k}{1 + e^{a+bt}},\ b < 0$$

an, bei der k die Sättigungsgrenze angibt. Bei bekanntem (bzw. geschätztem) k kann man die logistische Funktion durch Umformung und Logarithmierung wie folgt transformieren:

$$\ln(\frac{k}{\hat{x}} - 1) = a + bt .$$

Für diese Funktion bestimmt man nun a und b nach dem Kriterium der Kleinsten Quadrate. (Siehe hierzu Abschnitt 4.3 e), insbesondere R 4.3.32.)

R 5.3.19

Die **Bestimmungsgleichungen für die Koeffizienten** a und b eines **logistischen KQ-Trends** $\hat{x} = \frac{k}{1 + e^{a+bt}}$, $b < 0$, lauten bei gegebener Sättigungsgrenze k und Anwendung des Kriteriums der Kleinsten Quadrate auf die transformierte Funktion $\ln(\frac{k}{\hat{x}} - 1) = a + bt$:

$$a = \frac{\sum t_i^2 \sum \ln(\frac{k}{x_i} - 1) - \sum t_i \sum t_i \ln(\frac{k}{x_i} - 1)}{n \sum t_i^2 - (\sum t_i)^2} \quad \text{und}$$

$$b = \frac{n \sum t_i \ln(\frac{k}{x_i} - 1) - \sum t_i \sum \ln(\frac{k}{x_i} - 1)}{n \sum t_i^2 - (\sum t_i)^2} .$$

B 5.3.20 *Ein Haushalt mit einem Pkw hatte in den Jahren* 1980 *bis* 1994 *folgenden Verbrauch an Kraftstoff (in l):* 420; 490; 530; 520; 600; 630; 700; 680; 720; 810; 850; 920; 990; 1020; 1200. *Es wird von einer Sättigungsgrenze* $k = 1800$ *(l/Jahr) ausgegangen. Es wird* $t_1 = 1$ *für* 1980 *gesetzt. Man erhält:*

t_i	x_i	$\ln(\frac{1800}{x_i} - 1)$	t_i^2	$t_i \ln(\frac{1800}{x_i} - 1)$
1	420	1,189584	1	1,189584
2	490	0,983377	4	1,966754
3	530	0,873895	9	2,621686
4	520	0,900787	16	3,603146
5	600	0,693147	25	3,465736
6	630	0,619039	36	3,714235
7	700	0,451985	49	3,163896
8	680	0,498991	64	3,991929
9	720	0,405465	81	3,649186
10	810	0,200671	100	2,006707
11	850	0,111226	121	1,223482
12	920	–0,044452	144	–0,533421
13	990	–0,200671	169	–2,608719
14	1020	–0,268264	196	–3,755696
15	1200	–0,693147	225	–10,397208
120	11080	5,721633	1240	13,301297

$$a = \frac{5{,}721633 \cdot 1240 - 120 \cdot 13{,}301297}{15 \cdot 1240 - 120^2} = 1{,}309207$$

$$b = \frac{15 \cdot 13{,}301297 - 5{,}721633 \cdot 120}{15 \cdot 1240 - 120^2} = -0{,}115971$$

Die Trendfunktion lautet somit

$$\hat{x} = \frac{1800}{1 + e^{1{,}309207 - 0{,}115971t}}.$$

d) Ergänzende Bemerkungen zur Trendermittlung

Eine nach dem Kriterium der Kleinsten Quadrate ermittelte Trendfunktion kann man benutzen, um den Trendwert nicht erfaßter Zeitintervalle bzw. Zeitpunkte durch Extrapolation (manchmal auch durch Interpolation) zu bestimmen. Man setzt dazu in die ermittelte Trendfunktion die entsprechenden Zeitwerte ein und rechnet den Trendwert aus.

B 5.3.21 *Für die nicht erfaßten Jahre* 1985, 1989 *und* 1992 *in* B 5.3.18 *ergeben sich unter Benutzung der ermittelten Trendfunktion die folgenden **geschätzten** Wasserverbrauchswerte (Trendwerte).*

1985: 11,02 *Mill.* m^3; 1989: 13,43 *Mill.* m^3; 1992: 15,57 *Mill.* m^3

(Die tatsächlichen Werte können davon, z. B. aufgrund von Witterungseinflüssen, natürlich abweichen.)

In ähnlicher Weise kann eine Trendfunktion auch dazu benutzt werden, den Trend für zukünftige Perioden vorherzusagen. Darauf wird in einem späteren Abschnitt eingegangen.

Es sei noch einmal ausdrücklich darauf hingewiesen, daß hier nur die Grundzüge der Zeitreihenanalyse behandelt werden können. Selbstverständlich ist es möglich, für die Ermittlung des Trends einer Zeitreihe auch andere als die hier behandelten Funktionen zu verwenden. Bei vielen praktischen Fragestellungen erweist sich das Kriterium der Kleinsten Quadrate zur Ermittlung einer Trendfunktion zudem nur begrenzt geeignet. Dann müssen andere Verfahren herangezogen werden. Dazu wird auf die entsprechende Spezialliteratur zur Zeitreihenanalyse und Ökonometrie verwiesen.

Man beachte, daß bei der Zeitreihenanalyse die Zeit als Einflußgröße von x_t angesehen wird. Die Zeit "ersetzt" die tatsächlichen Einflußgrößen. Die Zeitreihenanalyse führt deshalb nur dann zu "guten" Ergebnissen, wenn sich alle wesentlichen Einflußgrößen gleichmäßig in der Zeit entwickeln. Abrupte Änderungen führen zu Trendknicken oder anderen "Unregelmäßigkeiten" der Zeitreihe, die mit der Zeit als alleinige Einflußgröße nicht erklärbar sind. Besonders ausgeprägte Veränderungen in einer Zeitreihe bezeichnet man häufig als **Strukturbruch**.

B 5.3.22 *Von einer Unternehmung liegen die in der Tabelle angegebenen Umsatzwerte vor.*

Jahr	1983	1984	1985	1987	1988	1990	1992	1993	1994
Umsatz in 1000 *DM*	100	108	122	140	150	145	153	157	160

Es ist bekannt, daß auf dem Absatzmarkt des Unternehmens seit 1989 *ein Konkurrenzunternehmen tätig ist. Die Darstellung der Zeitreihenwerte in der folgenden Figur zeigt deutlich, daß durch das Konkurrenzunternehmen ein Strukturbruch aufgetreten ist, so daß es zweckmäßig erscheint, den Trend durch* 2 *lineare Funktionen zu beschreiben. Man erhält dafür, wenn man für* 1983 $t_1=1$ *setzt* $\hat{x} = 89{,}6 + 10{,}12\,t$ *für* $0 \le t \le 6$ *und* $\hat{x} = 114{,}8 + 3{,}8\,t$ *für* $7 \le t \le 14$. *Die Geraden sind in* F 5.3.23 *dargestellt.*

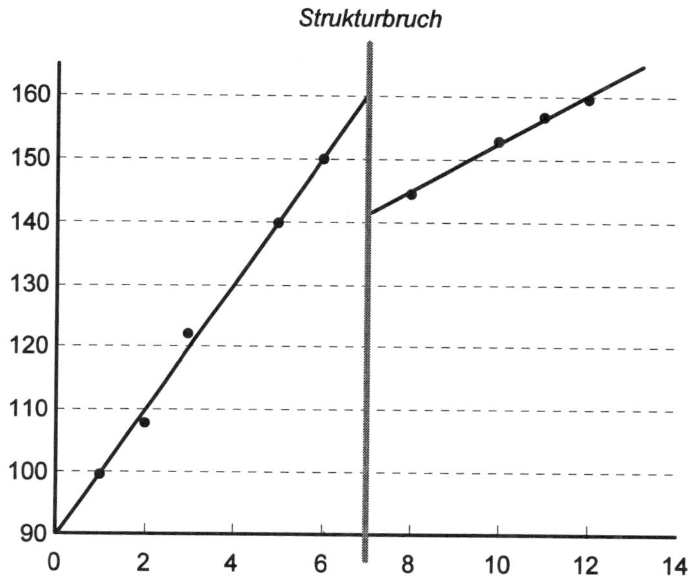

F 5.3.23 *Strukturbruch*

e) Einfache Verfahren zur Ermittlung periodischer Schwankungen

Der Trend einer Zeitreihe, auf dessen Bestimmung in den vorhergehenden Unterabschnitten eingegangen wurde, gibt die Tendenz der zeitlichen Entwicklung einer Zeitreihengröße wieder. Für eine aussagefähige Beschreibung des zeitlichen Verlaufs einer ökonomischen Größe reicht die Trendbestimmung im allgemeinen jedoch nicht aus, da der Trend oft durch periodische und irreguläre Schwankungen überlagert wird.

In den nachfolgenden Ausführungen soll für zwei einfache Fälle die Bestimmung periodischer Schwankungen behandelt werden.

Für die Berechnung der periodischen Schwankungen einer Zeitreihe ist es wichtig zu wissen,

- ob es sich um eine Schwankung mit fester Periode handelt oder nicht und
- in welcher Weise der Trend durch die periodischen Schwankungen überlagert wird.

Bei den beiden nachfolgend behandelten Fällen der Bestimmung von Schwankungen wird von einer festen Periode ausgegangen. Das Problem der Überlagerung verschiedener periodischer Schwankungen mit unterschiedlicher Periodenlänge wird nicht behandelt.

Der Trend kann auf verschiedene Arten von Schwankungen überlagert werden. Die beiden einfachsten, die hier behandelt werden, sind:

- Der Trend wird durch eine periodische Schwankung **additiv** überlagert:
  Zeitreihenwert = Trendwert + Schwankungskomponente.
- Der Trend wird durch eine Schwankung **multiplikativ** überlagert:
  Zeitreihenwert = Trendwert × Schwankungskomponente.

Bei einer additiven Überlagerung bleibt die periodische Schwankung bei zunehmendem Trend gleich groß, während sie bei multiplikativer Überlagerung zunimmt. F 5.3.24 verdeutlicht das.

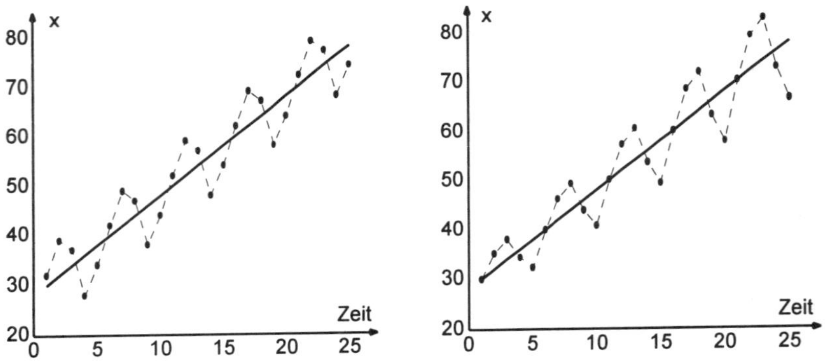

F 5.3.24 *Additive und multiplikative Überlagerung eines Trends durch periodische Schwankungen*

Für die Ermittlung der periodischen Schwankungen wird davon ausgegangen, daß der betrachtete Zeitraum *P* Perioden umfaßt. Jede Periode besteht aus *k* Unterperioden. Insgesamt werden also *kP* Zeiträume betrachtet. Die grafische Darstellung in F 5.3.25 zeigt eine schematische Übersicht über die Unterteilung des Betrachtungszeitraumes.

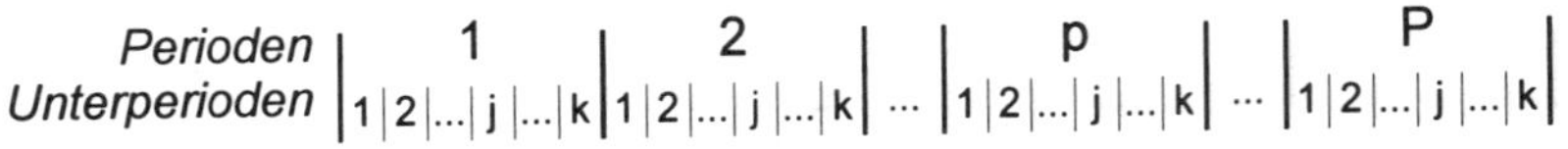

F 5.3.25 *P Perioden mit je k Unterperioden*

Für die weiteren Ausführungen werden folgende Symbole verwendet:

$x_{p,j}$ = Beobachtungswert der Zeitreihe in der Unterperiode *j* der Periode *p*;

$\hat{x}_{p,j}$ = Trendwert;

$s_{p,j}$ = Schwankungskomponente.

Voraussetzung für die Ermittlung von periodischen Schwankungen in einer Zeitreihe ist, daß der Trend der Zeitreihe bereits ermittelt worden ist.

Die Trendwerte $\hat{x}_{p,j}$ ($p = 1,...,P; j = 1,...,k$) können als gleitende Durchschnitte oder durch eine KQ-Trendfunktion bestimmt sein.

Additive Überlagerung des Trends durch periodische Schwankungen

Der einfachste Ansatz zur Verknüpfung von Trend und periodischen Schwankungen ist die additive Überlagerung eines Trends durch Schwankungen. Hierbei geht man davon aus, daß in gleichen Unterperioden verschiedener Perioden die periodische Schwankung in ihrer absoluten Höhe gleich ist. Den aus Trend und Schwankungseinfluß zusammengesetzten Reihenwert erhält man also, indem man den Trendwert und die Schwankungskomponente addiert:

$$x_{p,j} = \hat{x}_{p,j} + s_{p,j}.$$

Ein Beispiel für die additive Überlagerung eines linearen Trends durch eine periodische Schwankung ist in F 5.3.24 links wiedergegeben.

Die Bestimmung der Schwankungskomponente setzt voraus, daß in einem ersten Schritt der Trend der Zeitreihe bestimmt wird. Für die Unterperiode *j* der Periode *p* erhält man dann die additive Schwankungskomponente als Differenz aus Zeitreihenwert und Trendwert:

$$s_{p,j} = x_{p,j} - \hat{x}_{p,j}.$$

Die Schwankungskomponenten aller Unterperioden lassen sich auf diese Weise einfach berechnen.

Ebenso wie die Trendberechnung hat die Berechnung von Schwankungskomponenten im allgemeinen den Zweck, Gesetzmäßigkeiten einer Zeitreihe zu ermitteln. Mit dem geschilderten Vorgehen der Differenzbildung wird dieses Problem nicht gelöst, da in fast allen praktischen Fällen eine Zeitreihe außer dem Trend und den periodischen Schwankungen auch noch irreguläre Schwankungen enthält. Dadurch werden sich für gleiche Unterperioden verschiedener Perioden im allgemeinen auch unterschiedliche Werte für die Schwankungskomponente ergeben. Das bedeutet, daß für die Bestimmung der Schwankungskomponente der Einfluß der irregulären Schwankungen ausgeschaltet werden muß. Das geschieht dadurch, daß aus den Differenzen zwischen Reihenwert und Trendwert aller gleichen Unterperioden das arithmetische Mittel bestimmt wird.

R 5.3.26

> Gegeben sei eine Zeitreihe mit einem Trend und genau einer, den Trend additiv überlagernden periodischen Schwankung. Aus den Zeitreihenwerten $x_{p,j}$ und den zugehörigen Trendwerten $\hat{x}_{p,j}$ $(p = 1,...,P; j = 1,...,k)$ erhält man die **additiven Schwankungskomponenten** s_j wie folgt:
>
> $$s_j = \frac{1}{P}\sum_{p=1}^{P}(x_{p,j} - \hat{x}_{p,j}) \qquad j = 1,...,k.$$

B 5.3.27 *Die folgende Tabelle enthält Umsatzzahlen $x_{p,j}$ eines stark expandierenden Versandgeschäfts. Für den Trend wurden gleitende Durchschnitte 3. Ordnung bestimmt. Die Tabelle zeigt die Berechnung der additiven Schwankungskomponenten. Dabei ist zu beachten, daß nicht für alle Perioden gleitende Durchschnitte $\hat{x}_{p,j}$ und damit $x_{p,j}-\hat{x}_{p,j}$ berechnet wurden. Die Schwankungskomponenten werden immer als arithmetisches Mittel aus den Differenzen $x_{p,j}-\hat{x}_{p,j}$ berechnet. Es gilt deshalb bei Verwendung der Formel* R 5.3.26 *$P = 2$ für $j = 1$ und $j = 3$ und $P = 3$ für $j = 2$.*

p	j	$t_{p,j} = t_i$	$x_{p,j} = x_i$	*Gleitende Durchschnitte 3. Ordnung* $\hat{x}_{p,j}$	$x_{p,j}-\hat{x}_{p,j}$ *für die einzelnen Tertiale*		
					1.	2.	3.
1	1.	1	150.000				
	2.	2	320.000	310.000		10.000	
	3.	3	460.000	420.000			40.000
2	1.	4	480.000	530.000	–50.000		
	2.	5	650.000	630.000		20.000	
	3.	6	760.000	730.000			30.000
3	1.	7	780.000	820.000	–40.000		
	2.	8	920.000	920.000		0	
	3.	9	1.060.000				
$\sum_{p=1}^{P}(x_{p,j} - \hat{x}_{p,j}) =$					–90.000	30.000	70.000
$s_j = \frac{1}{P}\sum_{p=1}^{P}(x_{p,j} - \hat{x}_{p,j}) =$					–45.000	10.000	35.000

Da die periodischen Schwankungen in sehr vielen Fällen Saisoneinflüsse widerspiegeln, spricht man in diesem Zusammenhang auch häufig von Saisonschwankungen. Der soeben behandelte Ansatz wird als **additive Verknüpfung von Trend und Saison** bezeichnet, und man spricht von einer **additiven Saisonkomponente**.

Multiplikative Verknüpfung von Trend und periodischen Schwankungen

In vielen Anwendungsfällen ist es wenig sinnvoll, von periodischen Schwankungen auszugehen, die in ihrer absoluten Höhe ständig gleich bleiben. Bei ansteigendem Trend wird man vielfach feststellen, daß die periodischen Schwankungen in ihrem Ausschlag (Amplitude) ständig größer werden. In solchen Fällen liegt es nahe, eine multiplikative Verknüpfung von Trend und periodischer Schwankung anzunehmen. Bei diesem Ansatz erhält man den aus Trendwert und Schwankungskomponente zusammengesetzten Reihenwert dadurch, daß man den Trendwert und die Schwankungskomponente miteinander multipliziert. Es gilt also folgende Beziehung:

$$x_{p,j} = \hat{x}_{p,j} \cdot s_{p,j} .$$

Bei einer multiplikativen Verknüpfung von Schwankungskomponente und Trendwert geht man davon aus, daß die periodischen Schwankungen gleicher Unterperioden für verschiedene Perioden in ihrer **relativen** Höhe konstant sind. In F 5.3.24 ist rechts ein Beispiel einer Zeitreihe dargestellt, bei der ein linearer Trend von einer multiplikativen Komponente überlagert wird. Auf Einzelheiten dazu wird nicht eingegangen.

f) Ausblick auf weitere Verfahren der Zeitreihenanalyse

Es ist möglich, additive Schwankungskomponenten nach dem Kriterium der Kleinsten Quadrate simultan mit einer Trendfunktion zu schätzen. Dazu verwendet man sogenannte 0-1-Variablen y_j mit

$$y_j = \begin{cases} 1 & \text{in der Unterperiode } j \\ 0 & \text{sonst.} \end{cases}$$

Bei einem linearen Trend ergibt sich dann

$$x = a + bt + c_1 y_1 + c_2 y_2 + \ldots + c_k y_k \text{ mit der Bedingung } \sum_{j=1}^{k} c_j = 0 .$$

Die Unterperioden werden dabei durch t_i fortlaufend "gezählt", d. h. es ist in der Periode p in der Unterperiode j $t_i = (p\text{-}1)k\text{+}j$ (siehe B 5.3.27 und B 5.3.28). Die Koeffizienten $a, b, c_1, c_2, \ldots, c_k$ werden dann nach dem Kriterium der Kleinsten Quadrate bestimmt (siehe dazu die Ausführungen zur Mehrfachregression in Abschnitt 4.5). Die Normalgleichungen lauten für $n = kP$:

$$\sum x_i = na + b\sum t_i + c_1\sum y_{1i} + c_2\sum y_{2i} + \ldots + c_k\sum y_{ki},$$

$$\sum x_i t_i = a\sum t_i + b\sum t_i^2 + c_1\sum y_{1i}t_i + \ldots + c_k\sum y_{ki}t_i \text{ und}$$

$$\sum x_i y_{ji} = a\sum y_{ji} + b\sum t_i y_{ji} + c_1\sum y_{1i}y_{ji} + \ldots + c_k\sum y_{ki}y_{ji} \text{ für } j = 1,\ldots,k.$$

Bei diesen Normalgleichungen ist zu beachten, daß sich einige Vereinfachungen ergeben, da die y_j 0-1-Variablen sind.

B 5.3.28 *Für die Angaben aus* B 5.3.27 *erhält man, unter Verwendung von* x = *Umsatz*/10000 *und bei fortlaufender "Numerierung" der Unterperioden von* $t_1 = 1$ *bis* $t_9 = 9$, *folgende Normalgleichungen:*

$$\begin{aligned}
558 &= 9a + 45b + 3c_1 + 3c_2 + 3c_3\\
3426 &= 45a + 285b + 12c_1 + 15c_2 + 18c_3\\
141 &= 3a + 12b + 3c_1\\
189 &= 3a + 15b + 3c_2\\
228 &= 3a + 18b + 3c_3
\end{aligned}$$

mit der Nebenbedingung $\sum_{j=1}^{k} c_j = 0$.

Die Lösung dieses Gleichungssystems ergibt $a = 11\frac{1}{6}$; $b = 10\frac{1}{6}$; $c_1 = -4\frac{5}{6}$; $c_2 = 1$ *und* $c_3 = 3\frac{5}{6}$. *Trend* ***und*** *periodische Schwankung werden somit durch folgende Funktion beschrieben:*

$$x = 11\tfrac{1}{6} + 10\tfrac{1}{6}t - 4\tfrac{5}{6}y_1 + y_2 + 3\tfrac{5}{6}y_3.$$

Wird ein Trend nicht durch eine einzige Schwankung überlagert, sondern treten mehrere periodische Schwankungen mit unterschiedlicher Frequenz und unterschiedlicher Amplitude auf, dann lassen sich Schwankungskomponenten nur mit aufwendigen Verfahren der Zeitreihenanalyse behandeln, zu denen der Leser auf Spezialliteratur verwiesen sei.

5.4 Einfache Prognosetechniken

a) Aufgabenstellung und Grundbegriffe

Unter einer **Prognose** versteht man die Vorhersage eines Vorgangs oder eines Zustands. Da sich die Statistik mit meßbaren Größen beschäftigt, kann der Begriff Prognose auch etwas enger umschrieben werden und darunter die Vorhersage eines Wertes oder mehrerer (zeitlich verschiedener) Werte verstanden werden. Die Bedeutung von Prognosen ergibt sich daraus, daß die meisten Entscheidungen in die Zukunft gerichtet sind. Für eine optimale Entscheidung ist die Kenntnis der Konsequenzen alternativer Handlungsweisen erforderlich. Diese kann man aber wegen der Zukunftsbezogenheit der Entscheidungen in der Regel nur über Prognosen gewinnen.

In vielen Fällen reicht es aus, wenn durch eine Prognose Entwicklungstendenzen aufgezeigt werden. Werden nur **Richtungsänderungen** oder **Niveauverschiebungen** vorhergesagt, ohne daß numerische Angaben über die Entwicklung der betreffenden wirtschaftlichen Größe gemacht werden, dann spricht man von einer **qualitativen Prognose**.
Bei einer **quantitativen Prognose** werden **Werte** oder **Wertebereiche** ökonomischer Größen vorhergesagt.

B 5.4.1 *a) Eine qualitative Prognose liegt vor, wenn man vorhersagt, "der Zinssatz (bzw. das Zinsniveau) wird steigen" oder "der Zinssatz (bzw. das Zinsniveau) wird fallen".*

b) Eine quantitative Prognose liegt vor, wenn vorhergesagt wird, daß das Bruttosozialprodukt für die Bundesrepublik Deutschland im kommenden Jahr um 6% *zunehmen wird.*

c) Eine quantitative Prognose liegt auch vor, wenn vorhergesagt wird, daß die Steuereinnahmen aus der Einkommensteuer im kommenden Jahr zwischen 63 *und* 64 *Milliarden Mark liegen werden.*

Auf qualitative Prognosen wird hier nicht weiter eingegangen.

Neben der Unterscheidung in quantitative und qualitative Prognosen ist eine andere Unterscheidung wichtig. In vielen Fällen wird für eine Prognose unterstellt, daß sich die Prognosegröße autonom in der Zeit entwickelt und nur von der Zeit als Einflußgröße abhängt. Der Einfluß anderer Größen wird vernachlässigt bzw. man geht davon aus, daß sich alle anderen Einflüsse unter der Variablen "Zeit" subsumieren lassen. Man spricht in einem solchen Fall von einer **unbedingten Prognose**. Grundlage einer unbedingten Prognose ist im allgemeinen eine Zeitreihenanalyse der vergangenen Entwicklung, auf deren Basis dann die Prognose erstellt wird. Vielfach wird bei der Prognose einer ökonomischen Größe der Einfluß anderer Größen im Prognoseansatz berücksichtigt. Man setzt also die Prognosegröße in Beziehung zu anderen Größen, die sich leicht prognostizieren lassen oder für die bereits Prognosen vorliegen. In einem solchen Fall spricht man von einer **bedingten Prognose**, da die Vorhersage der Einflußgrößen Bedingung für die eigentliche Prognose ist.

B 5.4.2 *Der Benzinabsatz hängt z. B. von der Anzahl der zugelassenen Kraftfahrzeuge, dem Durchschnittsverbrauch pro Kraftfahrzeug und Kilometer sowie der Anzahl der gefahrenen Kilometer ab. Für eine Prognose kann* *man versuchen, diese Beziehung in einem Modell zu erfassen. Sind der zukünftige Kraftfahrzeugbestand, der Durchschnittsverbrauch und die Fahrleistung bereits prognostiziert, so läßt sich dann leicht der Benzinabsatz prognostizieren.*

Auf bedingte Prognosen wird hier nicht eingegangen, da ihre Behandlung den hier gesteckten Rahmen sprengen würde.

Ein Prognosewert der Größe x für die Periode t wird im folgenden mit x_t^* bezeichnet.

b) Naive Prognoseverfahren

Unter naiven Prognoseverfahren werden solche verstanden, bei denen nur elementare Rechentechniken ohne besondere methodische Anforderungen benötigt werden.

Das einfachste quantitative Prognoseverfahren für eine ökonomische Größe erhält man, wenn man einen konstanten Verlauf der Größe in der Zeit unterstellt. Eine Prognose zum Zeitpunkt bzw. in der Periode t für die Periode t+1 erhält man dann durch:

$$x_{t+1}^* = x_t .$$

Will man (zunehmende oder abnehmende) Entwicklungstendenzen in der Prognose berücksichtigen, kann man davon ausgehen, daß die Änderung zwischen den beiden letzten Beobachtungswerten auch für die Zukunft gilt. Eine Prognose für die nächste Periode erhält man dann durch den Ansatz:

$$x_{t+1}^* = x_t + (x_t - x_{t-1}) .$$

Verwendet man die letzte relative Änderung der zu prognostizierenden Größe, dann ergibt sich:

$$x_{t+1}^* = x_t \cdot \frac{x_t}{x_{t-1}} .$$

B 5.4.3 *Die folgenden Zitate aus dem Haushaltsplan einer bundesdeutschen Großstadt mögen zeigen, daß diese naiven Verfahren tatsächlich angewendet werden:*
"Bei der Grundsteuer A wird der Haushaltsansatz 1994 *unverändert fortgeführt und bei der Grundsteuer B entsprechend den Erfahrungen jährlich um* 500000 *DM erhöht."*
"Ausgehend von der Einnahmeschätzung für 1994 *wurde das Aufkommen aus der Lohnsummensteuer mit jährlich* 12% *fortentwickelt."*

Weist die zeitliche Entwicklung der zu prognostizierenden Größe unregelmäßige Schwankungen auf, so kann man für die Prognose einen Durchschnittswert aus den jüngsten Vergangenheitswerten verwenden, der gewogen oder ungewogen berechnet werden kann. Ebenso kann man mit den durchschnittlichen absoluten oder relativen Änderungen der Vergangenheit arbeiten.

Enthält die Zeitreihe der zu prognostizierenden Größe eine periodische Schwankung, so kann man die Fortschreibung durch einfache oder durchschnittliche absolute oder relative Änderungen dahingehend erweitern, daß man die Fortschreibung getrennt für gleichrangige Unterperioden durchführt. Hat man beispielsweise Monatswerte und einen jährlich wiederkehrenden Saisonzyklus, so kann man die Januar-Werte, die Februar-Werte usw. je getrennt für sich nach einem der geschilderten Fortschreibungsverfahren prognostizieren.

Rechentechnisch sind die geschilderten naiven Verfahren außerordentlich einfach, so daß es sich erübrigt, weitere Einzelheiten zu behandeln. Vom methodischen Ansatz her sind sie problematisch, da sie in ihrer Einfachheit die tatsächlichen Verhältnisse nur unzulänglich wiedergeben und leicht zu Fehlprognosen führen.

c) Prognosen auf der Basis von Zeitreihen

Wenn Prognosen nicht auf Spekulationen, Mutmaßungen oder groben Schätzungen beruhen sollen, dann ist es notwendig, sie auf eine quantitativ-statistische Grundlage zu stellen und dazu die Entwicklung der zu prognostizierenden Größe in der Vergangenheit zu untersuchen. Das Instrument dazu ist die Zeitreihenanalyse, deren Grundzüge im Abschnitt 5.3 behandelt wurden. Bei der Zeitreihenanalyse versucht man anhand von Beobachtungswerten Gesetzmäßigkeiten herauszufinden und für die Entwicklung einer Größe in der Zeit ein quantitatives (mathematisches) Modell zu formulieren.

Ändern sich die Bedingungen, unter denen sich eine Größe in der Vergangenheit entwickelt hat, in der Zukunft nicht, dann können die Ergebnisse einer Zeitreihenanalyse für eine Prognose der betreffenden Größe benutzt werden. Man schreibt dazu das Zeitreihenmodell in die Zukunft fort.

Der einfachste Prognoseansatz auf der Grundlage eines Zeitreihenmodells, der insbesondere für langfristige Vorhersagen eine Rolle spielt, ist die sogenannte **Trendextrapolation**.
Bei einer Trendprognose durch Extrapolation des Trends werden in eine aus Vergangenheitswerten berechnete Trendfunktion $\hat{x} = f(t)$ für die Zeit t die entsprechenden Werte eingesetzt. Über die Funktionsgleichung erhält man dann die Trendprognose x_t^*.

Da es bei der Trendextrapolation nur darauf ankommt, in eine berechnete Trendfunktion einen Zahlenwert für die Zeit einzusetzen und dann den zugehörigen Funktionswert auszurechnen, wird auf weitere Einzelheiten verzichtet.

Sind bei der Analyse einer Zeitreihe außer dem Trend auch noch periodische Schwankungen ermittelt worden, dann kann eine Prognose ebenfalls auf der Basis des berechneten Modells erfolgen. Die Prognose selbst erfolgt dann üblicherweise in zwei Stufen. In einem ersten Schritt wird eine Trendprognose durchgeführt, indem man, wie oben beschrieben, in die Trendfunktion den entsprechenden Zeitwert einsetzt. Diesen Trendwert überlagert man dann in einem zweiten Schritt mit der Schwankungskomponente des jeweiligen Zeitraums.

B 5.4.4 *Aus den Quartalsumsätzen (in Millionen DM) von 4 Jahren hat ein Unternehmer folgende Trendfunktion berechnet* $\hat{x} = 2 + 0{,}47t$ *(*t*=1,...,16). Für die additive Schwankungskomponente wurden folgende Werte bestimmt* $s_1 = -0{,}2$; $s_2 = +2{,}1$; $s_3 = -1{,}2$; $s_4 = -0{,}7$. *Für das nächste Jahr erhält man folgende Umsatzprognose:*

Quartal	*t*	*Trendprognose*	s_j	*Prognose*
1.	17	$x^* = 2 + 0{,}47 \cdot 17 = 9{,}99$	–0,2	9,79
2.	18	$x^* = 2 + 0{,}47 \cdot 18 = 10{,}46$	+2,1	12,56
3.	19	$x^* = 2 + 0{,}47 \cdot 19 = 10{,}93$	–1,2	9,73
4.	20	$x^* = 2 + 0{,}47 \cdot 20 = 11{,}40$	–0,7	10,7

Es ist zu beachten, daß sowohl die Trendextrapolation als auch die soeben beschriebene Berücksichtigung von periodischen Schwankungen eine Trendfunktion nach dem Kriterium der Kleinsten Quadrate voraussetzt. Ist der Trend durch gleitende Durchschnitte bestimmt worden, dann ist die beschriebene Vorgehensweise nicht anwendbar, da in diesem Fall keine Funktionsgleichung vorliegt, die man für die Prognose anwenden kann. Es besteht aber z. B. die Möglichkeit, den Trend durch Differenzen der Vergangenheit fortzuschreiben, so wie das im vorhergehenden Unterabschnitt bei den naiven Prognosetechniken beschrieben worden ist.

d) Zuverlässigkeit von Prognosen

Die Behandlung von Modellansätzen zur Durchführung quantitativer ökonomischer Prognosen wirft fast automatisch die Frage nach der Genauigkeit und Zuverlässigkeit einer Prognose auf. Perfekte Prognosen, bei denen der prognostizierte und der tatsächlich eingetretene Wert übereinstimmen, wird man nur in seltenen Ausnahmefällen erzielen. In der Regel werden Abweichungen auftreten, denn bei Zeitreihenmodellen können in vielen Fällen zwar Gesetzmäßigkeiten festgestellt werden können, diese werden aber durch die irregulären Schwankungen überlagert. Das ist typisch für fast alle Prognoseansätze und führt dazu, daß man in vielen Fällen nicht eine **Punktprognose**, bei der man einen einzelnen Wert vorhersagt, durchführt, sondern eine **Intervallprognose**, bei der man einen Bereich angibt, in dem die Prognosegröße "erwartet" wird. Die methodischen Grundlagen für Intervallprognosen können an dieser Stelle nicht behandelt werden, da dazu grundlegende Kenntnisse aus der Wahrscheinlichkeitsrechnung und den Stichprobenverfahren erforderlich sind.

Da Fragen der Genauigkeit und Zuverlässigkeit von Prognosen auch in anderer Hinsicht sehr tief in die statistischen Verfahren der Wahrscheinlichkeitsrechnung und Stichprobentheorie eindringen, sollen hier nur kurz die wichtigsten Probleme, die bei der Untersuchung der Zuverlässigkeit einer Prognose eine Rolle spielen, angeführt werden.

- Bei einem Prognosemodell auf der Grundlage einer Zeitreihenanalyse der Vergangenheit besteht grundsätzlich die Gefahr, daß ein formal falscher Ansatz gewählt worden ist. Dieser Ansatz kann sich auf die Wahl einer ungeeigneten Trendfunktion (z. B. linearer Trend statt Exponentialtrend) und auf falsche Annahmen hinsichtlich der Eigenschaft und der Art der Überlagerung durch periodische Schwankungen beziehen. Die Untersuchung vorhandenen Datenmaterials hilft hier deshalb nicht immer weiter, weil in den beobachteten Werten auch irreguläre Schwankungen enthalten sind, die es nicht zulassen, eindeutige Aussagen zu machen.
- Selbst bei einem korrekten Modellansatz können bei der Ermittlung der numerischen Werte der Koeffizienten des Modells Fehler auftreten. Diese Fehler können bei der Erhebung der Beobachtungswerte oder bei den Berechnungen entstehen.
- Fehler bei einer Prognose können sich daraus ergeben, daß ein reiner Zeitreihenansatz für eine Prognose ungeeignet ist. Das ist z. B. dann der Fall, wenn besondere Einflußgrößen auf die Prognosegröße einwirken und diese Einflußgrößen in der Zeit Veränderungen unterliegen. In diesem Fall ist die explizite Berücksichtigung dieser besonderen Einflußgröße notwendig, womit man dann ein Modell einer bedingten Prognose erhält. Auf bedingte Prognosen ist hier nicht weiter eingegangen worden.
- Mit dem vorhergehenden Problem eng verwandt ist die Frage der zeitlichen Gültigkeit eines Modellansatzes. Jede Prognose auf der Basis eines Zeitreihenmodells unterstellt, daß sich die in der Zeitreihe ausdrückenden Gesetzmäßigkeiten auch in der Zukunft in gleicher Weise entwickeln. In

vielen Fällen ist das aber nicht der Fall, und zwar immer dann, wenn besondere Einflüsse zu sogenannten **Strukturbrüchen** führen. Ein einfaches Beispiel eines Strukturbruches wurde in B 5.3.22 (siehe vor allem auch F 5.3.23) behandelt.

Im übrigen sei zu den Prognoseverfahren auf die im Literaturverzeichnis angegebene weiterführende Literatur verwiesen.

5.5 Exponentielle Glättung

a) Vorbemerkungen

Ein einfaches Verfahren zur Erstellung kurzfristiger Prognosen, welches heute in der Praxis weit verbreitet ist, ist die sogenannte exponentielle Glättung. Bei der exponentiellen Glättung 1. Ordnung wird in der Periode (bzw. zum Zeitpunkt) t der Prognosewert für die Periode (bzw. den Zeitpunkt) t+1 als **gewogenes arithmetisches Mittel** aus dem Beobachtungswert der Periode (Zeitpunkt) t und dem für diese Periode (Zeitpunkt) früher bestimmten Prognosewert berechnet.
Zur Berücksichtigung eines Trends ist es erforderlich, exponentielle Glättung 2. Ordnung (bei einem linearen Trend) oder höherer Ordnung anzuwenden.
Im folgenden wird nur auf exponentielle Glättung 1. und 2. Ordnung eingegangen.

b) Exponentielle Glättung 1. Ordnung

Bei der exponentiellen Glättung 1. Ordnung wird davon ausgegangen, daß die Zeitreihe **keinen Trend** und keine stark ausgeprägten periodischen Schwankungen aufweist.

R 5.5.1

Exponentielle Glättung 1. Ordnung
Den **exponentiell geglätteten Wert** $\hat{x}_t$ einer Zeitreihe erhält man aus x_t und $\hat{x}_{t-1}$ wie folgt:

$$\hat{x}_t = \alpha\, x_t + (1-\alpha)\hat{x}_{t-1}, \quad 0 < \alpha < 1 .$$

$\hat{x}_t$ ergibt sich also als gewogenes arithmetisches Mittel aus x_t und $\hat{x}_{t-1}$. Die Summe der Gewichte ergibt 1 wegen $\alpha + (1-\alpha) = 1$. Auf die Wahl von α wird im nächsten Unterabschnitt eingegangen.

R 5.5.2

Gegeben sei eine Zeitreihe ohne Trend und periodische Schwankungen. Zum Zeitpunkt bzw. in der Periode t erhält man eine **Prognose** für t+1 mit exponentieller Glättung aus

$$x^*_{t+1} = \hat{x}_t = \alpha\, x_t + (1-\alpha)\hat{x}_{t-1} = \alpha\, x_t + (1-\alpha)x^*_t .$$

B 5.5.3 *Für die in der folgenden Tabelle gegebene Zeitreihe sind exponentiell geglättete Werte für* $\alpha = 0{,}3$, $\alpha = 0{,}1$ *und* $\alpha = 0{,}6$ *berechnet worden* $(\hat{x}_0 = 19)$.

t	x_t	*Exponentiell geglättete Werte* $\alpha = 0{,}3$	$\alpha = 0{,}1$	$\alpha = 0{,}6$
1	20	$\hat{x}_1 = 0{,}3 \cdot 20 + 0{,}7 \cdot 19 = 19{,}3$	19,10	19,60
2	18	$\hat{x}_2 = 0{,}3 \cdot 18 + 0{,}7 \cdot 19{,}3 = 18{,}91$	18,99	18,64
3	21	$\hat{x}_3 = 0{,}3 \cdot 21 + 0{,}7 \cdot 18{,}91 = 19{,}54$	19,19	20,06
4	22	$\hat{x}_4 = 20{,}28$	19,47	21,22
5	19	$\hat{x}_5 = 19{,}89$	19,42	19,89
6	21	$\hat{x}_6 = 20{,}23$	19,58	20,56
7	18	$\hat{x}_7 = 19{,}56$	19,42	19,02
8	20	$\hat{x}_8 = 19{,}69$	19,48	19,61
9	21	$\hat{x}_9 = 20{,}08$	19,63	20,44
10	17	$\hat{x}_{10} = 19{,}16$	19,37	18,38

In F 5.5.4 *sind Zeitreihe und exponentiell geglättete Werte für die verschiedenen* α*-Werte dargestellt.*

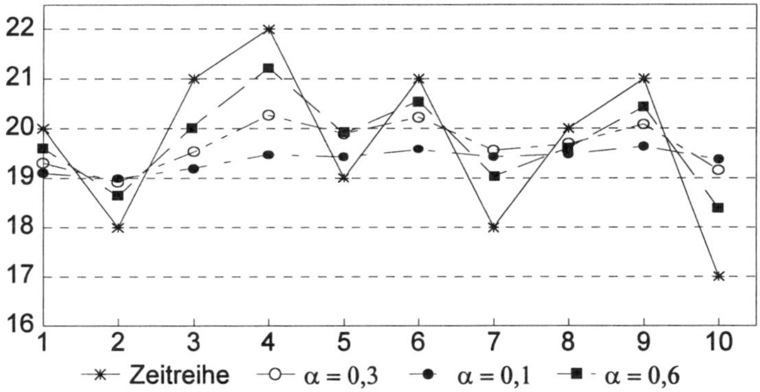

F 5.5.4 *Exponentielle Glättung*

Hinter der angegebenen Formel für die Berechnung einer **Prognose nach der exponentiellen Glättung** verbirgt sich ein gewogenes arithmetisches Mittel aus **allen** Vergangenheitswerten. Wird für den exponentiell geglätteten Wert der Periode t in die Bestimmungsgleichung

$$\hat{x}_{t-1} = \alpha\, x_{t-1} + (1-\alpha)\hat{x}_{t-2}$$

eingesetzt und entsprechend auch für $\hat{x}_{t-2}, \hat{x}_{t-3}, \ldots, \hat{x}_1$., dann ergibt sich

$$\begin{aligned} \hat{x}_t &= \alpha\, x_t + (1-\alpha)\hat{x}_{t-1} = \alpha\, x_t + (1-\alpha)(\alpha\, x_{t-1} + (1-\alpha)\hat{x}_{t-2}) \\ &= \alpha\, x_t + (1-\alpha)\alpha \cdot x_{t-1} + (1-\alpha)^2\hat{x}_{t-2} \\ &= \alpha\, x_t + (1-\alpha)\cdot\alpha\, x_{t-1} + (1-\alpha)^2(\alpha\, x_{t-2} + (1-\alpha)\hat{x}_{t-3}) \\ &= \alpha\, x_t + (1-\alpha)\cdot\alpha\, x_{t-1} + (1-\alpha)^2\alpha\, x_{t-2} + (1-\alpha)^3\hat{x}_{t-3} \end{aligned}$$

usw. Setzt man (theoretisch) unendlich oft ein, so ergibt sich schließlich

R 5.5.5

$$\hat{x}_t = \sum_{i=0}^{\infty}\alpha(1-\alpha)^i x_{t-i}\ .$$

Der exponentiell geglättete Wert $\hat{x}_t$ stellt also ein gewogenes arithmetisches Mittel **aller** Vergangenheitswerte x_t, x_{t-1}, x_{t-2},... dar. Die Größe der Gewichte $\alpha(1-\alpha)^i$ nimmt mit dem Exponenten i ab. Daher die Bezeichnung "exponentielle Glättung".

Durch Umformung ergibt sich aus R 5.5.1 und R 5.5.2:

$$x^*_{t+1} = \hat{x}_t = \alpha\, x_t + (1-\alpha)\hat{x}_{t-1} = \alpha\, x_t + (1-\alpha)x^*_t = \alpha\, x_t + x^*_t - \alpha\, x^*_t$$

und damit

R 5.5.6

$$x^*_{t+1} = x^*_t + \alpha\,(x_t - x^*_t)\ .$$

Diese Formel liefert folgende Interpretation einer Prognose mit exponentieller Glättung 1. Ordnung: **Der Prognosewert für t+1 ergibt sich aus dem Prognosewert für t korrigiert um einen Anteil α des Prognosefehlers $x_t - x^*_t$.**

Die praktische Bedeutung der exponentiellen Glättung ergibt sich daraus, daß für fortlaufende Prognosen jeweils nur der letzte Prognosewert gespeichert werden muß. Sobald der neueste Beobachtungswert bekannt ist, kann mit R 5.5.1 und R 5.5.2 die nächste Prognose erstellt werden. Vor allem für Bedarfsvorhersagen zur Beschaffungs- und Lagerplanung bei Lagern mit sehr vielen Lagerpositionen ist die geringe Anzahl der zu speichernden Vergangenheitswerte und der einfache Ansatz ein wichtiger Vorzug.

In einer modifizierten Form kann die exponentielle Glättung auch zur Bestimmung des Trends einer Zeitreihe benutzt werden, ähnlich wie bei gleitenden Durchschnitten. Bei exponentieller Glättung hat man den Vorteil, daß Trendwerte $\hat{x}_t$ bis zum Ende des Beobachtungszeitraums bestimmt werden können (siehe R 5.5.1). Dieser Aspekt wird jedoch nicht weiter erörtert.

c) Wahl des Glättungsfaktors

Der Glättungsfaktor α wird bei der Anwendung der exponentiellen Glättung vorgegeben. Aus der Formel für die exponentielle Glättung ergibt sich, daß der neueste Beobachtungswert um so stärker berücksichtigt wird, je größer α ist, und daß der letzte Prognosewert, in dem sich die ganze Vergangenheit der Zeitreihe niederschlägt, um so stärker berücksichtigt wird, je kleiner α ist. Ein kleines α hat zur Folge, daß die Zeitreihe, wenn man die exponentielle Glättung auf die Vergangenheitswerte anwendet, stärker geglättet wird als bei einem großen α. Bei einem großen α reagieren die exponentiell geglätteten Werte wesentlich stärker auf jede Abweichung der Reihenwerte vom Durchschnitt. In B 5.5.3 wird das bereits deutlich.
In F 5.5.7 sind zwei Zeitreihen dargestellt. Im linken Teil der Zeichnung enthält die Zeitreihe einen einmaligen Impuls und man sieht deutlich, daß bei einem kleinen α sich dieser Impuls zwar schwächer in der betreffenden Periode auswirkt, dafür aber auch wesentlich länger nachwirkt, als bei einem großen α. Im rechten Teil wird deutlich, daß bei einem größeren α eine schnellere Anpassung an Niveauverschiebungen eintritt als bei einem kleinen α.

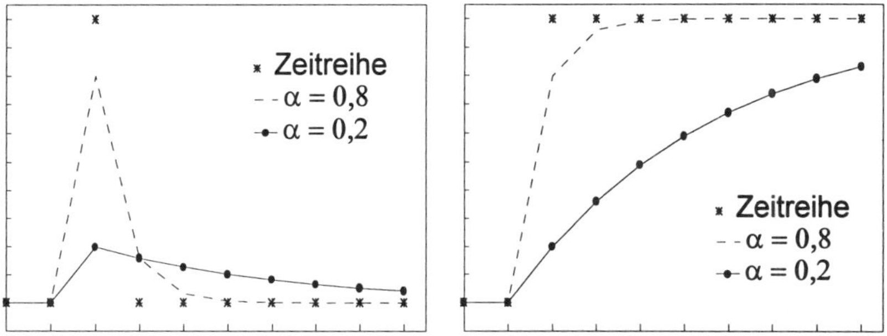

F 5.5.7 *Exponentielle Glättung mit unterschiedlichem* α

Die Auswirkungen des Wertes von α sind in der folgenden Übersicht zusammengestellt:

	großes α	kleines α
Berücksichtigung von Vergangenheitswerten	gering	stark
Berücksichtigung neuester Werte	stark	gering
Glättung der Zeitreihe	gering	stark
Anpassung an Niveauverschiebungen	schnell	langsam

Diese Kriterien können die Wahl eines Wertes für α erleichtern.

d) Exponentielle Glättung 2. Ordnung

Die Ausführungen im vorhergehenden Unterabschnitt zeigen, daß bei exponentieller Glättung auf einen Impuls, eine Niveauverschiebung oder eine Trendentwicklung immer erst mit einer zeitlichen Verzögerung reagiert wird. Das liegt daran, daß der jeweils neueste Wert der Zeitreihe erst in die Prognose für die nächste Periode eingeht und sich eine Niveauverschiebung oder dergleichen erst in der nächsten Periode niederschlagen kann. In solchen Fällen führt deshalb die exponentielle Glättung zu einer systematischen Verzerrung in den Prognosewerten. Das gleiche gilt auch für eine Zeitreihe, bei der periodische Schwankungen auftreten. Bei einem ansteigenden Trend erhält man durch die exponentiell geglätteten Werte eine systematische Unterschätzung bei den Prognosewerten. Das kann man sich verhältnismäßig leicht an einer Zeichnung wie in F 5.5.8 verdeutlichen. Links ist in F 5.5.8 gezeigt, daß bei linearem Trend die durch exponentielle Glättung bestimmten Prognosewerte sämtlich unter dem Trend liegen. Der rechte Teil von F 5.5.8 zeigt, daß diese systematische "Unterschätzung" eines linearen Trends selbst dann eintritt, wenn die Prognosewerte zunächst über den Beobachtungswerten liegen.

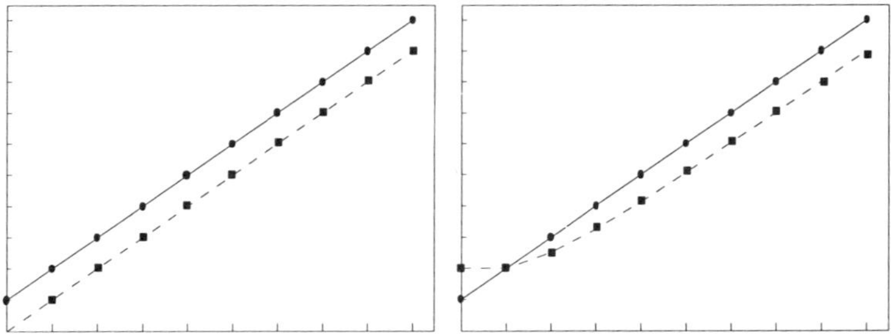

F 5.5.8 *Exponentielle Glättung bei linearem Trend*

Um die systematische Verzerrung bei einem linearen Trend aufzulösen, kann man **exponentielle Glättung 2. Ordnung** verwenden. Exponentiell geglättete Durchschnitte 2. Ordnung erhält man, indem man auf die exponentiell geglätteten Werte 1. Ordnung das Prinzip der exponentiellen Glättung nochmals anwendet.

R 5.5.9

Exponentielle Glättung 2. Ordnung
Gegeben seien Zeitreihenwerte x_t und die zugehörigen mit exponentieller Glättung 1. Ordnung bestimmten Werte $\hat{x}_t$. Die Werte der **exponentiellen Glättung 2. Ordnung** erhält man wie folgt:

$$\hat{\hat{x}}_t = \alpha\, \hat{x}_t + (1-\alpha)\hat{\hat{x}}_{t-1}.$$

Mit Hilfe der exponentiellen Glättung 2. Ordnung ist es möglich, Prognosen unter Berücksichtigung eines linearen Trends zu bestimmen. Dabei benutzt man die hier nicht im einzelnen nachgewiesene Tatsache, daß bei exakt linearem Verlauf der Zeitreihenwerte für t die Prognosen mit exponentieller Glättung 1. Ordnung von den Zeitreihenwerten denselben Abstand haben, wie die Werte der exponentiellen Glättung 2. Ordnung von den Werten der exponentiellen Glättung 1. Ordnung (siehe F 5.5.11).

R 5.5.10

Gegeben sei eine Zeitreihe mit einem linearen Trend. Eine **Prognose** für t+1 erhält man zum Zeitpunkt (bzw. in der Periode) t **mit Hilfe der exponentiellen Glättung 1. und 2. Ordnung** wie folgt:

$$x^*_{t+1} = 2\hat{x}_t - \hat{\hat{x}}_{t-1} = \hat{x}_t + (\hat{x}_t - \hat{\hat{x}}_{t-1}).$$

Diese Formel kann man sich leicht anhand einer Zeichnung veranschaulichen. In F 5.5.11 liegen die Zeitreihenwerte (Punkte) auf einer Geraden. Die Werte der exponentiellen Glättung 1. Ordnung (o) haben von den Beobachtungswerten denselben Abstand wie von den Werten der exponentiellen Glättung 2. Ordnung (+). Aus $\hat{x}_t + (\hat{x}_t - \hat{\hat{x}}_{t-1})$ erhält man dann einen Prognosewert, der auf derselben Geraden liegt, wie die beobachteten Zeitreihenwerte.

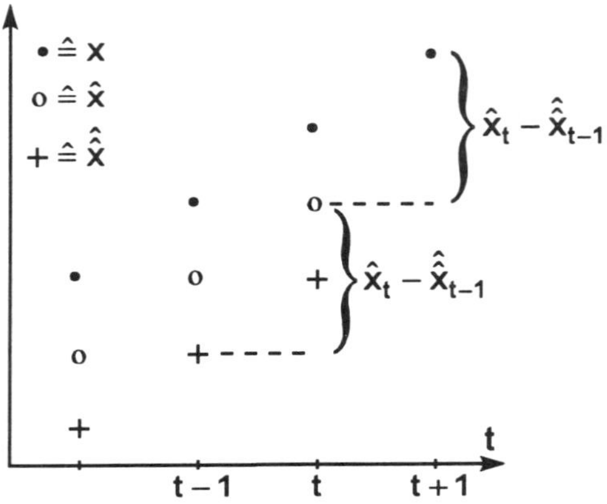

F 5.5.11 *Exponentielle Glättung und linearer Trend*

B 5.5.12 *Die folgende Tabelle enthält eine Zeitreihe, Werte exponentieller Glättung* 1. *und* 2. *Ordnung sowie Prognosen für* $\alpha = 0{,}3$.

Anfangswerte $\hat{x}_0 = 105, \; \hat{\hat{x}}_0 = 95$

t	x_t	$\hat{x}_t$	$\hat{\hat{x}}_t$	x^*_{t+1}
1	120	109,5	99,4	124,0
2	124	113,9	103,7	128,4
3	130	118,7	108,2	133,7
4	137	124,2	113,0	140,2
5	139	128,6	117,7	144,3
6	146	133,8	122,5	150,0
7	150	138,7	127,4	154,8
8	153	143,0	132,1	158,6
9	162	148,7	137,1	165,3
10	166	153,9	142,1	170,7

Hat eine Zeitreihe einen nichtlinearen Trend, dann kann man diesen bei der Berechnung von Prognosen durch exponentielle Glättung der Zeitreihe berücksichtigen, indem man exponentielle Glättung höherer Ordnung anwendet. Auf Einzelheiten dazu wird hier nicht eingegangen.

Es ist zu beachten, daß bei Anwendung der exponentiellen Glättung nicht nur der Wert des Gewichtungsfaktors α vorgegeben werden muß, sondern es ist auch ein Anfangswert für die Prognose vorzugeben. Auch darauf wird im Rahmen dieser Einführung nicht eingegangen.

Übungsaufgaben

Ü 5.1 Ein Kaufhaus hat an einem Samstag um 9.00 Uhr geöffnet und alle Kunden beim Betreten und beim Verlassen des Kaufhauses gezählt. Durch Fortschreibung kann so die Anzahl der zu einem bestimmten Zeitpunkt im Kaufhaus befindlichen Kunden ermittelt werden. Die ersten Bestandszahlen sind in der folgenden Tabelle bereits berechnet worden. Rechne die übrigen Bestandszahlen aus.

Zeitpunkt t_j ($t_0 = 9.00$)	Bestand am Anfang der Periode (t_{j-1}, t_j) B_{j-1}	Zugang z_j	Abgang a_j	Bestand am Ende der Periode (t_{j-1}, t_j) B_j
9.30	0	+250	–40	210
10.00	210	+400	–180	430
10.30	430	+350	–300	480
11.00	480	+270	–270	
11.30		+150	–290	
12.00		+190	–260	
12.30		+80	–170	
13.00		+70	–250	

Ü 5.2 Die Studentin Paula verkauft in ihrer Freizeit Halsbänder für Regenwürmer. Während eines Monats ermittelt sie folgende Lagerbewegungen (Zugänge = Lieferung; Abgänge = Verkauf). Der Bestand am Anfang des Monats beträgt 3 Stück.

Tag	2	3	4	7	9	10	14	15	16	22	23	24	25	28	30	31
Zugang (Stück)	5	0	0	10	0	0	20	0	0	10	0	0	0	10	0	0
Abgang (Stück)	2	1	1	2	1	5	5	4	8	5	5	5	4	4	1	1

Berechne den Durchschnittsbestand.

Ü 5.3 Die folgende Tabelle enthält Aufschreibungen über die Besucherbewegungen eines Schwimmbades. Für Zeitintervalle von jeweils 1 Stunde sind die Zugänge und Abgänge erfaßt worden. Für die Zeit bis 12.00 Uhr wurden aus den Zugängen und den Abgängen die Zugangs- und die Abgangssumme bestimmt. Als Differenz der beiden wurde der Bestand ermittelt (es ist $B_0 = 0$).

a) Ermittle für die restlichen Zeitpunkte die Zugangs- und Abgangssumme.

b) Ermittle den Bestand zu den übrigen Zeitpunkten als Differenz aus Zugangs- und Abgangssumme.

t_j	Zugänge z_j	Zugangs-summe Z_j	Abgänge a_j	Abgangs-summe A_j	Bestand B_j
6.00					
7.00	50	50	10	10	40
8.00	120	170	120	130	40
9.00	80	250	80	210	40
10.00	200	450	60	270	180
11.00	140	590	30	300	290
12.00	70	660	160	460	200
13.00	40		190		
14.00	160		20		
15.00	400		110		
16.00	320		170		
17.00	250		280		
18.00	60		410		
19.00	0		250		

Ü 5.3 Die Studentin Paula verkauft in ihrer Freizeit Halsbänder für Regenwürmer. Während eines Monats ermittelt sie folgende Lagerbewegungen (Zugänge = Lieferung; Abgänge = Verkauf). Der Bestand am Anfang des Monats beträgt 3 Stück.

Tag	2	3	4	7	9	10	14	15	16	22	23	24	25	28	30	31
Zugang (Stück)	5	0	0	10	0	0	20	0	0	10	0	0	0	10	0	0
Abgang (Stück)	2	1	1	2	1	5	5	4	8	5	5	5	4	4	1	1

Berechne den Durchschnittsbestand.

Ü 5.4 Ein Spirituosenhändler führt u.a. zwei Whisky-Sorten: "Blue Willie" (*W*) und "High Frank-Josie" (*F*). Sein Bruttogewinn (Verkaufspreis abzüglich Einstandspreis und Handlungskosten ohne Lagerkosten) beträgt bei "Blue Willie" 1,70 DM/Flasche und bei "High Frank-Josie" 1,20 DM/Flasche. Er möchte in Zukunft nur noch eine Sorte am Lager halten und weiß nicht, welche Sorte er wählen soll. Folgende Lagerbewegungen haben während der letzten 10 Wochen stattgefunden, wobei davon auszugehen ist, daß die Bewegungen jeweils am Ende einer Woche stattgefunden haben.

"Blue-Willie" (Anfangsbestand 150 Flaschen)

Woche	1	2	3	4	5	6	7	8	9	10
Zugang	150	–	–	–	–	–	–	–	–	–
Abgang	100	10	20	10	30	20	10	10	20	10

"High Frank-Josie" (Anfangsbestand 30 Flaschen)

Woche	1	2	3	4	5	6	7	8	9	10
Zugang	80	200	–	–	300	–	–	100	100	–
Abgang	100	60	70	80	120	50	60	20	110	60

a) Die Lagerung einer Flasche Whisky kostet pro Woche 0,03 DM (Kosten für Kapitalbindung, Lagerverwaltung usw.). Wie hoch sind die durchschnittlichen Lagerkosten pro Woche?
b) Bestimme die mittlere Verweildauer und die Umschlagshäufigkeit.
c) Für die Entscheidung des Großhändlers ist außer dem durchschnittlichen Lagerbestand, der für die Lagerkosten bestimmend ist, vor allem die Umschlagshäufigkeit maßgebend. Wie geht diese in die Entscheidung ein? Es kann davon ausgegangen werden, daß 1 Flasche Whisky bei beiden Sorten zu gleichen Kosten (Einkaufspreis + Handlungskosten) führt.

Ü 5.5 Berechne für die folgende Zeitreihe gleitende Durchschnitte 3. Ordnung.

t	1	2	3	4	5	6	7	8	9	10	11	12
x_t	5	7	3	8	10	6	11	13	9	14	16	12

Ü 5.6 Berechne für die folgende Zeitreihe gleitende Durchschnitte 4. Ordnung.

t	1	2	3	4	5	6	7	8	9	10	11	12
x_t	3	4	6	1	7	8	10	5	11	12	14	9

Ü 5.7 Der Umsatz eines Unternehmens entwickelte sich in den Jahren 1988 bis 1994 wie folgt:

Jahr	1988	1989	1990	1991	1992	1993	1994
Umsatz in Mill. DM	8	13	15	17	18	20	21

Berechne eine lineare Trendfunktion $\hat{x} = a + bt$. Setze für 1988 $t = 0$.

Ü 5.8 In einer Gemeinde wurde die folgende zeitliche Entwicklung des Stromverbrauchs ermittelt:

Jahr	1986	1987	1988	1989	1990	1991	1992	1993	1994
Stromverbrauch in Mill. kWh	8	8,9	9,6	10,6	11,7	13,0	14,2	15,6	17,1

Berechne einen Exponentialtrend für die zeitliche Entwicklung des Stromverbrauchs. Setze für 1986 $t = 1$. Rechne mit zweistelligen Logarithmen.

Ü 5.9 Ein Unternehmen, das Wintersportgeräte herstellt, erzielt in den Jahren 1991 bis 1993 folgende Umsätze (in Mio. DM):

1991		1992		1993	
1. Tertial	5	1. Tertial	8	1. Tertial	11
2. Tertial	5	2. Tertial	8	2. Tertial	11
3. Tertial	11	3. Tertial	14	3. Tertial	17

Bestimme Trendwerte mit Hilfe gleitender Durchschnitte 3. Ordnung und die additiven Schwankungskomponenten.

Ü 5.10 Gegeben sind folgende Werte einer Zeitreihe. Bestimme exponentiell geglättete Werte für $\alpha = 0{,}1$ und $\alpha = 0{,}5$ und den Anfangswert $\hat{x}_0 = 12$.
$x_1 = 10; x_2 = 14; x_3 = 16; x_4 = 4; x_5 = 10; x_6 = 14.$

6 Maß- und Indexzahlen

6.1 Aufgabe von Maßzahlen

In Kapitel 3 wurden Lageparameter (Mittelwerte) und Streuungsparameter für Häufigkeitsverteilungen bestimmt. Es handelt sich hierbei um Maßzahlen von Verteilungen eines Merkmals. In Kapitel 4 wurden verschiedene Maßzahlen zur Charakterisierung der Ausgeprägtheit eines statistischen Zusammenhangs zwischen Merkmalen eingeführt. Allgemein gilt:

D 6.1.1

Eine **Maßzahl** ist eine Größe zur quantitativen Charakterisierung eines Sachverhalts, wobei gleichen Sachverhalten auch gleiche Werte der Maßzahl entsprechen sollen.

Gegen den Grundsatz, daß gleichen Sachverhalten, die durch eine Maßzahl charakterisiert werden sollen, auch gleiche Werte dieser Maßzahl zugeordnet werden müssen, wird häufig verstoßen, und zwar auch außerhalb der eigentlichen Statistik. Ein bekanntes Beispiel dafür ist die oft fragwürdige Leistungsmessung beim Eiskunstlauf durch die Punktrichter.
Das nachfolgende Beispiel enthält einige Problemstellungen, die die Notwendigkeit zur Definition und Bestimmung statistischer Maßzahlen verdeutlichen sollen.

B 6.1.2 *a) Es soll geprüft werden, ob sich die Brotpreise in Frankreich und in Deutschland in den letzten* 10 *Jahren gleich entwickelt haben oder nicht. Eine unmittelbare Gegenüberstellung der Preise wird hier kein brauchbares Ergebnis liefern, da die Preise in unterschiedlichen Währungen angegeben sind und sich in dem betrachteten Zeitraum die Währungsparitäten geändert haben. Eine Gegenüberstellung ist erst möglich, wenn die Preise durch Berechnung geeigneter Maßzahlen vergleichbar gemacht worden sind. Dies geschieht durch Bestimmung von Preismeßzahlen, auf die weiter unten noch eingegangen wird.*

b) Es soll der wirtschaftliche Erfolg von zwei Unternehmungen verglichen werden. Ein solcher Vergleich kann nur dann vorgenommen werden, wenn es für den Erfolg eine Maßzahl gibt, die eine Gegenüberstellung gestattet.

Der Gewinn als absolute Größe ist dazu z. B. ungeeignet, da größere Betriebe meistens einen größeren Gewinn als kleinere Betriebe erwirtschaften. Geeignet könnte für ein derartiges Problem z. B. die Maßzahl "Rentabilität" sein, bei der man den erwirtschafteten Gewinn auf das eingesetzte Kapital bezieht. Dadurch lassen sich dann auch Betriebe unterschiedlicher Größe miteinander vergleichen.

c) Für Tarifverhandlungen zwischen Arbeitnehmern und Arbeitgebern spielt in allen Diskussionen die Kaufkraft des Geldes eine wichtige Rolle. Die Kaufkraft des Geldes nimmt ab, wenn die Preise der Güter steigen. Um zu einfachen und verwendungsfähigen Aussagen über die Preisentwicklung der einzelnen von den Arbeitnehmern verbrauchten Güter zu kommen, ist es erforderlich, eine Maßzahl zu berechnen, in die alle Preise der konsumierten Güter eingehen. Das Ergebnis ist der sogenannte "Preisindex für die Lebenshaltungskosten", der in Abschnitt 6.3 *behandelt wird.*

Bevor auf Maßzahlen im einzelnen eingegangen wird, sei ausdrücklich darauf hingewiesen, daß die Bestimmung von Maßzahlen in keinem Fall Selbstzweck sein kann, sondern immer im Hinblick auf das zu behandelnde Problem gesehen werden muß. In vielen Fällen ergibt sich die Definition einer Maßzahl erst aus der zu beantwortenden Fragestellung. Um Mißverständnisse zu vermeiden, sollte man, sofern nicht völlige Klarheit über die Definition und die Berechnungsweise einer Maßzahl besteht, immer angeben, auf welcher Grundlage und in welcher Form eine Maßzahl berechnet worden ist.

6.2 Verhältniszahlen

Werden zwei (absolute oder relative) Maßzahlen in Form eines Quotienten zueinander in Beziehung gesetzt, so erhält man eine **Verhältniszahl**. Grundregel für jede Bestimmung von Verhältniszahlen ist, daß man nur aus solchen Zahlen einen Quotienten bilden soll, die auch wirklich in eine sinnvolle Beziehung zueinander gebracht werden können. Man unterscheidet verschiedene Arten von Verhältniszahlen, die in den folgenden Unterabschnitten beschrieben sind.

a) Gliederungszahlen (relative Häufigkeiten)

Eine Gliederungszahl erhält man, wenn man die Anzahl der Elemente bzw. Häufigkeit einer Teilmasse zur Anzahl der Elemente bzw. Häufigkeit einer übergeordneten Gesamtmasse in Beziehung setzt.

D 6.2.1

Die **relative Häufigkeit** $f(x_j)$ einer Merkmalsausprägung bzw. einer Merkmalsklasse **heißt auch Gliederungszahl**.

B 6.2.2 *a) Von* 1.639.937 *Studenten an wissenschaftlichen Hochschulen und Kunsthochschulen im früheren Bundesgebiet im Wintersemester* 1992/93 *studierten* 226.840 *Wirtschaftswissenschaften. Als Gliederungszahl für die Studenten der Wirtschaftswissenschaften erhält man daraus:*

$$\frac{226840}{1639937} = 0{,}13832 \text{ oder } 13{,}832\ \%.$$

b) Bei der Produktion eines Gutes treten in gewissem Umfang fehlerhafte Stücke auf. Der Anteil der fehlerhaften Stücke an der Gesamtproduktion ist eine Gliederungszahl und wird meistens als ***Ausschußquote*** *bezeichnet.*

Jede Bestimmung von Gliederungszahlen entspricht der Berechnung von relativen Häufigkeiten. Darauf ist bereits in den Kapiteln 2 und 3 ausführlich eingegangen worden, so daß hier auf eine weitere Erörterung verzichtet werden kann.

b) Beziehungszahlen

Bei Beziehungszahlen werden verschiedenartige statistische Gesamt- oder Teilmassen zueinander in Beziehung gesetzt.

D 6.2.3

Der Quotient zweier verschiedenartiger, sachlich sinnvoll zusammenhängender Größen heißt **Beziehungszahl**. Jede Beziehungszahl kann als arithmetisches Mittel einer Häufigkeitsverteilung interpretiert werden.

Beziehungszahlen dienen im allgemeinen der "vereinfachten" Berechnung eines arithmetischen Mittels ohne Kenntnis der Häufigkeitsverteilung des betreffenden Merkmals. Es gilt:

R 6.2.4

$$\text{Beziehungszahl } \bar{x} = \frac{\sum x_i}{n} = \frac{\text{Summe der Merkmalswerte}}{\text{Anzahl der statistischen Einheiten}}$$

B 6.2.5 *Die folgenden Beziehungszahlen verdeutlichen, daß es sich um arithmetische Mittelwerte handelt:*

$$a)\ \textit{Bevölkerungsdichte} = \frac{\textit{Anzahl der Einwohner einer Region}}{\textit{Fläche der Region (in } km^2)}.$$

Die Bevölkerungsdichte (einer Region) gibt an, wieviel Einwohner durchschnittlich auf 1 km^2 *Fläche wohnen. Die Untersuchung der Häufigkeitsverteilung des Merkmals "Einwohnerzahl je* 1 km^2 *Fläche" wäre sehr aufwendig, da man die Region in Flächenstücke von je* 1 km^2 *aufteilen* *müßte (= statistische Einheiten). An jeder Einheit (Flächenstück) müßte dann das Merkmal "Einwohnerzahl (je 1 km^2 Fläche)" erfaßt werden.*

$$b)\ \text{Geburtenziffer} = \frac{\text{Anzahl der Lebendgeborenen einer Periode}}{\text{mittlere Gesamtbevölkerung in einer Periode}}.$$

Die Geburtenziffer (einer Periode) soll für eine Region angeben, wieviel Geburten durchschnittlich auf einen Einwohner in der betrachteten Periode entfallen. Sie entspricht dem arithmetischen Mittel der Häufigkeitsverteilung des Merkmals "Anzahl der Lebendgeburten in einer Periode", das an den statistischen Einheiten "Einwohner" erfaßt wird. Da sich die Geburtenzahl auf eine Periode bezieht, die Bevölkerung in einer Periode aber Veränderungen unterliegen kann, verwendet man zur Bestimmung der Geburtenziffer eine mittlere Gesamtbevölkerung.

Das folgende Beispiel weist auf einige typische Probleme bei der Bestimmung und Verwendung von Beziehungszahlen hin.

B 6.2.6 $a)\ \text{Rentabilität} = \frac{\text{Gewinn einer Periode}}{\text{eingesetztes Kapital}}$

(durchschnittlicher Gewinn je DM eingesetztes Kapital).
Die Berechnung der Rentabilität wird dadurch schwierig, daß "Gewinn" genau definiert werden muß (Brutto- oder Nettogewinn, Gewinn vor oder nach Abzug der Steuern usw.) und auf welches Kapital der Gewinn bezogen werden soll (nur Eigenkapital, Eigenkapital + Fremdkapital usw.). Die Beziehungszahl "Rentabilität" kann also unterschiedlich definiert werden, und man sollte, z. B. für Vergleichszwecke, bei Verwendung dieser Beziehungszahl immer genau angeben, wie sie berechnet wurde.

$$b)\ \text{Produktivität} = \frac{\text{produzierte Menge}}{\text{geleistete Arbeitsstunden}}$$

(durchschnittliche Produktionsmenge je Arbeitsstunde).
Statt der produzierten Menge ist es auch möglich, produzierte Werte einzusetzen. Als Bezugsgröße kann man anstelle der geleisteten Arbeitsstunden auch die Anzahl der Arbeitstage oder die Anzahl der beschäftigten Arbeitskräfte einsetzen.

$$c)\ \text{Bierverbrauch pro Kopf der Bevölkerung} = \frac{\text{Bierverbrauch}}{\text{Bevölkerungzahl}}$$

(durchschnittlicher Bierverbrauch je Einwohner).
Beim "Bierverbrauch pro Kopf der Bevölkerung" ist problematisch, daß in die Berechnung dieser Beziehungszahl üblicherweise alle Einwohner eines Landes oder einer Region eingehen, also auch Kinder (einschl. Säuglinge) und Antialkoholiker. Die Zahl kann also nur einen groben Eindruck der Trinkfreudigkeit geben und wird z. B. durch unterschiedliche Altersstrukturen verzerrt.

c) Meßzahlen

Meßzahlen geben Auskunft darüber, wie sich zwei gleichartige, räumlich oder zeitlich verschiedene Größen zueinander verhalten. Meistens geht es dabei um Zeitreihenwerte. Meßzahlen werden vor allem dann verwendet, wenn statistische Reihen mit Merkmalswerten auf unterschiedlichem Niveau (z. B. Brötchenpreise und Autopreise) verglichen werden sollen.

D 6.2.7

Gegeben sei eine Reihe von Werten x_t $(t = 0,...,T)$ eines Merkmals.

$$M_0^t = \frac{x_t}{x_0} \quad (\text{bzw.} \ = \frac{x_t}{x_0} \cdot 100(\%)) \quad t = 0, \ldots, T$$

heißt **Meßzahl** für t zur Basis 0.

Sind die x_t Zeitreihenwerte, so heißt M_0^t **Meßzahl für die Periode *t* zur Basis 0**. Ist x_0 der Zeitreihenwert aus einer Periode 0, so heißt diese auch **Basisperiode**. *t* heißt **Berichtsperiode**.

In den meisten Fällen werden Meßzahlen**reihen** bestimmt, manchmal aber auch nur einzelne Meßzahlen.

B 6.2.8 *Während eines Zeitraums von* 12 *Monaten haben sich die in der folgenden Tabelle angegebenen Umsatzzahlen für zwei Zeitschriften ergeben. Um festzustellen, ob für beide Zeitschriften die gleichen saisonalen Schwankungen bestehen, wurden in beiden Fällen Meßzahlen in bezug auf den Umsatz im Januar berechnet:*

Monat	*absolute Absatzzahlen* (*in* 1000)		*Meßzahlen* (*Januar* ≙ 100)	
	Zeitschrift A	*Zeitschrift B*	*Zeitschrift A*	*Zeitschrift B*
1	500	1200	100	100
2	620	1320	124	110
3	650	1440	130	120
4	730	1500	146	125
5	680	1560	136	130
6	670	1620	134	135
7	600	1500	120	125
8	480	1380	96	115
9	600	1320	120	110
10	620	1440	124	120
11	630	1560	126	130
12	450	1080	90	90

Als Basis zur Bestimmung der Meßzahlen hätte man in diesem Beispiel auch den durchschnittlichen Monatsabsatz nehmen können.

Ein besonderes Problem bei der Bestimmung von Meßzahlen liegt in der **Festlegung einer Basis**. Je nach Wahl der Basis können unterschiedliche Ergebnisse entstehen, die besonders dann zu falschen Eindrücken führen, wenn man sie grafisch darstellt. Das folgende Beispiel verdeutlicht dieses Problem.

B 6.2.9 *In den Jahren* 1990, 1991 *und* 1992 *wurden von zwei Zeitschriften A und B die folgenden Stückzahlen verkauft (in* 1000*):*

	1990	1991	1992
A	1000	1200	1400
B	200	400	600

Für die verschiedenen Basisjahre ergeben sich folgende Meßzahlenreihen:

		1990	1991	1992
1990 ≙ 100	*A*	100	120	140
	B	100	200	300
1991 ≙ 100	*A*	83	100	117
	B	50	100	150
1992 ≙ 100	*A*	71	86	100
	B	33	67	100

Die Unterschiede treten noch ausgeprägter hervor, wenn man die Ursprungswerte und die Meßzahlenreihen grafisch darstellt (siehe F 6.2.10*).*

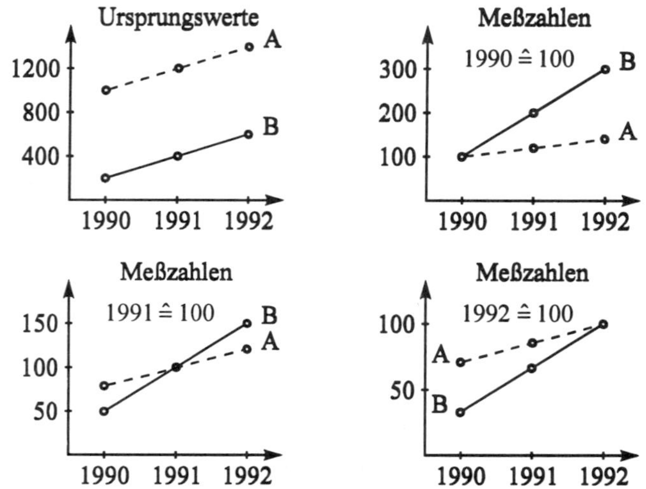

F 6.2.10 *Meßzahlenreihen mit unterschiedlicher Basis*

d) Umbasierung und Verkettung von Meßzahlen

Meßzahlen sind im allgemeinen Quotienten aus Zeitreihenwerten eines Merkmals. Alle Werte werden auf den Wert einer Basisperiode ($t = 0$) bezogen. Die Meßzahl für die Basisperiode wird dabei gleich 1 oder 100% gesetzt. Um eine gegebene Reihe von Meßzahlen auf eine andere Basisperiode ($t = v$) zu beziehen, müssen alle Meßzahlen in der folgenden Weise umgerechnet werden:

$$M_v^t = \frac{x_t}{x_v} = \frac{\frac{x_t}{x_0}}{\frac{x_v}{x_0}} = \frac{M_0^t}{M_0^v} .$$

Werden anstelle von Dezimalbrüchen Prozentzahlen verwendet, so ist noch mit 100 zu multiplizieren.

R 6.2.11

Gegeben sei eine Reihe von Meßzahlen M_0^t, $t = 0,\dots,T$, zur Basis 0. Aus diesen lassen sich Meßzahlen zur Basis v $(0 < v \leq T)$ wie folgt bestimmen:

$$M_v^t = \frac{M_0^t}{M_0^v} \quad \left(\text{bzw. } M_v^t = \frac{M_0^t}{M_0^v} \cdot 100[\%]\right)$$

Diese Umrechnung von Meßzahlen heißt **Umbasierung**.

B 6.2.12 *Die folgende Tabelle enthält für* 1985 *bis* 1994 *die Umsätze eines Unternehmens (in Mill. DM) und Meßzahlen zur Basis* 1985*:*

1985	1986	1987	1988	1989	1990	1991	1992	1993	1994
50	56	60	62	72	80	84	88	90	96
100	112	120	124	144	160	168	176	180	192

Um aus den Meßzahlen zur Basis 1985 *solche zur Basis* 1990 *zu berechnen, sind alle Meßzahlen durch die Meßzahl von* 1990 *zur Basis* 1985 M_{1985}^{1990} *zu teilen und mit* 100 *zu multiplizieren. Man erhält folgende Werte in Prozent:*

$$\frac{100}{160} \cdot 100 = 62{,}5; \quad \frac{112}{160} \cdot 100 = 70; \; 75; \; 77{,}5; \; 90; \; 100; \; 105; \; 110; \; 112{,}5; \; 120.$$

Liegen für dieselbe Größe zwei Meßzahlenreihen vor, die für **unterschiedliche Zeiträume** bestimmt wurden und deren Werte sich auf **unterschiedliche Basisperioden** beziehen, dann kann man diese beiden Meßzahlenreihen dadurch verknüpfen, daß man alle Meßzahlen auf ein gemeinsames Basisjahr bezieht.

R 6.2.13

Gegeben seien zwei Meßzahlenreihen M_0^0, M_0^1, $M_0^2,\ldots, M_0^T$ und M_T^T, M_T^{T+1}, $M_T^{T+2},\ldots, M_T^{T+T^*}$ eines Merkmals für verschiedene Zeiträume ($t = 0,\ldots,T$ und $t = T,\ldots,T+T^*$) und mit verschiedenen Basisperioden ($t = 0$ und $t = T$). Durch **Verkettung** der beiden Meßzahlenreihen erhält man eine durchgehende Meßzahlenreihe zur Basis 0 wie folgt:

$$M_0^{T+t} = M_T^{T+t} \cdot M_0^T \quad (\text{bzw. } M_0^{T+t} = (M_T^{T+t} \cdot M_0^T):100[\%])$$

für $t = 0,\ldots,T^*$

Die **Verkettung entspricht einer Umbasierung der zweiten Meßzahlenreihe** auf die Basis der ersten Reihe. Das ergibt sich aus folgender Überlegung: Es ist $M_0^0 = M_t^t = 1$ für alle t. Aus R 6.2.11 folgt damit

$$M_t^0 = \frac{M_0^0}{M_0^t} = \frac{1}{M_0^t} \text{ bzw. } M_0^t = \frac{1}{M_t^0}.$$

Allgemein gilt:

R 6.2.14

$$M_t^\nu = \frac{1}{M_\nu^t} \quad \textit{für } t,\nu = 1,\ldots,T .$$

Wendet man diese Beziehung auf R 6.2.13 an, so ergibt sich

$$M_0^{T+t} = M_T^{T+t} \cdot M_0^T = M_T^{T+t} \cdot \frac{1}{M_T^0} = \frac{M_T^{T+t}}{M_T^0}.$$

Es gilt somit:

R 6.2.15

Die **Verkettung** zweier Meßzahlenreihen mit den Basisperioden $t = 0$ und $t = T$ zu **einer** Reihe mit der Basisperiode $t = 0$ (bzw. $t = T$) geschieht durch Umbasierung der Reihe zur Basis T (bzw. 0) auf die Basis 0 (bzw. T).

B 6.2.16

Jahr	1	2	3	4	5	6	7	8	9	10
Meßzahlenreihe A	100	110	112	125	130	135				
Meßzahlenreihe B						100	110	116	140	142
Verkettete Reihe	100	110	112	125	130	135	148,5	156,6	189	191,7

e) Standardisierung von Verhältniszahlen

Verhältniszahlen werden vor allem für Vergleichszwecke verwendet. Sinnvolle Vergleiche können aber nur für solche statistischen Massen angestellt werden, die in ihrer Struktur wenigstens annähernd übereinstimmen. Das folgende einfache Beispiel veranschaulicht dieses Problem.

B 6.2.17 *Bei zwei Klausuren betrug die Durchfallquote 20% bzw. 50%. Daraus kann nicht unbedingt der Schluß gezogen werden, daß die zweite Klausur schwieriger ist. Es kann sein, daß an der zweiten Klausur vor allem diejenigen teilgenommen haben, die bei der ersten Klausur durchgefallen sind. Bei der so vorhandenen "negativen Auslese" ist ein schlechteres Ergebnis vermutlich nicht auf eine schwierigere Klausur, sondern auf die geringeren Fähigkeiten der Teilnehmer zurückzuführen.*

Das Beispiel zeigt ein Problem beim Vergleich verschiedenartiger Massen durch Verhältniszahlen. Man muß in einem solchen Fall die statistischen Massen durch Umformung vergleichbar machen, indem man versucht, eine "Normalstruktur" zu bestimmen, um für diese dann vergleichbare Verhältniszahlen zu berechnen.

D 6.2.18

> Die Umrechnung von Verhältniszahlen statistischer Massen mit unterschiedlicher Struktur auf eine einheitliche Struktur für Vergleichszwecke nennt man **Standardisierung**.

Im wesentlichen geht es bei der Standardisierung darum, daß man Verhältniszahlen für Teilmassen bildet und aus diesen Verhältniszahlen dann einen gewogenen Durchschnitt bestimmt. Dazu teilt man die betrachtete inhomogene statistische Masse in k Teilmassen ein, die in sich möglichst homogen sind. Für jede Teilmasse errechnet man eine gesonderte Verhältniszahl und bestimmt daraus das gewogene arithmetische Mittel mit den Häufigkeiten der Teilmassen als Gewichte. Die Gewichte ergeben sich dabei üblicherweise aus einer Struktur, die man als typisch für das Problem ansehen kann und die man als Normalstruktur bezeichnet. Die **Normalstruktur** ist eine fest vorgegebene Aufteilung der Gesamtmasse in Teilmassen, deren relative Häufigkeiten festgelegt werden. Um die durch Verhältniszahlen charakterisierten Eigenschaften zweier statistischer Massen zu vergleichen, wird für beide, unabhängig von den tatsächlichen Gegebenheiten, die Normalstruktur zugrundegelegt, um dadurch strukturbedingte Unterschiede auszuschalten.

R 6.2.19 Gegeben sei eine statistische Masse vom Umfang *n*, die in *k* möglichst homogene Teilmassen aufgeteilt ist, und es sei V_i die Verhältniszahl der *i*-ten Teilmasse. Es sei n_i der Umfang ($\sum_{i=1}^{k} n_i = n$) bzw. $\frac{n_i}{n} = w_i$ der Anteil ($\sum_{i=1}^{k} w_i = 1$) der *i*-ten Teilmasse in der **Normalstruktur** der Masse. Die auf die Normalstruktur bezogene **standardisierte Verhältniszahl** *V* ergibt sich zu

$$V = \frac{\sum_{i=1}^{k} n_i V_i}{n} = \sum_{i=1}^{k} V_i \frac{n_i}{n} = \sum_{i=1}^{k} V_i w_i .$$

Das folgende Beispiel zeigt, wie man bei der Standardisierung vorgeht.

B 6.2.20 *Es wird an* B 6.2.17 *angeknüpft. Aus den Klausurergebnissen kann nicht sofort geschlossen werden, daß die zweite Klausur schwieriger sei, wenn man weiß, daß Wiederholer erfahrungsgemäß eine höhere Durchfallquote haben. Bei unterschiedlicher Teilnehmerstruktur erhält man dann unter sonst gleichen Bedingungen verschiedene Durchfallquoten. Um Unterschiede in der Durchfallquote, die durch Abweichungen in der Teilnehmerstruktur hervorgerufen werden, auszuschalten, berechnet man eine bereinigte Durchfallquote, wobei als "normale Teilnehmerstruktur" einer Klausur* 85% *Erstteilnehmer und* 15% *Wiederholer zugrunde gelegt werden. Dazu wird von folgenden Zahlen ausgegangen:*

	Teilnehmer gesamt	*Erstteilnehmer*	*davon durchgefallen*	*Wiederholer*	*davon durchgefallen*
Klausur A	400	350	40 *bzw.* 11,4%	50	40 *bzw.* 80,0%
Klausur B	50	20	2 *bzw.* 10,0%	30	23 *bzw.* 76,7%

Für die beiden Klausuren ergeben sich dann die folgenden standardisierten Verhältniszahlen:

$$V_A = 11{,}4 \cdot 0{,}85 + 80 \cdot 0{,}15 = 21{,}7\% ;$$

$$V_B = 10 \cdot 0{,}85 + 76{,}7 \cdot 0{,}15 = 20\% .$$

Die durch Standardisierung bereinigten Durchfallquoten zeigen, daß beide Klausuren etwa gleich ausgefallen sind.

6.3 Grundbegriffe der Indexlehre

a) Aufgabenstellung der Indexlehre

Durch Meßzahlen wird immer nur die Entwicklung eines einzelnen Preises bzw. einer einzelnen Größe beschrieben. Für viele Fragestellungen, z. B. im Bereich der Wirtschaftspolitik oder bei Tarifverhandlungen, benötigt man Maßzahlen oder Kennziffern, die die "durchschnittliche" Preisentwicklung mehrerer Güter durch eine einzige Zahl ausdrücken. In eine solche Kenngröße müssen die Preise aller betroffenen Güter eingehen. Die Preise unwichtiger Güter wird man dabei schwächer berücksichtigen als die Preise von Gütern, denen eine besondere Bedeutung zukommt. Eine Maßzahl, durch die mehrere Wertgrößen (Preise) oder Mengengrößen eines Zeitraums oder einer Region zu den entsprechenden Wert- oder Mengengrößen eines Basiszeitraums oder einer Bezugsregion in einer einzigen Kennzahl in Beziehung gesetzt werden, heißt **Index** oder **Indexzahl**. Indexzahlen spielen in sehr vielen Bereichen der angewandten Statistik eine Rolle.
Der "Preisindex für die Lebenshaltungskosten" kann zur Beurteilung der Preisentwicklung bei Gütern des täglichen Bedarfs herangezogen werden. Zur Beurteilung der industriellen Tätigkeit werden im Statistischen Jahrbuch für die Bundesrepublik Deutschland die folgenden Mengenindizes ausgewiesen: "Index der industriellen Nettoproduktion", "Index der industriellen Bruttoproduktion für Investitions- und Verbrauchsgüter", "Index der Arbeitsproduktivität", "Index des Auftragseingangs in ausgewählten Industriezweigen", "Index des Auftragsbestands in ausgewählten Industriezweigen".
In den genannten und vielen anderen Fällen der Indexberechnung geht es darum, die zeitliche Entwicklung verschiedener Größen in einer einzigen Kennzahl auszudrücken. Im Rahmen dieser Einführung kann nur darauf eingegangen werden, wie, d. h. mit welchen Formeln, man eine solche Indexzahl berechnen kann. Spezielle Fragen der praktischen Indexrechnung werden nicht diskutiert. Zu diesen Fragen gehört z. B. das Problem, welche Preise und welche Mengen in die Berechnung eines Index eingehen sollen.

b) Grundgedanken der Indexberechnung

Die wesentlichen Gedanken einer Indexberechnung und einige grundsätzliche Probleme dabei sollen zunächst an einem sehr einfachen Beispiel erläutert werden.

B 6.3.1 *Die zeitliche Entwicklung der Preise für leichtes Heizöl kann durch eine Meßzahlenreihe beschrieben werden. Will man dagegen die Preisentwicklung aller Mineralölprodukte durch eine einzige Kenngröße charakterisieren, so ist eine Indexzahl zu bestimmen.*

Der Student Paul, der eine Frau, eine Wohnung und ein Auto hat, hat im April 1993 und im April 1994 notiert, wieviel Benzin, Heizöl und Nähmaschinenöl in seinem Haushalt verbraucht wurde und welche Preise er dafür entrichten mußte:

	Benzin		*Heizöl*		*Nähmaschinenöl*	
	Menge	*Preis*	*Menge*	*Preis*	*Menge*	*Preis*
April 93	120 *l*	0,98 *DM/l*	300 *l*	0,49 *DM/l*	0,05 *l*	8,50 *DM/l*
April 94	130 *l*	1,15 *DM/l*	320 *l*	0,59 *DM/l*	0,05 *l*	12,75 *DM/l*

Paul hatte zunächst die Idee, für die beiden Vergleichsmonate jeweils das arithmetische Mittel der angegebenen Preise (pro Liter) zu bestimmen und daraus eine Meßzahl zu berechnen, doch dabei hätte er folgenden Fehler begangen:
Der Preis für Nähmaschinenöl ist am stärksten gestiegen und würde das arithmetische Mittel auch stark beeinflussen. Paul würde daher feststellen, daß die Preise im April 94 *um etwa* 45% *höher liegen als im April* 93. *Dieser absurde Wert ist darauf zurückzuführen, daß in die Rechnung nicht eingegangen ist, daß zwar Nähmaschinenöl um* 50% *teurer geworden ist, der Verbrauch aber sehr gering im Vergleich zu Benzin und Heizöl ist. Auf die gesamten monatlichen Ausgaben für die drei Produkte hat dieser Preis daher kaum Einfluß.*
Pauls Frau schlägt daher vor, die Ausgaben für Mineralölprodukte im April 94 *mit denen im April* 93 *zu vergleichen. Sie rechnet:*
Ausgaben im April 93: 120·0,98 + 300·0,49 + 0,05·8,50 = 265,03 *DM*;
Ausgaben im April 94: 130·1,15 + 320·0,59 + 0,05·12,75 = 338,94 *DM*.
Die Ausgaben von Pauls Haushalt für die drei Mineralölprodukte sind also im April 94 *um etwa* 28% *höher als die Ausgaben im April* 93. *Aber auch diese Maßzahl charakterisiert nicht die Preisentwicklung, denn man begeht, falls man sie so interpretiert, folgenden Fehler:*
Die Ausgaben eines Haushaltes steigen nicht nur, wenn die Preise steigen, sondern auch dann, wenn bei stabilen Preisen die verbrauchten Mengen eine Steigerung aufweisen. Da Benzinverbrauch und Heizölverbrauch gestiegen sind, ist auch dieses Vorgehen zur Berechnung einer Maßzahl für die Preisentwicklung nicht geeignet.
Als Paul und seine Frau ihrem Freund Oskar, der Statistiker ist, von ihrem Problem erzählen, rät er folgendes:
Um zu einer aussagefähigen Beschreibung der Preisentwicklung mehrerer Güter durch eine einzige Kennzahl zu gelangen, muß jeder Preis entsprechend seiner Bedeutung in die Kennzahl eingehen. Es ist daher sinnvoll, jeden Preis mit einer Gewichtung zu versehen. Als Gewichtungsfaktor für den Preis p_i *des i-ten Gutes wählt man die Verbrauchsmenge* q_i *des i-ten Gutes.*
Die Summe aller Preis-Mengen-Produkte $\sum q_i p_i$ *entspricht dann den Ausgaben für die betrachteten Güter in dem untersuchten Zeitraum.*
Will man nun den Vergleich zu einem anderen Zeitraum ziehen, ohne daß Änderungen im Verbrauch die zu berechnende Kennzahl beeinflussen, so

muß man für den anderen Zeitraum dasselbe Mengenschema zugrundelegen. Für die Festlegung eines solchen Mengenschemas gibt es viele Möglichkeiten. Ein mögliches Prinzip kann folgendermaßen aussehen: Die gesuchte Kennzahl soll angeben, um wieviel sich die Ausgaben für Mineralölprodukte vom April 93 *zum April* 94 *geändert hätten, wenn im April* 94 *die gleichen Mengen verbraucht worden wären wie im April* 93. *Mit den angegebenen Mengen und Preisen ergibt sich dann folgendes:*
Ausgaben im April 93: $120 \cdot 0{,}98 + 300 \cdot 0{,}49 + 0{,}05 \cdot 8{,}50 = 265{,}03$ *DM;*
Ausgaben im April 94 *unter der Annahme, daß dieselben Mengen der Güter verbraucht werden:* $120 \cdot 1{,}15 + 300 \cdot 0{,}59 + 0{,}05 \cdot 12{,}75 = 315{,}64$ *DM.*
Dividiert man die Ausgaben durcheinander, so erkennt man, daß das Preisniveau für die drei Mineralölprodukte im April 94

$$\frac{315{,}64}{265{,}03} = 1{,}191,$$ *also* 119,1% *des Vorjahresniveaus erreichte.*

Die berechnete Kennzahl ist ein ***Preisindex****.*
Der Preisindex für die drei Mineralölprodukte in Pauls Familie liegt im April 94 *um* 19,1% *höher als im April* 93.

Die Festlegung eines für eine Indexberechnung geeigneten Mengenschemas ist schwierig. An dem Beispiel eines Preisindex für die Lebenshaltungskosten kann man sich das deutlich machen. Wenn man für die Lebenshaltungskosten in Deutschland einen allgemeinen Preisindex ermitteln will, muß man ein einheitliches Mengenschema für die Berechnung dieses Preisindex zugrunde legen. Dieser sogenannte **Warenkorb** soll den Verbrauch an Konsumgütern und Dienstleistungen und dessen, was sonst zum täglichen Bedarf gehört, widerspiegeln. Dazu gehören z. B. Nahrungsmittel, Bekleidungsgegenstände, Wohnungsnutzung, Autobenutzung, die Nutzung öffentlicher Verkehrsmittel, Theater- und Kinobesuche, Urlaubsreisen usw. Untersucht man nun Haushalte daraufhin, welche Mengen sie von den einzelnen Gütern und Dienstleistungen in einer Periode verbrauchen, wird man mehr oder weniger große Unterschiede feststellen. Eine genauere Untersuchung wird zu dem Ergebnis führen, daß es kaum zwei deutsche Haushalte gibt, die identische Konsumgewohnheiten haben. Es ist deshalb notwendig, ein Mengenschema festzulegen, das dem "Durchschnittsverbrauch" einer "Normalfamilie" entspricht. Diese Festlegung eines Mengenschemas, also der Gewichte für die Berechnung eines Preisindex, ist eines der schwierigsten Probleme der Indexberechnung. Das Problem der Festlegung eines Mengenschemas wird noch dadurch erschwert, daß sich die Konsumgewohnheiten im Zeitverlauf ändern werden und dadurch zwischenzeitliche Preisvergleiche erschwert werden. Einzelheiten dazu können in diesem Rahmen nicht behandelt werden.

Hat man nun ein Mengenschema für die Berechnung eines Preisindex festgelegt, dann rechnet man aus, wieviel die "Beschaffung" dieser Mengen in verschiedenen Perioden kostet. Das Mengenschema als Gewichtsschema für die Preise bleibt dabei in der Zeit unverändert, um eine Überlagerung der Preisänderungen durch Mengenänderungen auszuschließen.

Die Ausgaben für die Beschaffung der festgelegten "Normalmengen" in den einzelnen Perioden werden zu den Ausgaben einer Basisperiode in Beziehung gesetzt. Dadurch erhält man Indexzahlen für die Preisentwicklung. Das führt zu folgender allgemeinen Definition eines Preisindex:

D 6.3.2

Gegeben seien n Güter mit Preisen p_i^0 in der Periode 0 und p_i^t in der Periode t und die für beide Perioden identisch angenommenen Mengen q_i der Güter.

$$IP_0^t = \frac{\sum q_i p_i^t}{\sum q_i p_i^0} \quad (\text{bzw. } IP_0^t = \frac{\sum q_i p_i^t}{\sum q_i p_i^0} \cdot 100\%)$$

heißt **Preisindex** (der n Güter) für die Berichtsperiode t zur Basisperiode 0.

Aus D 6.3.2 geht hervor, daß für die Basisperiode das Preisniveau gleich 1 (bzw. 100%) gesetzt wird. Die Periode, für die der Index (bezogen auf die Basisperiode) berechnet wird, ist die Berichtsperiode.

B 6.3.3 *Der Student Paul verbraucht monatlich* 40 *kg Äpfel,* 60 *l Bier und* 20 *kg Brot für seine Ernährung. Er hat für Brot, Bier und Äpfel im Januar* 1994 *und Januar* 1993 *folgende Preise registriert:*

	Äpfel	*Bier*	*Brot*
Januar 1993	2,00 *DM/kg*	2,20 *DM/l*	2,80 *DM/kg*
Januar 1994	1,80 *DM/kg*	2,40 *DM/l*	3,20 *DM/kg*

Er gibt also im Januar 1993*:* $40 \cdot 2{,}0 + 60 \cdot 2{,}2 + 20 \cdot 2{,}8 = 268{,}00$ DM

und im Januar 1994*:* $40 \cdot 1{,}8 + 60 \cdot 2{,}4 + 20 \cdot 3{,}2 = 280{,}00$ DM

aus. Der Preisindex von Pauls Gütern für Januar 1994 *zur Basis Januar* 1993 *beträgt somit*

$$IP_{1993}^{1994} = \frac{280}{268} \cdot 100\% = 104{,}48\%.$$

Analog zu D 6.3.2 läßt sich auch ein Mengenindex definieren, den man z. B. bestimmt, wenn man die mengenmäßige Entwicklung verschiedener Güter durch eine Kennzahl ausdrücken will. Dazu wird mit Preisen bzw. Werten der Güter gewichtet.

D 6.3.4

Gegeben seien *n* Güter mit Mengen q_i^0 in der Periode 0 und q_i^t in der Periode *t* und die für beide Perioden identisch angenommenen Preise p_i der Güter.

$$IM_0^t = \frac{\sum p_i q_i^t}{\sum p_i q_i^0} \quad (\text{bzw. } IM_0^t = \frac{\sum p_i q_i^t}{\sum p_i q_i^0} \cdot 100\%)$$

heißt **Mengenindex** (der *n* Güter) für die Berichtsperiode *t* zur Basisperiode 0.

Multipliziert man bei der Indexformel aus D 6.3.2 den Zähler mit $p_i^0 / p_i^0 (= 1)$ und verwendet für den Nenner zur Vermeidung von Verwechslungen j als Summationsindex, dann erhält man durch einige Umformungen

$$IP_0^t = \frac{\sum q_i p_i^t}{\sum q_j p_j^0} = \frac{\sum q_i p_i^0 \frac{p_i^t}{p_i^0}}{\sum q_j p_j^0} = \sum \frac{q_i p_i^0}{\sum q_j p_j^0} \frac{p_i^t}{p_i^0}.$$ Daraus ergibt sich:

$$IP_0^t = \sum g_i \frac{p_i^t}{p_i^0} \text{ mit } g_i = \frac{q_i p_i^0}{\sum q_j p_j^0} \text{ und } \sum g_i = \sum \frac{q_i p_i^0}{\sum q_j p_j^0} = 1.$$

Da $q_i p_i^0$ die Ausgaben für das *i*-te Gut und $\sum q_i p_i^0$ die Gesamtausgaben zu Preisen der Basisperiode angibt, bezeichnet g_i den **Ausgabenanteil** des *i*-ten Gutes an den Gesamtausgaben zu den Preisen der Basisperiode. p_i^t / p_i^0 ist eine Preismeßzahl des Gutes *i* für die Periode *t* zur Basis 0 (vgl. D 6.2.7).

Allgemein ergibt sich damit:

R 6.3.5

Ein **Preisindex** IP_0^t stimmt mit dem gewogenen arithmetischen Mittel der entsprechenden Preismeßzahlen MP_{0i}^t überein:

$$IP_0^t = \sum g_i MP_{0i}^t \text{, wobei } MP_{0i}^t = \frac{p_i^t}{p_i^0}.$$

Ein **Mengenindex** IM_0^t stimmt mit dem gewogenen arithmetischen Mittel der entsprechenden Meßzahlen MM_{0i}^t überein:

$$IM_0^t = \sum g_i MMP_{0i}^t \text{, wobei } MM_{0i}^t = \frac{q_i^t}{q_i^0}.$$

Die Gewichte g_i entsprechen Ausgabenanteilen (Wertanteilen) des *i*-ten Gutes zu den Preisen (Mengen) der Basisperiode.

Für das Verständnis und die Interpretation eines Index sind diese Überlegungen in vielen Fällen eine Hilfe.

c) Überblick über die wichtigsten Indexformeln

Die verschiedenen Ansätze zur Berechnung von Indizes unterscheiden sich vor allem dadurch, welche Mengen (bei einem Preisindex) bzw. welche Preise (oder Werte) (bei einem Mengenindex) als Gewichte benutzt werden. Man beachte, daß der Begriff "Gewicht" hier in zweierlei Sinn gebraucht wird. In R 6.3.5 sind Gewichte die **Ausgabenanteile g_i** in einer Formel, die der für ein gewogenes arithmetisches Mittel entspricht, und es gilt $\Sigma g_i = 1$. In D 6.3.2 und D 6.3.4 sowie in den folgenden Ausführungen sind die Gewichte Mengen bzw. Preise, die in den Formeln auch anders verwendet werden als die Gewichte beim gewogenen arithmetischen Mittel..

R 6.3.6

Gegeben seien n Güter und es sei

q_i^0 = Menge des Gutes i in der Basisperiode (0),

q_i^t = Menge des Gutes i in der Berichtsperiode (t),

p_i^0 = Preis des Gutes i in der Basisperiode (0),

p_i^t = Preis des Gutes i in der Berichtsperiode (t).

Preis- und Mengenindex nach LASPEYRES, PAASCHE, LOWE oder FISHER werden wie folgt berechnet:

Index Gewichte	Formel für einen Preisindex	 Mengenindex
LASPEYRES Werte der Basisperiode 0 q_i^0 bzw. p_i^0	${}_L I_0^t = \frac{\sum p_i^t q_i^0}{\sum p_i^0 q_i^0}$	${}_L I_0^t = \frac{\sum q_i^t p_i^0}{\sum q_i^0 p_i^0}$
PAASCHE Werte der Berichtsperiode t q_i^t bzw. p_i^t	${}_P I_0^t = \frac{\sum p_i^t q_i^t}{\sum p_i^0 q_i^t}$	${}_P I_0^t = \frac{\sum q_i^t p_i^t}{\sum q_i^0 p_i^t}$
LOWE Arithmetisches Mittel der Werte der Perioden 0 bis t $q_i = \frac{1}{t+1}\sum_\tau q_i^\tau$ bzw. $p_i = \frac{1}{t+1}\sum_\tau p_i^\tau$	${}_{Lo} I_0^t = \frac{\sum p_i^t q_i}{\sum p_i^0 q_i}$	${}_{Lo} I_0^t = \frac{\sum q_i^t p_i}{\sum q_i^0 p_i}$
FISHER	${}_F I_0^t = \sqrt{{}_L I_0^t \cdot {}_P I_0^t}$	

Die am häufigsten benutzten Indexformeln stammen von LASPEYRES und PAASCHE. Seltener benutzte Formeln gehen auf LOWE und FISHER zurück. Bei einem Preis- bzw. Mengenindex nach LASPEYRES stammen die **Gewichte q_i bzw. p_i aus der Basisperiode**, während PAASCHE mit den Mengen bzw. Preisen aus der **Berichtsperiode** gewichtet. LOWE verwendet in seiner Indexformel Gewichte q_i bzw. p_i, die als arithmetisches Mittel aus den Mengen bzw. Preisen der einzelnen Perioden gebildet werden. Der Preis- bzw. Mengenindex nach FISHER ist das geometrische Mittel aus den entsprechenden Indexwerten, die nach LASPEYRES und PAASCHE berechnet wurden.

Das folgende Beispiel veranschaulicht die Anwendung der Formeln.

B 6.3.7 *In drei aufeinanderfolgenden Jahren werden folgende Produktionsmengen und Preise der drei Güter A, B und C beobachtet:*

Jahr	*Gut A*		*Gut B*		*Gut C*	
	Menge (t)	*Preis (DM/t)*	*Menge (dz)*	*Preis (DM/dz)*	*Menge (hl)*	*Preis (DM/hl)*
1992 ≙ 0	10000	100	4000	40	12000	20
1993 ≙ 1	20000	120	2000	30	20000	30
1994 ≙ 2	25000	80	1000	40	5000	40

Es sind Preis- und Mengenindizes für 1994 zur Basis 1992 nach LASPEYRES, PAASCHE, LOWE und FISHER als Prozentwerte zu berechnen.

***Preisindex** nach LASPEYRES für das Jahr 1994 zur Basis 1992:*

$$_{L}IP_0^2 = \frac{\sum p_i^2 q_i^0}{\sum p_i^0 q_i^0} \cdot 100\% = \frac{80 \cdot 10000 + 40 \cdot 4000 + 40 \cdot 12000}{100 \cdot 10000 + 40 \cdot 4000 + 20 \cdot 12000} \cdot 100\% = 102{,}86\%$$

***Mengenindex** nach LASPEYRES für das Jahr 1994 zur Basis 1992:*

$$_{L}IM_0^2 = \frac{\sum q_i^2 p_i^0}{\sum q_i^0 p_i^0} \cdot 100\% = \frac{25000 \cdot 100 + 1000 \cdot 40 + 5000 \cdot 20}{10000 \cdot 100 + 4000 \cdot 40 + 12000 \cdot 20} \cdot 100\% = 188{,}57\%$$

***Preisindex** nach PAASCHE für das Jahr 1994 zur Basis 1992:*

$$_{P}IP_0^2 = \frac{\sum p_i^2 q_i^2}{\sum p_i^0 q_i^2} \cdot 100\% = \frac{80 \cdot 25000 + 40 \cdot 1000 + 40 \cdot 5000}{100 \cdot 25000 + 40 \cdot 1000 + 20 \cdot 5000} \cdot 100\% = 84{,}85\%$$

***Mengenindex** nach PAASCHE für das Jahr 1994 zur Basis 1992:*

$$_{P}IM_0^2 = \frac{\sum q_i^2 p_i^2}{\sum q_i^0 p_i^2} \cdot 100\% = \frac{25000 \cdot 80 + 1000 \cdot 40 + 5000 \cdot 40}{10000 \cdot 80 + 4000 \cdot 40 + 12000 \cdot 40} \cdot 100\% = 155{,}56\%$$

Bei der Berechnung der Indizes nach LOWE wird das arithmetische Mittel aus den Produktionsmengen (für einen Preisindex) bzw. aus den Preisen (für einen Mengenindex), die in den drei Jahren beobachtet worden sind, gebildet. Es ist:

$$q_1 = \frac{10000 + 20000 + 25000}{3} = 18333{,}3 \quad \text{(Gut A);}$$

$$q_2 = \frac{4000 + 2000 + 1000}{3} = 2333{,}3 \quad \text{(Gut B);}$$

$$q_3 = \frac{12000 + 20000 + 5000}{3} = 12333{,}3 \quad \text{(Gut C).}$$

Entsprechend erhält man:

$$p_1 = 100; p_2 = 36{,}67; p_3 = 30.$$

Um die Berechnung zu vereinfachen, multipliziert man Zähler und Nenner mit 3. Das Ergebnis ändert sich dadurch nicht.

***Preisindex** nach LOWE für das Jahr 1994 zur Basis 1992:*

$$_{Lo}IP_0^2 = \frac{\sum p_i^2 q_i}{\sum p_i^0 q_i} \cdot 100\% = \frac{80 \cdot 55000 + 40 \cdot 7000 + 40 \cdot 37000}{100 \cdot 55000 + 40 \cdot 7000 + 20 \cdot 37000} \cdot 100\% = 94{,}48\%$$

***Mengenindex** nach LOWE für das Jahr 1994 zur Basis 1992:*

$$_{Lo}IM_0^2 = \frac{\sum q_i^2 p_i}{\sum q_i^0 p_i} \cdot 100\% = \frac{25000 \cdot 300 + 1000 \cdot 110 + 5000 \cdot 90}{10000 \cdot 300 + 4000 \cdot 110 + 12000 \cdot 90} \cdot 100\% = 178{,}32\%$$

*Nach der Formel von FISHER erhält man als **Preisindex**:*

$$_{F}IP_0^2 = \sqrt{_{L}IP_0^2 \cdot {}_{P}IP_0^2} = \sqrt{102{,}86 \cdot 84{,}85} = 93{,}42\%$$

*und als **Mengenindex**:*

$$_{F}IM_0^2 = \sqrt{_{L}IM_0^2 \cdot {}_{P}IM_0^2} = \sqrt{188{,}57 \cdot 155{,}56} = 171{,}27\%$$

d) Ergänzende Bemerkungen

Bei der Bestimmung von Indizes über längere Zeiträume taucht häufig das Problem auf, eine bestehende Indexreihe auf eine neue Basisperiode zu beziehen. Manchmal steht man auch vor der Aufgabe, zwei bestehende Indexreihen für verschiedene Zeiträume zu einer gemeinsamen Indexreihe für den Gesamtzeitraum zu verketten. In beiden Fällen ist der formale Rechengang der gleiche wie bei der Umbasierung bzw. Verkettung von Meßzahlen.

Unter materiellen Gesichtspunkten ist die Umbasierung bzw. Verkettung von Indexreihen allerdings äußerst problematisch. Sind wie beim Index von LASPEYRES die Gewichte aus der Basisperiode, dann führt eine Umbasierung möglicherweise zu verzerrten Ergebnissen. Insbesondere wird man den Index dann sehr schnell falsch interpretieren, weil für den umbasierten Index das Gewichtungsschema nicht mehr aus der Basisperiode stammt. Es sei denn, man berechnet einen völlig neuen Index. Ähnliches gilt für die Verkettung von Indexreihen, wenn die Indexzahlen mit unterschiedlichen Gewichtungsschemata berechnet worden sind.

Andererseits wird aus sachlichen Erwägungen heraus die Änderung eines Gewichtsschemas bei Indizes bisweilen nicht zu vermeiden sein. Man denke nur an den Preisindex für die Lebenshaltungskosten. Im Laufe der Zeit ändern sich die Konsumgewohnheiten, und es treten völlig neue Produkte auf. Deshalb können Lebenshaltungskostenindizes immer nur für einen begrenzten Zeitraum eine sachlich sinnvolle Aussage liefern, und man muß laufend überprüfen, ob das zugrundeliegende Gewichtsschema der jeweiligen Fragestellung noch gerecht wird. Auf weitere Einzelheiten in diesem Zusammenhang kann hier nicht eingegangen werden.

Zum Schluß dieses Abschnitts wird noch ein Beispiel für einen Produktivitätsindex betrachtet, das die Vielfalt der Anwendungsmöglichkeiten von Indexzahlen verdeutlicht. Das Beispiel zeigt zugleich die engen Beziehungen zwischen Meßzahlen und Indizes, wobei insbesondere darauf hinzuweisen ist, daß auch Meßzahlen häufig als Indizes bezeichnet werden, so wie in dem Beispiel.

B 6.3.8 *Für einen Industriezweig, der ein homogenes Produkt herstellt, werden für* 1983, 1988 *und* 1993 *folgende Angaben über Produktions-, Lohn-, Beschäftigungs- und Arbeitsentwicklung gemacht.*

Jahr	*Produktion in Mill. Einheiten pro Jahr*	*Durchschnittslohn pro Arbeitsstunde in DM*	*Durchschnittl. geleistete Arbeitsstunden je Beschäftigten und Jahr*	*Anzahl der Beschäftigten*
1983	10	16,00	2000	100000
1988	15	23,00	1800	120000
1993	20	33,00	1600	150000

Es soll für den Industriezweig zunächst ein Produktivitätsindex zur Basis 1983 *a) pro Beschäftigten und b) pro Arbeitsstunde berechnet werden.*

*Der **Produktivitätsindex pro Beschäftigten** zur Basis* 1983 *kann, da es sich um die Herstellung eines homogenen Gutes handelt, durch einfache Durchschnittsbildung gewonnen werden. Dabei wird die durchschnittlich pro Beschäftigten im Berichtsjahr hergestellte Produktionsmenge ins Verhältnis gesetzt zu der im Basisjahr durchschnittlich pro Beschäftigten hergestellten Produktionsmenge. Nach einer Umformung erhält man (jeweils als Prozentwerte):*

$$I_{Prod.} = \frac{\text{Prod. Menge im Berichtsjahr}}{\text{Prod. Menge im Basisjahr}} : \frac{\text{Beschäft. im Berichtsjahr}}{\text{Beschäft. im Basisjahr}} \cdot 100$$

$$= \frac{M_{Produktionsmenge}}{M_{Beschäftigte}} \cdot 100;$$

Produktivitätsindex pro Beschäftigten für das Jahr 1988 *zur Basis* 1983*:*

$$I_{Prod.} = \frac{15/10}{120000/100000} \cdot 100 = 125;$$

Produktivitätsindex pro Beschäftigten für das Jahr 1993 *zur Basis* 1983*:*

$$I_{Prod.} = \frac{20/10}{150000/100000} \cdot 100 = 133{,}33.$$

Analog wird der ***Produktivitätsindex pro Arbeitsstunde*** *berechnet. Man erhält dafür:*

$$I_{Prod./h} = \frac{\text{Prod. Menge im Berichtsjahr}}{\text{Prod. Menge im Basisjahr}} : \frac{\text{Arbeitsst. i. Berichtsjahr}}{\text{Arbeitsst. i. Basisjahr}} \cdot 100$$

$$= \frac{M_{Produktionsmenge}}{M_{Arbeitsstunden}} \cdot 100.$$

Die insgesamt geleisteten Arbeitsstunden ergeben sich dabei als Produkt aus Anzahl der Beschäftigten und durchschnittlich geleisteten Arbeitsstunden pro Beschäftigten.

Index der Produktivität je Arbeitsstunde für das Jahr 1988 *zur Basis* 1983*:*

$$I_{Prod./h} = \frac{15/10}{(1800 \cdot 120000)/(2000 \cdot 100000)} \cdot 100 = 138{,}89;$$

Index der Produktivität je Arbeitsstunde für das Jahr 1993 *zur Basis* 1983*:*

$$I_{Prod./h} = \frac{20/10}{(1600 \cdot 150000)/(2000 \cdot 100000)} \cdot 100 = 166{,}67.$$

Es wird jetzt ergänzend angenommen, daß der Index der Lebenshaltungskosten zur Basis 1988 *folgende Werte hatte:* 1983 : 90, 1988 : 100, 1993 : 115. *Mit diesen zusätzlichen Angaben ist ein* ***Index der Realeinkommensentwicklung pro Beschäftigten*** *dieses Industriezweigs zur Basis* 1983 *zu berechnen.*
Der Realeinkommensindex als Kaufkraftindex wird beeinflußt durch die Nominaleinkommensentwicklung (eine Nominaleinkommenserhöhung bewirkt unter sonst gleichen Bedingungen eine Realeinkommenserhöhung) und die Lebenshaltungskostenentwicklung (eine Erhöhung der Lebenshaltungskosten bewirkt unter sonst gleichen Bedingungen eine Verminderung des Realeinkommens).

Es ist:

$$\textit{Realeinkommensindex} = \frac{\textit{Nominaleinkommensindex}}{\textit{Lebenshaltungskostenindex}} \cdot 100\,.$$

Da der Index der Lebenshaltungskosten zur Basis 1988 *gegeben ist, jedoch nach dem Realeinkommensindex zur Basis* 1983 *gefragt ist, muß zunächst eine Umrechnung vorgenommen werden (siehe auch* R 6.2.11*):*

$$I_{83}^{88} = (I_{88}^{88} / I_{88}^{83}) \cdot 100 = (100/90) \cdot 100 = 111{,}11$$

und

$$I_{83}^{93} = (I_{88}^{93} / I_{88}^{83}) \cdot 100 = (115/90) \cdot 100 = 127{,}78.$$

Der ***Nominaleinkommensindex*** *wird berechnet nach der Formel:*

$$IN_0^t = \frac{\sum p_t q_t}{\sum p_0 q_0} \cdot 100.$$

Es werden also sowohl Lohn- als auch Arbeitszeitveränderungen berücksichtigt.

Nominaleinkommensindex für das Jahr 1988 *zur Basis* 1983*:*

$$IN_{83}^{88} = \frac{23{,}00 \cdot 1800}{16{,}00 \cdot 2000} \cdot 100 = 129{,}38;$$

Nominaleinkommensindex für das Jahr 1993 *zur Basis* 1983*:*

$$IN_{83}^{93} = \frac{33{,}00 \cdot 1600}{16{,}00 \cdot 2000} \cdot 100 = 165.$$

Realeinkommensindex für das Jahr 1988 *zur Basis* 1983*:*

$$IR_{83}^{88} = \frac{129{,}38}{111{,}11} \cdot 100 = 116{,}4;$$

Realeinkommensindex für das Jahr 1993 *zur Basis* 1983*:*

$$IR_{83}^{93} = \frac{165}{127{,}78} \cdot 100 = 129{,}13.$$

6.4 Konzentrationsmessung

Bei der Untersuchung von metrisch meßbaren Merkmalen ist häufig die Frage von Interesse, ob sich die Summe der Merkmalswerte "gleichmäßig" auf die Merkmalsträger bzw. die statistischen Einheiten verteilt oder ob eine **Konzentration** auf wenige Merkmalsträger vorliegt. Das Problem sei zunächst an einem Beispiel veranschaulicht.

B 6.4.1 *In einer Stadt wird für 10 Baubetriebe und 20 Einzelhandelsgeschäfte an den statistischen Einheiten "Baubetrieb" bzw. "Einzelhandelsgeschäft" das Merkmal Jahresumsatz erfaßt.*
Für die Baubetriebe erhält man:

Betrieb-Nr.	1	2	3	4	5	6	7	8	9	10
Umsatz in Mill. DM	0,5	0,7	0,9	1	1,2	1,3	1,4	8	10	15

Der Gesamtumsatz der 10 Baubetriebe beträgt 40 Mill. DM.
Bei den 20 Einzelhandelsgeschäften wird für jedes ein Umsatz von 2 Mill. DM ermittelt. Der Gesamtumsatz aller Geschäfte beträgt somit ebenfalls 40 Mill. DM.
Aus den Angaben ist unmittelbar ersichtlich, daß sich der Umsatz bei den Baubetrieben auf drei große Betriebe konzentriert. 30% (3 von 10) der Betriebe tätigen 82,5% (33 von 40) des Umsatzes. D. h. auf einen verhältnismäßig kleinen Anteil der Merkmalsträger (30%) entfällt ein großer Anteil an der Summe der Merkmalswerte (82,5%). Die übrigen 70% der (kleineren) Betriebe erbringen nur 17,5% des Umsatzes. Im Einzelhandel liegt demgegenüber keine Konzentration vor. Der Umsatz verteilt sich gleichmäßig auf die Betriebe.

Das Beispiel zeigt deutlich, daß der Begriff der Konzentration mit dem Begriff der Streuung zu tun hat. Stimmen die Beobachtungswerte x_i aller n untersuchten Einheiten überein, dann "verteilt" sich die Summe der Beobachtungswerte gleichmäßig auf die Einheiten (auf jede Einheit entfällt x_i), und es liegt keine Konzentration vor. Die Häufigkeitsverteilung des Merkmals X besteht dann aus nur **einer** Merkmalsausprägung. Für alle berechenbaren Streuungsmaße (siehe Abschnitt 3.3) ergibt sich der Wert 0. Sind, wie bei den Baubetrieben in B 6.4.1, die Beobachtungswerte unterschiedlich groß, dann verteilt sich die Summe der Beobachtungswerte (bei den Baubetrieben der Gesamtumsatz) nicht gleichmäßig auf die Einheiten, sondern **konzentriert** sich auf einen Teil.

Zur Erörterung der Konzentration werden folgende Begriffe eingeführt:

D 6.4.2

Gegeben sei ein Merkmal mit den geordneten Beobachtungswerten $x_1,\ldots,x_i,\ldots,x_n$ bzw. den geordneten Ausprägungen $x_1,\ldots,x_j,\ldots,x_m$ mit den Häufigkeiten $h(x_j)$ bzw. $f(x_j)$.
Die Summe aller Beobachtungswerte

$$G = n\,\overline{x} = \sum_{i=1}^{n} x_i \text{ bzw. } G = n\,\overline{x} = \sum_{j=1}^{m} x_j h(x_j)$$

heißt **Merkmalssumme**.

$$G(x_k) = \sum_{i=1}^{k} x_i \text{ bzw. } G(x_k) = \sum_{j=1}^{k} x_j h(x_j)$$

heißt **anteilige Merkmalssumme** (bis zum Beobachtungswert bzw. zur Merkmalsausprägung x_k) und

$$g(x_k) = \frac{G(x_k)}{G} = \frac{1}{\overline{x}} \sum_{j=1}^{k} x_j f(x_j)$$

heißt **relative Merkmalssumme** (bis zum Beobachtungswert bzw. zur Merkmalsausprägung x_k).

Es ist folgendes unmittelbar einsichtig: Liegt keine Konzentration vor, dann haben alle Einheiten denselben Merkmals- bzw. Beobachtungswert, und es muß für alle Werte x_i bzw. alle Ausprägungen x_j gelten:
$F(x_i) = g(x_i)$ bzw. $F(x_j) = g(x_j)$, d. h. relative Summenhäufigkeiten und relative Merkmalssummen stimmen überein.

R 6.4.3

Gegeben sei ein metrisch meßbares Merkmal X. Gilt $F(x_i) = g(x_i)$ für $i = 1,\ldots,n$ bzw. $F(x_j) = g(x_j)$ für $j = 1,\ldots,m$, so liegt **keine Konzentration** der Merkmalssumme bezüglich der statistischen Einheiten vor. Gilt für wenigstens ein i bzw. j $F(x_i) > g(x_i)$ bzw. $F(x_j) > g(x_j)$, so liegt **Konzentration** vor.

B 6.4.4 *Für die Angaben aus* B 6.4.1 *ergibt sich mit F als Abkürzung für* $F(x_i)$ *und g als Abkürzung für* $g(x_i)$ *sowie f als Abkürzung für die relativen Häufigkeiten* $f(x_i)$*:*

Baubetriebe G = 40 (Mill. DM)

i	1	2	3	4	5	6	7	8	9	10
x_i	0,5	0,7	0,9	1	1,2	1,3	1,4	8	10	15
f	0,1	0,1	0,1	0,1	0,1	0,1	0,1	0,1	0,1	0,1
F	0,1	0,2	0,3	0,4	0,5	0,6	0,7	0,8	0,9	1
g	0,0125	0,03	0,0525	0,0775	0,1075	0,14	0,175	0,375	0,625	1

Einzelhandelsbetriebe G = 40 (Mill. DM)

i	1	2	3	4	5	6	7	8	9	10
x_i	2	2	2	2	2	2	2	2	2	2
f	0,1	0,1	0,1	0,1	0,1	0,1	0,1	0,1	0,1	0,1
F	0,1	0,2	0,3	0,4	0,5	0,6	0,7	0,8	0,9	1
g	0,1	0,2	0,3	0,4	0,5	0,6	0,7	0,8	0,9	1

Bei den Einzelhandelsbetrieben gilt $F(x_i) = g(x_i)$ für alle i. Es liegt keine Konzentration vor. Bei den Baubetrieben gilt dagegen $F(x_i) > g(x_i)$ für $i = 1,...,9$. Es liegt Konzentration vor.

Aus R 6.4.3 und B 6.4.4 geht hervor, daß keine Konzentration vorliegt, wenn sich die Merkmalssumme gleichmäßig auf die untersuchten Einheiten verteilt. Ist das nicht der Fall, entfällt auf einen Anteil $F(x_j)$ der statistischen Einheiten ein kleinerer Anteil $g(x_i) < F(x_j)$ der Merkmalssumme. Die Merkmalssumme konzentriert sich auf "wenige" Einheiten.

Anmerkung: Der hier eingeführte Konzentrationsbegriff bezieht sich immer auf eine gegebene Verteilung. Wirtschaftliche Konzentrationsphänomene, die sich auf die Verringerung der Anzahl der Einheiten beziehen, werden durch diesen Konzentrationsbegriff nicht erfaßt. Wenn z. B. in einer Branche 200 Betriebe existieren, die alle den gleichen Jahresumsatz tätigen und 10 Jahre später nur noch 5 Betriebe, die wiederum alle den gleichen (entsprechend größeren) Jahresumsatz haben, dann ergibt sich nach R 6.4.3 in beiden Fällen keine statistische Konzentration, obwohl volkswirtschaftlich durchaus Konzentration vorliegt.

Grafisch kann die Konzentration anhand einer sogenannten Konzentrationskurve veranschaulicht werden.

D 6.4.5

> Gegeben sei ein metrisch meßbares Merkmal X, die relativen Summenhäufigkeiten $F(x_j)$ und die relativen Merkmalssummen $g(x_j)$ $(j = 1,...,m)$. Die grafische Darstellung der Punkte $(F(x_j);g(x_j))$ und deren gradlinige Verbindung heißt **LORENZsche Konzentrationskurve** oder **LORENZkurve**.

Es ist üblich, bei der Darstellung einer Konzentrationskurve $F(x_j)$ und $g(x_j)$ als Prozentwerte zu anzugeben.
Es gilt:

R 6.4.6

> Liegt keine Konzentration vor, so gilt $g(x_j) = F(x_j)$ und es ergibt sich als Konzentrationskurve eine Ursprungsgerade mit der Steigung 1, d. h. die sogenannte "45°-Linie".

B 6.4.7 *Für die Baubetriebe aus* B 6.4.1 *bzw.* 6.4.4 *ergibt sich folgende Konzentrationskurve* (F 6.4.8).

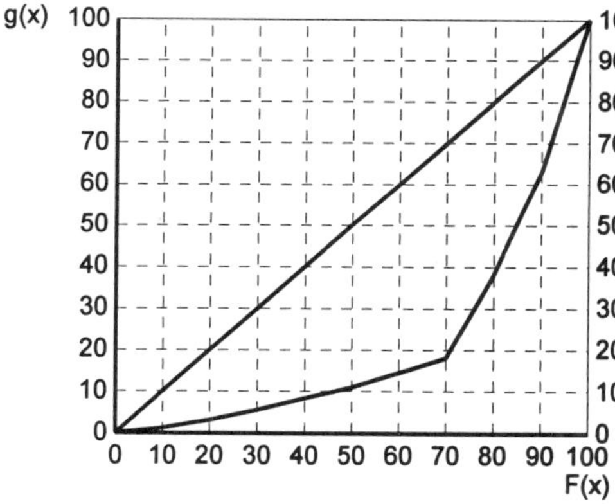

F 6.4.8 *Konzentrationskurve*

Man benutzt die Konzentrationskurve auch zur Bestimmung einer Kennzahl zur Messung der Stärke der Konzentration, indem man die Fläche zwischen 45°-Linie und Lorenzkurve bestimmt und durch die Fläche des Dreiecks zwischen 45°-Linie und Abszisse im Bereich $0 \leq F(x_j) \leq 100$ dividiert (siehe hierzu F 6.4.8). Diese Dreiecksfläche hat die Größe 5000.

D 6.4.9

> Gegeben sei eine LORENZkurve, und es sei F die Fläche zwischen der 45°-Linie und der Konzentrationskurve.
> $L = \dfrac{F}{5000}$ heißt **LORENZsches Konzentrationsmaß** und gibt die Stärke der Konzentration an.

Es gilt $0 \leq L \leq 1$. Bei $L = 0$ liegt keine Konzentration vor. Bei $L = 1$ besteht völlige Konzentration (z. B. ein Betrieb tätigt den gesamten Umsatz einer Branche, während die übrigen Betriebe keinen Umsatz haben).

B 6.4.10 *Für die Angaben aus* B 6.4.1, 6.4.4 *und* 6.4.7 *ergibt sich* $F = 2905$ *und damit* $L = 0{,}581$. *(Bei der Berechnung von F bestimmt man zweckmäßigerweise die in* F 6.4.8 *angedeuteten Trapezflächen unterhalb der Konzentrationskurve und zieht deren Summe dann von* 5000 *ab.)*

Ein anderes Maß für die Konzentration ist:

R 6.4.11

$$L^* = \frac{\sum_{j=1}^{m}(F(x_j) - g(x_j))}{\sum_{j=1}^{m} F(x_j)}$$

Liegt keine Konzentration vor, so gilt $L^* = 0$. Es gilt $0 \leq L^* \leq 1$. Die Berechnung von L^* ist einfacher als die Bestimmung des LORENZschen Konzentrationsmaßes. Für großes m gilt meistens $L^* \approx L$.

B 6.4.12 *Für die Baubetriebe aus* B 6.4.1 *und* 6.4.4 *ergibt sich*

$$L^* = \frac{2{,}905}{5{,}5} = 0{,}53.$$

Man beachte, daß sich für unterschiedliche Konzentrationsphänomene übereinstimmende LORENZsche Konzentrationsmaße L ergeben können, wie das folgende Beispiel zeigt.

B 6.4.13 *Die beiden Konzentrationskurven in* F 6.4.14 *mögen sich auf verschiedene Fälle von Umsatzkonzentration bei Unternehmungen beziehen. Der links dargestellten Konzentrationskurve könnte etwa folgender Sachverhalt zugrunde liegen: die Hälfte des Gesamtumsatzes einer Branche konzentriert sich auf eine Unternehmung, der Rest ist gleich auf die übrigen Unternehmen verteilt. Im anderen Fall tätigt die Hälfte der Unternehmungen keinen Umsatz, die anderen 50% haben alle den gleichen Umsatz. In beiden Fällen ergibt sich für das LORENZsche Konzentrationsmaß L = 0,5, obwohl sehr verschiedene Konzentrationsphänomene vorliegen.*

Eine ausführlichere Darstellung und Hinweise auf andere Konzentrationsmaße findet der Leser in der weiterführenden Literatur.

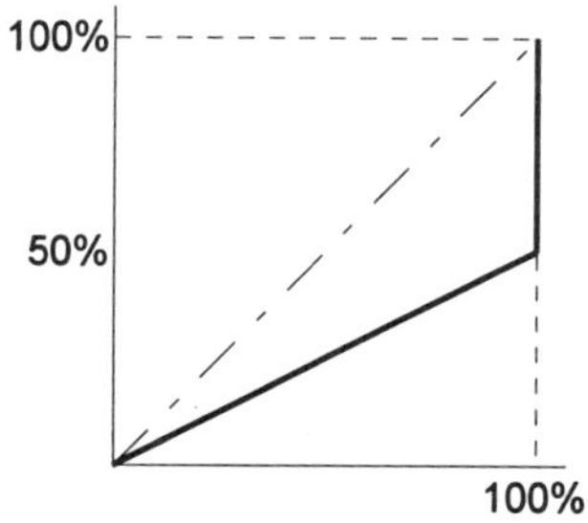

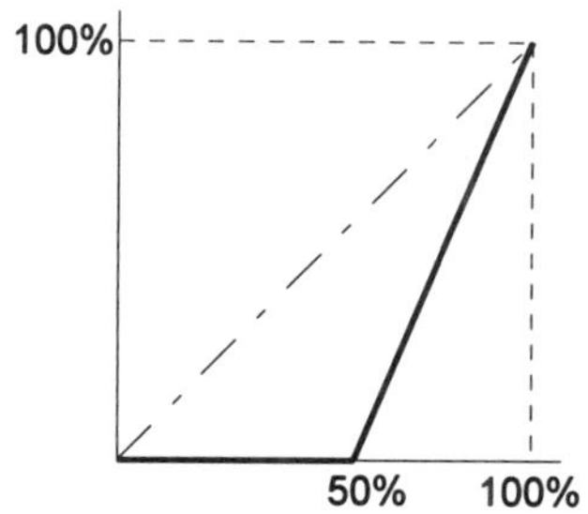

F 6.4.14 *Verschiedene Konzentrationskurven mit übereinstimmendem Konzentrationsmaß*

Übungsaufgaben

Ü 6.1 Für 4 Güter werden in drei Jahren die folgenden Preise und Mengen beobachtet:

	Gut A		Gut B		Gut C		Gut D	
	Menge	Preis	Menge	Preis	Menge	Preis	Menge	Preis
1992	125	30	3100	5	200	18	50	120
1993	130	34	2950	6	210	17	40	150
1994	120	39	3200	6	225	23	35	160

Berechne für 1994 zur Basis 1992

a) einen Preisindex nach LASPEYRES,

b) einen Mengenindex nach PAASCHE und

c) einen Preisindex nach LOWE.

Ü 6.2 Der Jahresumsatz betrug 1971 im Baugewerbe der Bundesrepublik ca. 67,5 Milliarden DM. Der Umsatz verteilte sich auf 14500 Betriebe wie folgt:

Umsatz (von ... bis unter ... Mill. DM)	x_j	Anzahl der Unternehmen $h(x_j)$
unter 1	0,5	4000
1 - 5	3	8300
5 - 10	7,5	1300
10 - 50	30	800
50 - 90	70	100

Zeichne die Konzentrationskurve, und bestimme näherungsweise das LORENZsche Konzentrationsmaß.

Anhang

Anhang 1: Grundzüge der Fehlerrechnung

a) Fehler in statistischen Daten

Bereits am Ende des Abschnitts 2.3 wurde kurz auf die Frage der Genauigkeit numerischer Ergebnisse statistischer Berechnungen unter Einführung des Begriffs der "geltenden Ziffern" einer Zahl eingegangen.

B A.1.1 *Beträgt der Umsatz einer Unternehmung in einem Jahr DM* 121.318.519,23 *und wird dieser auf volle Millionen DM gerundet, so hat die gerundete Zahl* 121.000.000 *nur* 3 *geltende Ziffern (die ersten drei). Beträgt der Umsatz* ***genau*** *DM* 121.000.000*, so hat die Zahl* 9 *geltende Ziffern.*

Für die Ergebnisse numerischer Berechnungen gilt folgende **Faustregel**:

R A.1.2

> Eine Summe (oder Differenz) bzw. ein Produkt (oder Quotient) hat so viele geltende Ziffern wie der Summand bzw. Faktor mit der kleinsten Anzahl geltender Ziffern.

Da diese Faustregel nur grob ist, statistische Daten andererseits häufig mit Fehlern behaftet sind, wird im folgenden kurz auf die Grundzüge der Fehlerrechnung eingegangen.

Fehler in statistischen Daten können bewußt (durch Rundung) oder unbewußt (z. B. durch Meß- oder Beobachtungsfehler) entstehen. Anstelle von "statistischen Daten" wird im folgenden kurz von "Größen" gesprochen.

D A.1.3

> Gegeben sei eine Größe x_0, die mit dem Wert x gemessen wird.
>
> $e_x = x - x_0$ heißt **Fehler** in x_0 und
>
> $f_x = \frac{e_x}{x_0}$ heißt relativer Fehler in x_0.

Der relative Fehler kann auch als Prozentwert $\frac{e_x}{x_0} \cdot 100\,\%$ angegeben werden.

Soweit nicht anders vermerkt, wird davon ausgegangen, daß $|e_x|$ im Vergleich zu $|x_0|$ klein ist. Dafür wird $|e_x| << |x_0|$ geschrieben.

Es gilt

$$x = x_0 + e_x = x_0(1 + f_x) \text{ und } \frac{x}{x_0} = 1 + f_x.$$

Man unterscheidet zwischen

- zufälligen Fehlern und
- systematischen Fehlern.

Zufällige Fehler treten ohne erkennbare Regelmäßigkeiten auf. Sie können positiv oder negativ sein und entstehen meist durch verschiedene regellose, zufallsartige, sich überlagernde Einflüsse, auf die der Beobachter nicht einwirken kann. Die beim Messen ein und derselben Größe auftretenden Zufallsfehler ergeben im allgemeinen eine Häufigkeitsverteilung, die nahezu symmetrisch um Null ist. Das arithmetische Mittel der Zufallsfehler ist (annähernd) Null, d. h. Abweichungen nach oben und unten vom wahren Wert gleichen sich (annähernd) aus, wenn oft genug gemessen wird. Eine Erörterung zufälliger Fehler erfordert Kenntnisse aus der Wahrscheinlichkeitsrechnung. Auf die "stochastisch" (d. h. im Sinne der Wahrscheinlichkeitsrechnung) ausgerichtete Fehlertheorie kann im Rahmen dieser Einführung in die beschreibende Statistik nicht eingegangen werden.

Systematische Fehler sind dadurch gekennzeichnet, daß sie Regelmäßigkeiten aufweisen. Werden z. B. die Körpergewichte von Schulkindern auf einer falsch geeichten Waage, die immer zu geringe Werte anzeigt, gemessen, dann enthalten die Meßwerte einen systematischen Fehler. In den meisten Fällen sind systematische Fehler dadurch gekennzeichnet, daß sie beim wiederholten Messen derselben Größe überwiegend positiv oder überwiegend negativ sind.

Häufig überlagern sich zufällige und systematische Fehler.

Sind statistische Daten fehlerhaft, dann ist es im allgemeinen schwierig (wenn nicht gar unmöglich), die Fehler anzugeben. Aus den fehlerhaften Daten selbst können sie nicht herausgelesen werden, es sei denn, man kann die betreffende Größe mehrmals mit demselben Instrument hintereinander messen, so daß aus den Schwankungen der Meßwerte Rückschlüsse auf die Meßfehler, und zwar speziell die Zufallsfehler, möglich sind.

B A.1.4 *Eine Person wird zehnmal hintereinander auf derselben Waage gewogen. Folgende Gewichte in kg werden abgelesen:* 75,1; 74,8; 74,9; 74,7; 75,2; 75,0; 74,8; 75,3; 75,1; 75,1. *Das arithmetische Mittel der Meßwerte beträgt* 75 *und man kann annehmen, daß dieser Mittelwert dem tatsächlichen Gewicht "sehr nahe" kommt. Die Abweichungen der Meßwerte von dem Wert* 75 *sind zufällige Fehler durch ungenaues Ablesen oder zufallsbestimmte Ungenauigkeiten im Meßinstrument.*

Das Beispiel zeigt, daß gewisse Rückschlüsse auf Zufallsfehler bei wiederholter Messung einer Größe unter gleichen Bedingungen möglich sind. Informationen über einen systematischen Fehler kann man auf diese Weise nicht gewinnen. Aus den Meßwerten in B A.1.4 kann man z. B. nicht erkennen, ob die Waage richtig geeicht ist oder falsch und z. B. durchschnittlich 2 kg zuviel anzeigt. Oft sind systematische Fehler aber bekannt, oder es können zumindest eine obere und eine untere Grenze dafür angeben werden. Das ist z. B. der Fall, wenn man von einem Tachometer eines Autos weiß, daß die Geschwindigkeit 5% bis 8% zu hoch angezeigt wird.

b) Schätzung des Fehlers in zusammengesetzten Größen

Wird mit fehlerhaften Daten gerechnet, dann weisen auch die Ergebnisse einen Fehler auf. Unter der Voraussetzung, daß der Fehler e einer Größe x_0 sehr klein im Verhältnis zu x_0 ist ($|e_x| << x_0$) und daß der Betrag des relativen Fehlers sehr klein gegenüber 1 ist ($|f| << 1$), werden nachfolgend einfache Fehlerabschätzungen gegeben.

Weisen die Größen x_0 und y_0 die Fehler f_x und f_y auf, gilt für die Meßwerte $x = x_0(1+f_x)$ und $y = y_0(1+f_y)$ und für das Produkt ergibt sich $xy = x_0(1+f_x)y_0(1+f_y) = x_0y_0(1+f_x+f_y+f_xf_y)$. Da $|f_x| << 1$ und $|f_y| << 1$ vorausgesetzt wurde, ist f_xf_y sehr klein und damit vernachlässigbar.

R A.1.5

> Gegeben seien die Meßwerte x und y der Größen x_0 und y_0 mit den relativen Fehlern f_x und f_y.
> Für den **relativen Fehler f_{xy} des Produkts** der Meßwerte gilt
> $$f_{xy} \cong f_x + f_y.$$

$\cong$ bedeutet "ist ungefähr gleich".

Aus R A.1.5 folgt speziell: Der relative Fehler von x^2 ist annähernd doppelt so groß wie der von x ($f_{x^2} \cong 2 f_x$) und von x^n annähernd das n-fache von x ($f_{x^n} \cong n f_x$).

Es gilt $(1+\frac{1}{2}f)^2 = 1 + f + \frac{1}{4}f^2 \cong 1 + f$ und somit $\sqrt{1+f} \cong 1 + \frac{1}{2}f$. Daraus ergibt sich folgende Regel:

R A.1.6

> Gegeben sei ein Meßwert x einer Größe x_0 mit dem relativen Fehler f_x. Für den relativen Fehler $f_{\sqrt{x}}$ der Quadratwurzel aus x gilt $f_{\sqrt{x}} \cong \frac{1}{2} f_x$.

Für die n-te Wurzel erhält man entsprechend $f_{\sqrt[n]{x}} \cong \frac{1}{n} f_x$.

Für eine unendliche geometrische Reihe mit dem Anfangsglied $a = 1$ und dem Quotienten $q = -f$ mit $|q| << 1$ gilt

$$\sum_{i=1}^{\infty} (-f)^{i-1} = 1 - f + f^2 - f^3 + f^4 - \ldots = \frac{1}{1+f}.$$

Daraus folgt $\frac{1}{1+f} \cong 1 - f$, denn die Potenzen von f mit Exponenten von 2 und höher sind vernachlässigbar klein, da $|f| << 1$. Für den Quotienten der Meßwerte $x = x_0(1+f_x)$ und $y = y_0(1+f_y)$ ergibt sich damit

$$\frac{x}{y} = \frac{x_0(1+f_x)}{y_0(1+f_y)} \cong \frac{x_0}{y_0}(1+f_x)(1-f_y) = \frac{x_0}{y_0}(1+f_x-f_y-f_{xy}).$$

Wegen $|f_x| << 1$ und $|f_y| << 1$ ist $f_x f_y$ vernachlässigbar klein.

R A.1.7

> Gegeben seien die Meßwerte x und y der Größen x_0 und y_0 mit den relativen Fehlern f_x und f_y.
> Für den **relativen Fehler $f_{x/y}$ des Quotienten** der Meßwerte gilt näherungsweise
> $$f_{x/y} \cong f_x - f_y.$$
> Insbesondere gilt: Sind f_x und f_y (näherungsweise) gleich, so ist der Quotient näherungsweise fehlerfrei.

Bestimmt man die Summe zweier fehlerhafter Meßwerte $x = x_0 + e_x$ und $y = y_0 + e_y$, so gilt $x + y = x_0 + e_x + y_0 + e_y = x_0 + y_0 + e_x + e_y$ und damit $e_{x+y} = e_x + e_y$.

Ferner gilt

$$\frac{x+y}{x_0+y_0} = 1 + \frac{e_x + e_y}{x_0 + y_0} = 1 + f_{x+y}.$$

Wegen $e_x = x_0 f_x$ bzw. $e_y = y_0 f_y$ (siehe D A.1.3) folgt

$$f_{x+y} = \frac{e_{x+y}}{x_0 + y_0} = \frac{e_x + e_y}{x_0 + y_0} = \frac{x_0 f_x + y_0 f_y}{x_0 + y_0}.$$

Ähnlich kann man den relativen Fehler der Differenz herleiten.

R A.1.8

Gegeben seien die Meßwerte x und y der Größen x_0 und y_0 mit den relativen Fehlern f_x und f_y.
Für den **relativen Fehler f_{x+y} der Summe** der Meßwerte erhält man das mit den Größen x_0 und y_0 gewogene arithmetische Mittel der beiden relativen Fehler

$$f_{x+y} = \frac{x_0 f_x + y_0 f_y}{x_0 + y_0}.$$

Für den **relativen Fehler f_{x-y} der Differenz** gilt

$$f_{x-y} = \frac{x_0 f_x - y_0 f_y}{x_0 - y_0}.$$

Man beachte, daß der Fehler der Differenz zwar ähnlich aussieht wie der der Summe , aber numerisch zu sehr großen Werten, auch bei kleinem f_x und f_y, führen kann, und zwar vor allem dann, wenn f_x und f_y entgegengesetzte Vorzeichen haben und die Differenz von x_0 und y_0 klein ist.
Speziell folgt aus R A.1.8:
Ist $x_0 = y_0$, so gilt

$$f_{x+y} = \frac{1}{2}(f_x + f_y).$$

Liegen für die Größe x_0 insgesamt n Meßwerte $x_i = x_0(1 + f_{x_i})$ vor, so gilt

$$f_{\Sigma x_i} = \frac{1}{n}\sum_{i=1}^{n} f_{x_i} \; .$$

B A.1.9 *Die Größen* $x_0 = 500$ *und* $y_0 = 490$ *werden mit den Fehlern* $f_x = 0{,}01$ *und* $f_y = -0{,}01$ *gemessen.*
Für die Summe $x_0 + y_0$ *ergibt sich der Fehler*

$$f_{x+y} = \frac{500 \cdot 0{,}01 - 490 \cdot 0{,}01}{500 + 490} = \frac{0{,}1}{990} \cong 0{,}0001.$$

Für die Differenz erhält man

$$f_{x+y} = \frac{500 \cdot 0{,}01 + 490 \cdot 0{,}01}{500 - 490} = \frac{9{,}9}{10} = 0{,}99.$$

Obwohl die relativen Fehler in x_0 *und* y_0 *nur* $\pm 0{,}01$ *(oder* $\pm 1\%$*) betragen, ergibt sich für die Differenz ein Fehler von* 0,99 *oder* 99%*!*

c) Fehler einer Größe, die von einer anderen abhängt

Oft werden Meßwerte x dazu verwendet, mit Hilfe einer Formel oder Funktion Größen y zu bestimmen, die von den Meßwerten x abhängen. Zur Bestimmung der Fläche y eines Kreises kann man z. B. den Radius x messen und dann mittels der Formel $y = \pi x^2$ die Fläche ausrechnen. Um abzuschätzen, wie sich der Fehler in der unabhängigen Größe x auf die abhängige Größe y auswirkt, kann man die Differentialrechnung verwenden.
Das **Differential** $dy = g'(x)dx$ einer Funktion $y = g(x)$ gibt näherungsweise an, um wieviel sich y ändert, wenn sich x um dx ändert.

R A.1.10

> Gegeben sei der Meßwert x einer Größe x_0 mit dem Fehler e_x, und es sei die Größe y_0 abhängig von x_0: $y_0 = g(x_0)$.
> Der Fehler in y_0 beträgt dann näherungsweise
> $$e_y \cong g'(x_0)e_x.$$

B A.1.11 *Es sei* y_0 *die Fläche eines Kreises mit dem Radius* x_0*, d. h.* $y_0 = \pi x_0^2$. *Dann ist* $\frac{dy_0}{dx_0} = 2\pi x_0$. *Wird der Radius mit dem Fehler* e_x *gemessen, dann gilt* $e_y = 2\pi x_0 e_x$. *Das ist (näherungsweise) die Fläche des Ringes mit den Radien* x_0 *und* $x_0 + e_x$.

Für die Funktion $y = g(x)$ ist die Elastizität von y in Bezug auf x wie folgt definiert:

$$\varepsilon_{yx} = \frac{dy}{dx}\frac{x}{y} = \frac{g'(x)}{g(x)}x.$$

(siehe dazu z. B. SCHWARZE, J.: Mathematik für Wirtschaftswissenschaftler. Band 2: Differential- und Integralrechnung. Herne-Berlin, 9. Aufl.. 1992, Kapitel 14).
Mit Hilfe des Elastizitätsbegriffs folgt aus R A.1.10 für den relativen Fehler

$$f_y = \frac{e_y}{y_0} \cong \frac{g'(x_0)}{y_0}\frac{e_x}{x_0}x_0 = \frac{g'(x_0)}{g(x_0)}x_0 f_x = \varepsilon_{yx} f_x.$$

Es sei $\varepsilon_{yx}(x_0)$ der Wert der Elastizitätsfunktion an der Stelle x_0.

R A.1.12

> Gegeben sei ein Meßwert x einer Größe x_0 mit dem relativen Fehler f_x. Die Größe y_0 sei von x_0 abhängig: $y_0 = g(x_0)$, und es sei ε_{yx} die Elastizität von y in Bezug auf x. Für den relativen Fehler in y_0 gilt
>
> $$f_y \cong \varepsilon_{yx}(x_0) f_x.$$

B A.1.13 *Für eine Exponentialfunktion $y = ab^x$ ergibt sich*

$$\frac{dy}{dx} = a \ln b\, b^x \text{ und } \varepsilon_{yx} = \frac{a \ln b\, b^x}{a b^x} x = x \ln b.$$

Ist f_x der relative Fehler von x, so ist der relative Fehler von y

$$f_y = x \ln b\, f_x.$$

Für $y = 15 \cdot 1{,}2^x$ und $x_0 = 130,\ f_x = 0{,}01$ gilt dann beispielsweise

$$f_y = 0{,}1823 \cdot 130 \cdot 0{,}01 = 0{,}237.$$

Während x einen relativen Fehler von 0,01 *bzw.* 1% *hat, beträgt dieser bei y* 0,237 *bzw.* 23,7%*. Diese "Fehlervergrößerung" bei Exponentialfunktionen macht sich z. B. mitunter bei der Bestimmung von Regressionsfunktionen dieses Typs bemerkbar.*

Hängt die Größe y von mehreren fehlerhaft gemessenen Einflußgrößen $x_1, x_2, \ldots, x_n$ ab, d. h. gibt es eine Funktion $y = g(x_1, \ldots, x_n)$, dann kann der Fehler in y mit Hilfe des totalen Differentials und unter Verwendung partieller Elastizitäten bestimmt werden. Für das **totale Differential** der Funktion $y = g(x_1, \ldots, x_n)$ gilt

$$dy = g'_{x_1} dx_1 + g'_{x_2} dx_2 + \ldots + g'_{x_n} dx_n.$$

Die partielle Elastizität von y bezüglich x_i ($i = 1, \ldots, n$) lautet

$$\varepsilon_{yx_i} = \frac{g'_{x_i}}{g} x_i.$$

Die partiellen Ableitungen nach x_i bzw. die partiellen Elastizitäten an der Stelle $(x_{01}, x_{02}, \ldots, x_{0n})$ werden mit $g'(x_{01}, \ldots, x_{0n})$ bzw. $\varepsilon_{yx_i}(x_{01}, \ldots, x_{0n})$ bezeichnet.

R A.1.14

> Gegeben seien die Meßwerte x_i der Größen x_{0i} mit den Fehlern e_{x_i} bzw. den relativen Fehlern f_{x_i} ($i = 1,\ldots,n$), und es sei y_0 abhängig von $x_{01}, \ldots, x_{0n}$, d. h. $y_0 = g(x_{01}, \ldots, x_{0n})$. Dann gilt
>
> $$e_y \cong \sum_{i=1}^{n} g'_{x_i}(x_{01}, \ldots, x_{0n}) e_{x_i} \quad \text{und}$$
>
> $$f_y \cong \sum_{i=1}^{n} \varepsilon_{yx_i}(x_{01}, \ldots, x_{0n}) f_{x_i}.$$

d) Ergänzungen

Die vorstehenden Ausführungen sind nur eine kurze Einführung in die Fehlerrechnung. Eine ausführliche Behandlung erfordert Kenntnisse aus der Wahrscheinlichkeitstheorie. Mit den Mitteln der beschreibenden Statistik ist es aber möglich, bei wiederholter Messung derselben Größe unter gleichen Bedingungen die Meßwerte und ihre Verteilung zu analysieren. Von Interesse ist dabei vor allem die Standardabweichung der Verteilung der Meßwerte, die auch als Standardfehler bezeichnet wird. Im einzelnen sei der Leser hierzu auf die Literatur verwiesen.

Zur praktischen Bedeutung der Formeln in den vorhergehenden Abschnitten sei gesagt, daß sie auch dann angewendet werden können, wenn die tatsächlichen Fehler unbekannt sind, aber durch obere und/oder untere Grenzen abgeschätzt werden können. Die Formeln ermöglichen es dann, den Fehler in den Ergebnissen numerischer Berechnungen durch (näherungsweise) Bestimmung oberer und/oder unterer Grenzen abzuschätzen.

Anhang 2: Lösungen der Übungsaufgaben

Ü 2.1 a) Wählerverhalten
räumlich: Niedersachsen; sachlich: wahlberechtigter Bürger; zeitlich: Tag der Wahl (für Wahlberechtigung der Befragten) und Tag der Umfrage

b) Studiendauer
räumlich: Bundesrepublik; sachlich: Absolvent einer Universität; zeitlich: Zeitraum, für den die durchschnittliche Studiendauer untersucht wird.

Ü 2.2 Wenn der Bestand in dem Zeitraum unverändert bleibt.

Ü 2.3 Bestandsmassen: a), c), d), f), h); Ereignismassen: b), e), g).

Ü 2.4 a) Gutschriften; Lastschriften
b) Einstellungen; Abgänge (Kündigungen, Entlassungen)
c) eingehende Aufträge; erledigte Aufträge
d) einsteigende Reisende; aussteigende Reisende

Ü 2.5 a) blond; mittelblond; braun; grau
b) 1375,84 DM; 2984,20 DM; 4312,43 DM
c) 1; 2; 3; 4; 5
d) 58 kg; 62 kg; 74 kg; 75 kg
e) Medizin; Betriebswirtschaftslehre; Mathematik
f) 0; 1; 2; 3.

Ü 2.6 a) Verhältnisskala, b) Absolutskala, c) Rangskala, d) Intervallskala, e) Absolutskala, f) Intervallskala, g) Nominalskala, h) Nominalskala, i) Verhältnisskala, j) Nominalskala, k) Verhältnisskala, l) Rangskala

Ü 2.7 häufbar: b); d); f); g); h); nicht häufbar: a); c); e).

Ü 2.8 diskret: b); d); f); g); stetig: a); c); e).

Ü 2.9 a)

Fabrikat / Typ \ Zulassungsjahr	A				B			...	gesamt
	I	II	III	gesamt	I	II	gesamt		
1970 1971 ⋮									
	*			**					***

* – Gesamtzahl je Typ und Zeitraum
** – Gesamtzahl je Fabrikat und Zeitraum
*** – Gesamtzahl

b)

Zeitschrift / Gebiet — Monat	Zeitschrift A				Zeitschrift B			...	gesamt
	I	II	III	gesamt	I	II	gesamt		
Januar Februar ⋮									

(I, II, ... bezeichne die Regionen)

Ü 3.1 a) Merkmalsträger: Die befragten 40 Personen
Merkmal: Berufsgruppen
Merkmalsausprägungen: Arbeiter (A), Angestellter (K), Beamter (B), Selbständiger (S).

b)

x_j	A	K	B	S
$h(x_j)$	16	10	10	4
$f(x_j)$	0,4	0,25	0,25	0,1

c)

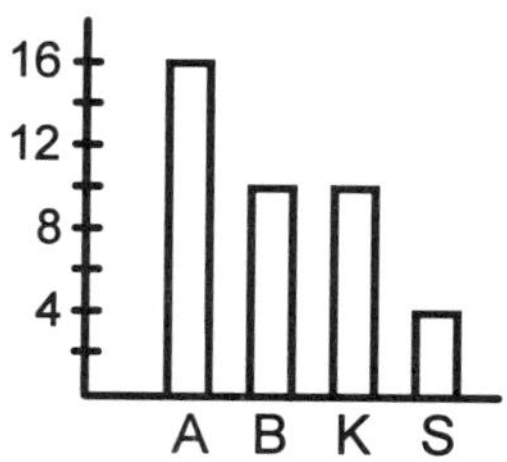

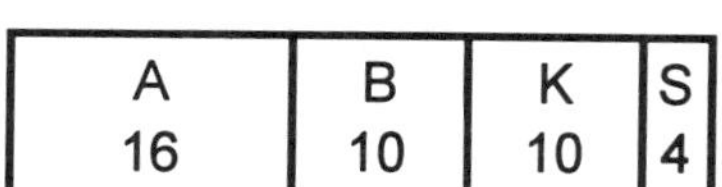

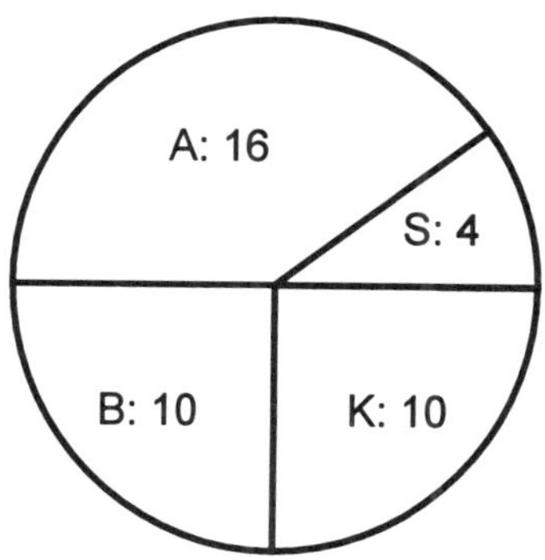

Ü 3.2 a) Merkmalsträger: Perlen
Merkmal: Durchmesser
Merkmalsausprägungen:die möglichen Werte für den Perlendurchmesser.

b)

Durchmesser	$h(x_j)$	$f(x_j)$
über 3 bis 4	21	30,4%
über 4 bis 5	21	30,4%
über 5 bis 6	16	23,2%
über 6 bis 7	8	11,6%
über 7 bis 8	3	4,4%

c)

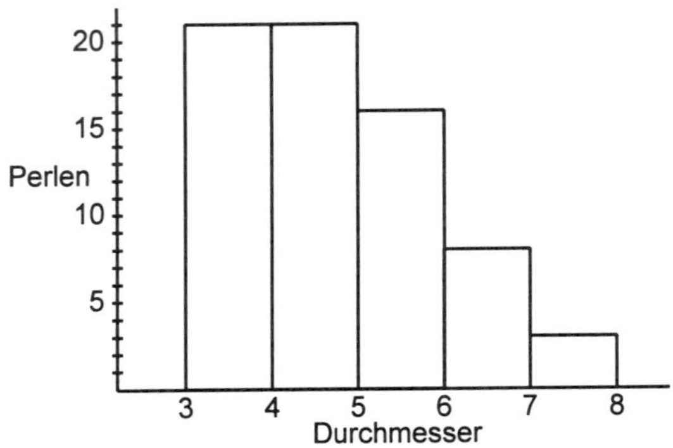

d)

Durchmesser	$H(x_j)$
bis 4	21
bis 5	42
bis 6	58
bis 7	66
bis 8	69

Durchmesser	$HR(x_j)$
über 4	48
über 5	27
über 6	11
über 7	3
über 8	0

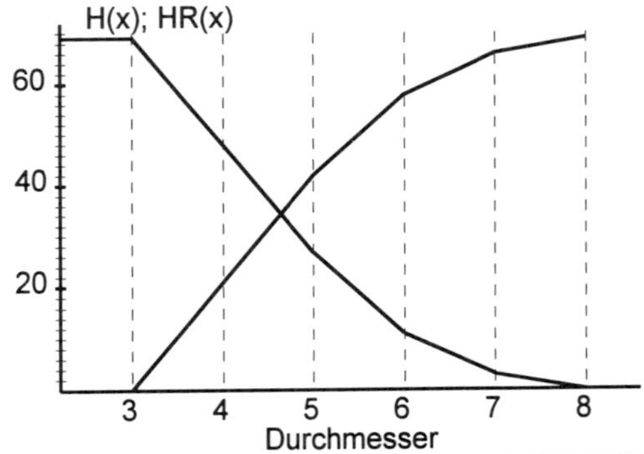

Ü 3.3

	a)	b)	c)	d)	e)	f)
A:	60%	90%	90%	70%	70%	$x_j = 25$
B:	70%	70%	90%	60%	40%	$20 \leq x_j < 30$

Ü 3.4 $\bar{x}_Z = \dfrac{511 + 520}{2} = 515{,}50$ (DM)

Ü 3.5 $\bar{x}_Z = 500 + \frac{600-500}{0,256}(0,5-0,322) = 569,53 \text{ (DM)}$

Ü 3.6 $\bar{x} = \frac{1}{7}(0,7+1,6+2,5+3,2+1,6+2,4+2,8) = 2,11 \ (\ell / \text{Tag})$

Ü 3.7

Altersklasse	x_j	$h(x_j)$
unter 25	20	11
25 bis unter 35	30	5
35 bis unter 45	40	6
45 bis unter 55	50	5
55 und älter	60	3

$$\bar{x} = \frac{1}{30}(11\cdot 20 + 5\cdot 30 + 6\cdot 40 + 5\cdot 50 + 3\cdot 60) = \frac{1}{30}\cdot 1040 = 34,67 \text{ (Jahre)}$$

Ü 3.8 Endkapital: DM 1.333,56
Durchschnittsverzinsung: $\bar{z} = 4,9145\%$

Ü 3.9 $\bar{x}_H = \dfrac{1}{\dfrac{\frac{1}{6}}{100} + \dfrac{\frac{1}{3}}{80} + \dfrac{\frac{1}{2}}{50}} = 63,16 \text{ (km/h)}$

Ü 3.10 $w = 57 - 9 = 48$

Ü 3.11 $\bar{x}_Z = 9,5; \ d = 3,9$

Ü 3.12 $\bar{x} = 1,60; \ s^2 = 0,02; \ s = 0,1414$

Ü 3.13 $\bar{x} = 500; \ s^2 = 14500; \ s = 120,42$

Ü 3.14 $\bar{x} = 128 \qquad \bar{y} = 51,2$
$s_X = 5,09902 \qquad s_Y = 2,03961$
$v_X = 0,04 \qquad v_Y = 0,04$

Ü 4.1

		Einkommen			
		700 bis unter 900	900 bis unter 1100	1100 bis unter 1300	1300 bis unter 1500
Konsumausgaben	500 bis u. 700	/ 1	/ 1	–	–
	700 bis u. 900	// 2	/// 3	// 2	–
	900 bis u. 1100	–	/ 1	//// 4	/ 1
	1100 bis u. 1300	–	–	/ 1	/// 3
	1300 bis u. 1500	–	–	–	/ 1

Ü 4.2 a)

	y_1	y_2	y_3
x_1	0,2	0,3	0,5
x_2	0,25	0,35	0,4
x_3	0,55	0,35	0,1

	y_1	y_2	y_3
x_1	0,2	0,3	0,5
x_2	0,25	0,35	0,4
x_3	0,55	0,35	0,1

X und Y sind abhängig.

b)

	y_1	y_2	y_3	y_4
x_1	0,45	0,27	0,18	0,09
x_2	0,45	0,27	0,18	0,09
x_3	0,45	0,27	0,18	0,09

	y_1	y_2	y_3	y_4
x_1	0,57	0,57	0,57	0,57
x_2	0,29	0,29	0,29	0,29
x_3	0,14	0,14	0,14	0,14

X und Y sind unabhängig.

Ü 4.3

	y_1	y_2	y_3	y_4
x_1	1	4	2	1
x_2	5	20	10	5
x_3	2	8	4	2

Ü 4.4

i	x_i	y_i	x_i^2	x_iy_i
1	2	5	2	10
2	2	7	4	14
3	4	4	16	16
4	4	6	16	24
5	5	4,5	25	22,5
6	6	3	36	18
7	6	5	36	30
8	8	3	64	24
	37	37,5	201	158,5

$\bar{x} = 4{,}6$; $\bar{y} = 4{,}7$

$s_X^2 = 3{,}73$; $s_Y^2 = 1{,}68$

$$a = \frac{201 \cdot 37{,}5 - 37 \cdot 158{,}5}{8 \cdot 201 - 37^2} = 7$$

$$b = \frac{8 \cdot 158{,}5 - 37 \cdot 37{,}5}{8 \cdot 201 - 37^2} = -0{,}5$$

Die Regressionsgerade lautet:
$\hat{y} = 7 - 0{,}5x$

Ü 4.5 Die Hilfssummen werden in einer Tabelle berechnet

x_i	y_i	x_i^2	y_i^2	x_iy_i
1	2	1	4	2
1	6	1	36	6
3	5	9	25	15
5	6	25	36	30
7	6	49	36	42
7	8	49	64	56
24	33	134	201	151

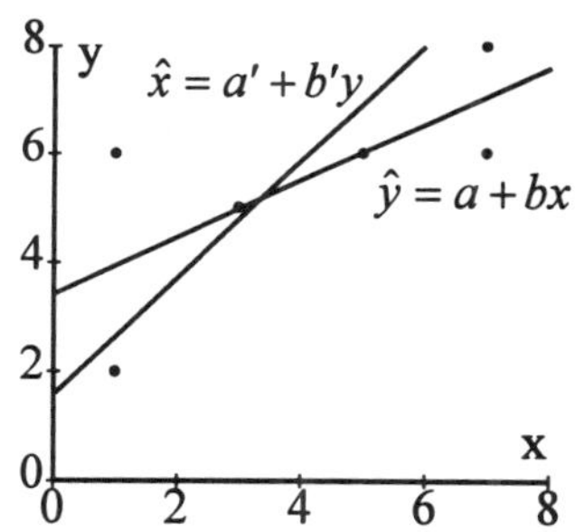

$$a = \frac{134 \cdot 33 - 24 \cdot 151}{6 \cdot 134 - 24^2} = 3{,}5 \; ; \; b = \frac{6 \cdot 151 - 24 \cdot 33}{6 \cdot 134 - 24^2} = 0{,}5$$

$$a' = \frac{201 \cdot 24 - 33 \cdot 151}{6 \cdot 201 - 33^2} = -1{,}36 \; ; \; b' = \frac{6 \cdot 151 - 24 \cdot 33}{6 \cdot 201 - 33^2} = 0{,}97$$

Die Regressionsfunktionen lauten somit
$\hat{y} = 3{,}5 + 0{,}5x$ und $\hat{x} = -1{,}36 + 0{,}97y$

Ü 4.6 $S(a,b) = \sum (y_i - a - bx_i^2)^2$

Notwendige Bedingungen (partielle Differentiation nach a und b)

$$\frac{\partial S}{\partial a} = \sum 2(y_i - a - bx_i^2)(-1) = 0$$

$$\frac{\partial S}{\partial b} = \sum 2(y_i - a - bx_i^2)(-x_i^2) = 0$$

Normalgleichungen

$$\sum y_i = na + b\sum x_i^2 \qquad \sum y_i x_i^2 = a\sum x_i^2 + b\sum x_i^4$$

Ü 4.7 Die Lösung geschieht wie in B 4.3.29 mit der Einschränkung, daß die Bereinigung der Preise entfällt.

p_i	$\log p_i$	m_i	$\log m_i$	$\log p_i \log m_i$	$(\log p_i)^2$
20	1,301	220	2,3424	3,0476	1,6927
18	1,2553	260	2,415	3,0314	1,5757
15	1,1761	350	2,5441	2,9921	1,3832
12	1,0792	480	2,6812	2,8935	1,1646
10	1	600	2,7782	2,7782	1
	5,8116		12,7609	14,7428	6,8162

Es ist $n = 5$ und $(\sum \log p_i)^2 = 33{,}7744$. Setzt man diese Werte und die Hilfssummen in die Formeln für log a und b ein, so ergibt sich (gerundet) $\log a = 4{,}2452$ oder $a = 17589$ und $b = -1{,}4587$.

Die gesuchte Funktion lautet also: $\hat{m} = 17589 p^{-1{,}4587}$.

Ü 4.8

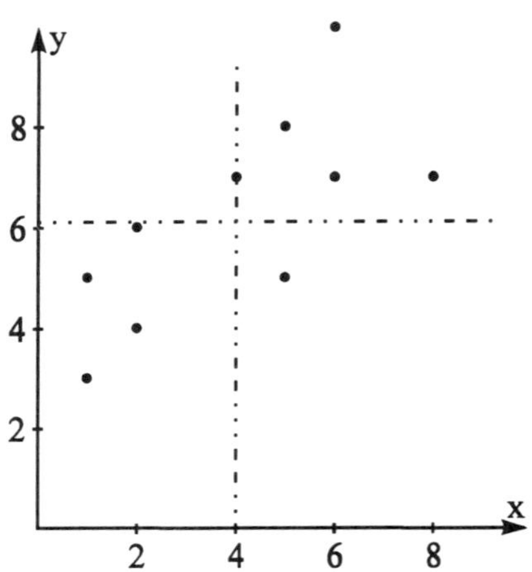

$n^+ = 8{,}5$; $n^- = 1{,}5$

$$k = \frac{8{,}5 - 1{,}5}{8{,}5 + 1{,}5} = \frac{7}{10} = 0{,}7$$

$r = 0{,}7011$

$\hat{y} = 3{,}815 + 0{,}596x$

Ü 4.9 $\hat{y} = -1 + x_1 + 2x_2$

Ü 4.10

Verein	Platz (Rang)	Prämie pro Spieler in 1000 DM	Rangziffer	d_i	d_i^2
K	1	10	12	–11	121
B	2	180	2	0	0
E	3	150	3	0	0
A	4	200	1	3	9
C	5	120	4	1	1
D	6	50	8	–2	4
L	7	100	5	2	4
M	8	80	6	2	4
G	9	60	7	2	4
H	10	40	9	1	1
F	11	30	10	1	1
J	12	20	11	1	1

$$r_s = 1 - \frac{6 \cdot 150}{12(144-1)} = 1 - \frac{900}{1716} = 0{,}4755$$

Ü 4.11 $nk = 28$; $nd = 2$; $nx = 4$; $ny = 2$; $nxy = 0$

$$K = \frac{2(nk - nd)}{n(n-1)} = \frac{2(28-2)}{9 \cdot 8} = \frac{52}{72} = 0{,}722$$

Ü 4.12 a)

	A		B		C		D		
A	40	306,25	10	25	0	56,25	0	25	50
	17,5	22,5	–5	15	–7,5	7,5	–5	5	
B	40	16	25	1	5	49	10	4	80
	4	36	1	24	–7	12	2	8	
C	10	289	25	49	25	256	0	36	60
	–17	27	7	18	16	9	–6	6	
D	0	20,25	0	9	0	2,25	10	81	10
	–4,5	4,5	–3	3	–1,5	1,5	9	1	
	90		60		30		20		200

$$\chi^2 = 170{,}72$$

b) $$C = \sqrt{\frac{170{,}72}{200 + 170{,}72}} = \sqrt{0{,}461} = 0{,}679$$

$C^* = 4$

$C_{korr} = 0{,}679\sqrt{\frac{4}{4-1}} = 0{,}784$

c) $A_{yx} = 0{,}167$; $A_{xy} = 0{,}227$; $A = 0{,}196$

Ü 5.1

Zeitpunkt t_i	11.00	11.30	12.00	12.30	13.00
Bestand B_j	480	340	270	180	0

Ü 5.2

t_j	13.00	14.00	15.00	16.00	17.00	18.00	19.00
Z_j	700	860	1260	1580	1830	1890	1890
A_j	650	670	780	950	1230	1640	1890
B_j	50	190	480	630	600	250	0

Ü 5.3 $\overline{B} = 7{,}23$

Ü 5.4 a) Blue Willie $\overline{B} = 137$
Lagerkosten $137 \cdot 0{,}03 = 4{,}11$
Frank Josie $\overline{B} = 94$
Lagerkosten $94 \cdot 0{,}03 = 2{,}82$

b) Blue Willie $\overline{d} = 7{,}21$; $U = 1{,}39$
Frank Josie $\overline{d} = 1{,}30$; $U = 7{,}71$

c) Das Lager der Whiskysorte Blue Willie wird in 10 Wochen 1,39mal umgeschlagen, das von High Frank Josie 7,71mal. Lagert man x Flaschen ein, so kann man bei Blue Willie $1{,}39 \cdot 1{,}70x$ an Gewinn erwirtschaften, bei High Frank Josie dagegen $7{,}71 \cdot 1{,}20x$. Die Whiskysorte High Frank Josie ist also günstiger.

Ü 5.5

t	1	2	3	4	5	6	7	8	9	10	11	12
$\overline{x}3_t$	–	5	6	7	8	9	10	11	12	13	14	–

Ü 5.6

t	1	2	3	4	5	6	7	8	9	10	11	12
$\overline{x}4_t$	–	–	4	5	6	7	8	9	10	11	–	–

Ü 5.7 $\hat{x} = 10 + 2t$

Ü 5.8 $\hat{x} = 7{,}29 \cdot 1{,}099^t$

(Falls nicht mit zweistelligen Logarithmen gerechnet wurde, können sich stark abweichende Resultate ergeben.)

Ü 5.9 $s_1 = -1$; $s_2 = -2$; $s_3 = 3$

Ü 5.10

	$\hat{x}_1$	$\hat{x}_2$	$\hat{x}_3$	$\hat{x}_4$	$\hat{x}_5$	$\hat{x}_6$
$\alpha = 0,1$	11,8	12,0	12,4	11,6	11,4	11,7
$\alpha = 0,5$	11	12,5	14,25	9,1	9,6	11,8

Ü 6.1 a) 125; b) 96; c) 124,8.

Ü 6.2

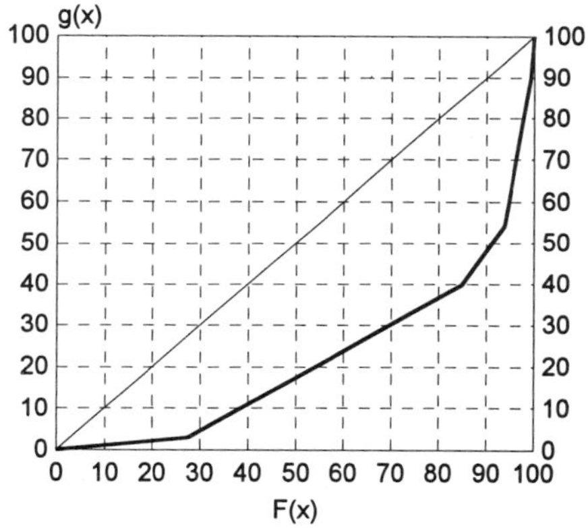

x_j	$h(x_j)$	$g(x_j)$	$F(x_j)$
0,5	4000	2,9	27,6
3	8300	39,8	84,8
7,5	1300	54,2	93,8
30	800	89,7	99,3
70	100	100	100

$L = 0,571$

Anhang 3: Weiterführende Literatur

Es gibt im deutschen Sprachraum einige hundert Monographien, die sich mit statistischer Methodenlehre oder Teilgebieten der Statistik beschäftigen, aber nur wenige Bücher behandeln ausschließlich bzw. ausführlich deskriptive Statistik. Die folgenden Bücher können zur **Ergänzung und Vertiefung** verwendet werden.

FERSCHL, F.: Deskriptive Statistik. Würzburg, Wien, 2. Aufl. 1980 (Physica-Verlag).

KELLERER, H.: Statistik im modernen Wirtschafts- und Sozialleben. Reinbek bei Hamburg 1960 (Rowohlt).

LIPPE, P. von der: Deskriptive Statistik. Stuttgart, Jena 1993 (Gustav Fischer Verlag).

PFANZAGL, J.: Allgemeine Methodenlehre der Statistik I. Berlin, New York, 6. Aufl. 1983 (W. de Gruyter).

WETZEL, W.: Statistische Grundausbildung für Wirtschaftswissenschaftler I. Beschreibende Statistik. Berlin, New York 1971 (W. de Gruyter).

Die folgenden beiden Bände beschäftigen sich auch mit grundlegenden Aspekten der Wahrscheinlichkeitsrechnung und der schließenden Statistik, können aber gleichwohl als Ergänzungslektüre zu weiten Teilen der beschreibenden Statistik herangezogen werden.

MENGES, G.: Grundriß der Statistik. Teil 1: Theorie. Opladen 1968 (Westdeutscher Verlag).

MENGES, G., SKALA, H.J.: Grundriß der Statistik. Teil 2: Daten. Opladen 1973 (Westdeutscher Verlag).

Das folgende Buch ist vor allem wegen seiner zahlreichen Beispiele und Übungsaufgaben zur Ergänzung geeignet.

SPIEGEL, M.R.: Statistik. Düsseldorf usw. 1976 (Mc Graw-Hill).

Zur Ergänzung bzw. Vertiefung sei weiterhin auf einige Bücher verwiesen, die sich ebenfalls ausführlich mit deskriptiver Statistik befassen.

ANDERSON, O.: Probleme der statistischen Methodenlehre in den Sozialwissenschaften. Würzburg, 3. Aufl. 1957 (Physica-Verlag).

ANDERSON, POPP, SCHAFFRANEK, u.a.: Grundlagen der Statistik. Amtliche Statistik und beschreibende Methoden. Berlin, Heidelberg, New York 1978 (Springer-Verlag).

BUTTLER, G., STROH, R.: Einführung in die Statistik. Reinbek bei Hamburg 1978 (Rowohlt).

CLAUSS, G., EBNER, H.: Grundlagen der Statistik. Thun, Frankfurt am Main, 4. Aufl. 1982 (Verlag Harri Deutsch).

DIEHL, M., KOHR, U.: Deskriptive Statistik. Frankfurt, 2. Aufl. 1978 (Fachbuchhandlung für Psychologie).

Zu einzelnen Gebieten der beschreibenden Statistik eignen sich die folgenden Bücher zur Ergänzung bzw. Vertiefung.

Mißbrauch mit Statistik

HUFF, D.: How to Lie with Statistics. Harmondsworth, Middlesex (GB) 1973 (PenguinBooks).

Aufgabenbereich der amtlichen Statistik und Datenquellen

HWWA-INSTITUT FÜR WIRTSCHAFTSFORSCHUNG (Hrsg.): Quellen für statistische Marktdaten: Führer durch die amtliche Statistik der Bundesrepublik Deutschland. Hamburg 1985 (Weltarchiv).

STATISTISCHES BUNDESAMT (Hrsg.): Das Arbeitsgebiet der Bundesstatistik. Stuttgart, Mainz 1976 (W. Kohlhammer).

Graphische Darstellung von Daten

ABELS, H.: Handbuch des statistischen Schaubilds: Konstruktion, Interpretation und Manipulation von graphischen Darstellungen. Herne, Berlin 1981 (NWB-Verlag).

RIEDWYL, H.: Graphische Gestaltung von Zahlenmaterial. Berlin, Stuttgart 1975 (Verlag Paul Haupt).

SCHÖN, W.: Schaubildtechnik. Stuttgart 1969 (Poeschel-Verlag).

Regressions- und Korrelationsrechnung

FÖRSTER, E., RÖNZ, B.: Methoden der Korrelations- und Regressionsrechnung. Berlin 1979 (Verlag Die Wirtschaft).

Zusammenhangsmaße

BENNINGHAUS, H.: Deskriptive Statistik. Stuttgart 1974 (B.G.Teubner).

Zeitreihenanalyse und Prognoseverfahren

BROCKHOFF, K.: Prognoseverfahren für die Unternehmensplanung. Wiesbaden 1977 (Gabler-Verlag).

HÜTTNER, M.: Prognoseverfahren und ihre Anwendung. Berlin, New York 1986 (W. de Gruyter).

MERTENS, P. (Hrsg.): Prognoserechnung. Würzburg, Wien 1972 (Physica-Verlag).

ROTHSCHILD, K.W.: Wirtschaftsprognose. Berlin, Heidelberg, New York 1969 (Springer-Verlag).

SCHLITTGEN, R.: Zeitreihenanalyse. 2. Aufl., München, Wien 1987 (Oldenbourg).

Konzentrationsmaße

PIESCH, W.: Statistische Konzentrationsmaße. Tübingen 1975 (J.C.B. Mohr).

Fehlerrechnung

LUDWIG, R.: Methoden der Fehler- und Ausgleichsrechnung. Braunschweig 1969 (F. Vieweg & Sohn).

TOPPING, J.: Fehlerrechnung. Weinheim 1975 (Physik-Verlag, Verlag Chemie).

Schließlich sei auf folgende englischsprachige Literatur verwiesen.

ANDERSON, T.W.: The Statistical Analysis of Time Series. New York 1971 (Wiley & Sons).

EZEKIEL, M., FOX, K.A.: Methods of Correlation and Regression Analysis. New York 1970 (Wiley & Sons).

YULE, G.U., KENDALL, M.G.: An Introduction to the Theory of Statistics. London 1965 (Charles Griffin & Co).

Anhang 4: Symbolverzeichnis

Die Zahlen geben an, auf welcher Seite das Symbol näher erläutert ist.

$\bar{a}$	Abgangsrate 206
a_j	Abgang einer Bestandsmasse im j-ten Zeitintervall 201
A	symmetrischer Assoziationskoeffizient
A_j	Abgangssumme 205
A_{yx}	Assoziationskoeffizient für die Merkmale Y und X 190
B	Bestimmtheitskoeffizient 160
B^2	Bestimmtheitsmaß 160
$\overline{B}$	Durchschnittsbestand 207
B_0	Anfangsbestand (zum Zeitpunkt 0 bzw. t_0) 200
B_j	Bestand zum Zeitpunk j bzw. t_j 200
B_m	Endbestand (zum Zeitpunkt m bzw. t_m) 200
C	Kontingenzkoeffizient 187, 188
C_{korr}	korrigierter Kontingenzkoeffizent 188
$COV(X,Y)$	Kovarianz der gemeinsamen Verteilung von X und Y 119
d	Verweildauer 201
$\bar{d}$	mittlere Verweildauer 210
d_i	Rangdifferenz der Rangzahlen des i-ten Wertepaares 177
d_X	mittlere absolute Abweichung der Verteilung von X 89
e_x	Fehler des Meßwertes x 276
f_x	relativer Fehler des Meßwertes x 276
$f(x_j)$	relative Häufigkeit der Merkmalsausprägung x_j bzw. der Merkmalsklasse mit der Klassenmitte x_j 45, 59
$f(x_j;y_k)$	relative Häufigkeit für $(x_j;y_k)$ 113
$f(x_j/y_k)$	bedingte relative Häufigkeit für x_j unter der Bedingung, daß das Merkmal Y mit dem Wert y_k auftritt 117
$F(x_j)$	relative Summenhäufigkeit der Merkmalsausprägung x_j 62
$FR(x_j)$	relative Resthäufigkeit der Merkmalsausprägung x_j 65

g_1	Schiefemaß nach PEARSON	104
g_2	Schiefemaß nach YULE-PEARSON	104
g_3	Schiefemaß nach dem 3. zentralen Moment	104
$g(x_k)$	relative Merkmalssumme bis zum Beobachtungswert bzw. zur Merkmalsausprägung	271
G	Merkmalssumme	271
$G(x_k)$	anteilige Merkmalssumme bis zum Beobachtungswert bzw. zur Merkmalsausprägung x_k	271
$h(x_j)$	absolute Häufigkeit der Merkmalsausprägung x_j bzw. der Merkmalsklasse mit der Klassenmitte x_j	45, 58
$h(x_j;y_k)$	absolute Häufigkeit für $(x_j;y_k)$	113
$h(x_j / y_k)$	oder $h(x_j / Y = y_k)$ bedingte absolute Häufigkeit für x_j unter der Bedingung y_k	117
$he(x_j;y_k)$	absolute Häufigkeit bei Unabhängigkeit von x_j und y_k	185
$H(x_j)$	absolute Summenhäufigkeit der Ausprägung x_j	62
$HR(x_j)$	absolute Resthäufigkeit der Merkmalsausprägung x_j	65
IM_0^t	Mengenindex für die Berichtsperiode t zur Basis 0	263
IP_0^t	Preisindex für die Berichtsperiode t zur Basis 0	262
${}_FI_0^t$	Index nach FISHER für die Periode t zur Basis 0	264
${}_LI_0^t$	Index nach LASPEYRES für die Periode t zur Basis 0	264
${}_{Lo}I_0^t$	Index nach LOWE für die Periode t zur Basis 0	264
${}_PI_0^t$	Index nach PAASCHE für die Periode t zur Basis 0	264
k	Korrelationsindex	161
K	Konkordanzkoeffizient	181
K^*	Zusammenhangsmaß auf der Basis konkordanter und diskordanter Beobachtungspaare	182
L	LORENZsches Konzentrationsmaß	273
m	Anzahl der Merkmalsausprägungen	27
M_k^a	k-tes Moment in bezug auf a	103
M_0^t	Meßzahl für die Periode (den Zeitpunkt) t zur Basis 0	253

n	Anzahl der Beobachtungswerte
n^+	Anzahl der Beobachtungen mit $(x_i - \bar{x})(y_i - \bar{y}) > 0$ 161
n^-	Anzahl der Beobachtungen mit $(x_i - \bar{x})(y_i - \bar{y}) < 0$ 161
nd	Anzahl der diskordanten Paare 179
nk	Anzahl der konkordanten Paare 179
nx	Anzahl der Paare, die bezüglich des Merkmals X übereinstimmen und bezüglich Y verschieden sind 179
nxy	Anzahl der Paare, die bezüglich beider Merkmale übereinstimmen 179
ny	Anzahl der Paare, die bezüglich des Merkmals Y übereinstimmen und bezüglich X verschieden sind 179
p_i^0	Preis des Gutes i im Basisjahr 0 264
p_i^t	Preis des Gutes i im Berichtsjahr t 264
q_i^0	Menge des Gutes i im Basisjahr 0 264
q_i^t	Menge des Gutes i im Berichtsjahr t 264
r oder r_{XY}	Korrelationskoeffizient der Merkmale X und Y 153
r_s	Rangkorrelationskoeffizient 177
s oder s_X	Standardabweichung der Verteilung des Merkmals X 91
s^2 oder s_x^2	Varianz der Verteilung des Merkmals X 91
s_j	Schwankungskomponente der j-ten Unterperiode 219
$s_{p,j}$	Schwankungskomponente in Unterperiode j von Periode p 229
s_u^2	Varianz der Residuen u_i 149
t	t-ter Zeitpunkt bzw. t-tes Zeitintervall 200
t_0	Anfangszeitpunkt eines Betrachhtungszeitraums 200
t_a	Zeitpunkt des Abgangs aus einem Bestand 201
t_j	j-ter Zeitpunkt bzw. j-tes Zeitintervall 200
t_m	Endzeitpunkt eines Betrachhtungszeitraums 200
t_z	Zeitpunkt des Zugangs einer Einheit zu einem Bestand 201
u_i	Residuum des i-ten Beobachtungswerts 148
U	Umschlagshäufigkeit 211

v	Variationskoeffizient 99
v_Z	Variationskoeffizient bezogen auf den Zentralwert 99
W	Wölbungskoeffizient 105
w oder w_X	Spannweite der Verteilung des Merkmals X 88
$\bar{x}$	arithmetisches Mittel der Verteilung des Merkmals X 72
$(x_j; y_k)$	Ausprägungskombination 113
x_j	Merkmalsausprägung ($j = 1,...,m$) 27
$x_{p,j}$	Beobachtungswert in Unterperiode j von Periode p 229
$\hat{x}_{p,j}$	Trendwert in Unterperiode j von Periode p 229
x_t	Beobachtungswert für Periode t 221
$\hat{x}_t$	Trendwert für Periode t 221
x_i^*	Rangzahl des i-ten Beobachtungswerts 175
x_j^*	obere Grenze der j-ten Merkmalsklasse 40
$\bar{x}_D$	häufigster Wert bzw. Modalwert der Verteilung von X 68
$\bar{x}_G$	geometrisches Mittel der Verteilung des Merkmals X 78
$\bar{x}_H$	harmonisches Mittel der Verteilung des Merkmals X 81
$\bar{x}_{p/k}$	p-tes k-Quantil der Verteilung des Merkmals X 72
$\bar{x}_Z$	Zentralwert bzw. Median der Verteilung von X 69
$\bar{x}k_t$	gleitender Durchschnitt k-ter Ordnung für Periode t 216
X	Merkmal 27
$\hat{y}$	Regressionswert 129
$\hat{y} = g(x)$	Regressionsfunktion 130
$\bar{z}$	Zugangsrate 206
z_j	Zugang einer Bestandsmasse im j-ten Zeitintervall 201
Z_j	Zugangssumme 205
α	Glättungsparameter der exponentiellen Glättung 238, 241
ε_{yx}	Elastizität von y bezüglich x 281
χ^2	Chi-Quadrat 185
$a << b$	a ist wesentlich kleiner als b 277

Stichwortverzeichnis